U0346885

木制品表面环保涂装技术

彭晓瑞　张占宽　著

科学出版社

北京

内 容 简 介

本书详细介绍了木制品表面水性涂料、紫外光（UV）固化涂料和水性 UV 涂料三种市场热度极高的木制品用环保涂料涂装工艺与方式；系统阐述了木制品涂装贴面装饰薄木选用与制备、表面涂装前砂光处理技术与设备、环保涂料制备与涂装、表面环保涂装干燥固化、砂光粉尘和涂装废气处理、涂料及漆膜性能检测，以及涂料和涂装漆膜常见弊病与防治等木制品表面环保涂装的整套工艺；内容包括每种涂料的组成、原理与制备方法，又涉及涂装方法与工艺的相关理论和实践知识。

本书内容全面，理论和实践并重，适用于水性涂料、紫外光固化涂料和水性 UV 涂料涂装的初级、中级与高级涂装工的培训，也适用于木制品表面涂装领域的学者参考应用。

图书在版编目 (CIP) 数据

木制品表面环保涂装技术/彭晓瑞,张占宽著. —北京:科学出版社, 2019.4
ISBN 978-7-03-060210-7

Ⅰ. ①木… Ⅱ. ①彭… ②张… Ⅲ. ①木制品–门–涂漆 Ⅳ. ①TS669

中国版本图书馆 CIP 数据核字(2019)第 062531 号

责任编辑：张会格 王 好 田明霞 / 责任校对：郑金红
责任印制：吴兆东 / 封面设计：北京图阅盛世文化传媒有限公司

科 学 出 版 社 出版
北京东黄城根北街 16 号
邮政编码：100717
http://www.sciencep.com

北京虎彩文化传播有限公司 印刷
科学出版社发行 各地新华书店经销
*

2019 年 4 月第 一 版 开本：B5 (720×1000)
2019 年 4 月第一次印刷 印张：16 1/4
2019 年 8 月第二次印刷 字数：315 000

定价：**128.00 元**
(如有印装质量问题, 我社负责调换)

自　序

　　时间如白驹过隙，准备交稿之际，不免对书稿撰写的全过程默默回味，油然生情。回顾与涂料生缘的过往，2007 年我在南京林业大学攻读硕士学位，那年是我第一次接触木制品涂料，为了完成毕业论文，我在广东华润涂料有限公司实习了 4 个月，我的课题是木家具表面特种涂装技术研究，但为了更全面、系统地认知和掌握木制品涂料的分类、应用、工艺及功能，我对传统的聚氨酯（PU）涂料、聚酯（PE）涂料、硝基（NC）涂料到后来出现的紫外光（UV）固化涂料及水性（W）涂料的制备和涂装工艺都进行了系统的理论与实操学习。那时候，我国木制品制造领域还是以 PU、PE、NC 涂料等为主。我人生中的一位重要的老师，也是当时中国涂料工业协会副会长叶汉慈先生，他对木制品涂料的感情深深地影响了我。叶工当时对我及一起实习的南林老师说过多次，木制品涂料和涂装方向一定是未来木材加工与木制品行业的热点，现在家具和涂料产业还处于剥离状态，懂涂料的人不懂木头、不懂家具，懂家具的人不懂涂料，将二者有效结合其实是一件非常有意义的事情，而高等院校和科研院所就应该承担起这个责任。那时候我心里就已埋下了喜欢木材和涂料的种子。2010 年我顺利毕业，到中国林业科学研究院木材工业研究所工作，主要研究方向是木制品表面饰面与涂装。在至今 9 年的工作生涯中，我承担过一系列与木制品表面饰面及其涂装工艺相关的课题，涉及木制品表面砂光技术、木制品表面装饰薄木制备及贴面涂装技术、木制品表面机械化制造与环保涂装技术，以及木门表面 UV 转印技术等多个方向和领域。这些科研项目都为本书的撰写奠定了重要的理论和实践基础。

　　在科研项目一步步跟进的同时，2014 年，我第一次萌生了想写本关于木制品表面涂装方面的书籍。那时候我查阅了大量资料，也梳理了自己的一些想法和认知，当时国家环保政策已开始趋于严格，绿色风潮逐渐兴起，紫外光固化涂料、水性涂料等无溶剂或以水为溶剂的环保涂料在木制品领域不断出现。作为中国林业科学研究院木材工业研究所木制品研究室的一名科研工作者，时常要与企业对接，了解行业动态，掌握企业技术需求动向。在走访各大涂料企业及木制品企业的过程中，我发现许多涂料工无论是在理论知识上还是实践经验上，对于这些新兴的水性涂料、紫外光固化涂料都有很大的技术需求，他们对涂料配制只是机械操作，对原理的东西还比较茫然；木制品企业更是通过涂料商的介绍，才对环保涂料作业原理和具体工艺有一些了解。而 2016 年以来，随着国家对大气污染关注和治理力度的加大，许多相关企业由于溶剂型涂料挥发物释放等条件限制，被迫停产，甚至一些曾经的行业领先者也力不从心。由此，我想木制品行业急需系统梳理一下表面环保涂装的工艺和技术，即便是顺应大势，我认为也有必要把作为市场关注热点和未来发展方向的水性涂料、紫外光固化涂料及水性 UV 涂料单独列出，然后尽我所能将其制备方法、成膜原理、技术组成、固化干燥、漆膜防护等一系列基础理论知识予以充实，并结合自己多年的科研成果及市场调研的技术经验等，为木制品行业企业家或是木制品涂料操作工等提供一点技术参考与指导。

彭晓瑞
2019 年 3 月 8 日

前　言

　　我国是木制品制造大国，其中木门、木家具、木地板等木制品的产能和产值均居世界第一。21 世纪以来，特别是进入"十二五""十三五"时期，随着国家对生态文明建设力度的不断加大和消费者环保意识的不断增强，木制品绿色环保成为企业生存的生命线。由此，国内木制品行业掀起了绿色风潮，更迎来了一场产业环保升级的重大变革。环保涂料、无醛胶黏剂、绿色饰面材料及相关工艺技术日益创新，低污染、低成本、高效率、高品质产品大量出现，木制品表面绿色涂装行业更是经历了一场洗牌，2017~2018 年，全国多家木制品制造商由于使用不环保的涂料产品而被迫停产，因此，如何在这场绿色环保生存战中存活并壮大，是各大木制品企业面临的迫在眉睫的问题。

　　涂装作为木制品表面装饰的重要手法，可起到表面保护和装饰作用。我国是很早使用木制品涂料的涂料生产大国，从 20 世纪 30 年代以前的清漆到 30 年代的不饱和聚酯漆，到 40 年代末的高固化漆，到 50 年代初的醇酸树脂丙烯酸清漆，到 50 年代中期的聚氨酯清漆，到 60 年代的紫外光（UV）固化漆……一直到现在国家大力推行的木制品用水性涂料等，木制品用涂料伴随国家政策和消费者需求经历了一次次巨大的转变。21 世纪面对环保和能源两大重要挑战，木制品涂料行业更是在积极地向水性涂料、紫外光固化涂料、水性 UV 涂料乃至粉末涂料等环境友好、资源节约型产品转变。而面对各国越来越严格的法律法规，木制品表面环保涂装是必然的发展趋势，采用水性涂料、紫外光固化涂料代替传统溶剂型涂料也是木制品涂料行业的必然发展方向。鉴于此，不断开发木制品用水性涂料、紫外光固化涂料和水性 UV 涂料等环保涂料的新品种，改进环保涂料的性能和提升木制品用环保涂料的制备工艺与涂装技术水平对我国涂料工业和木制品产业均具有重大的现实意义。目前，木制品涂料行业的专业书籍大多是关于传统溶剂型木制品涂料及涂装工艺的，而针对现阶段国家重点推行的几种木制品用环保涂料及涂装技术的，尚无专著阐述。本著作实际上是一种尝试，一种归纳，一种普及，更是一种传播，希望在推动木制品表面环保涂装的先行路上发挥光热。

　　目前，市面上的水性 UV 涂料有些归属于紫外光固化涂料，有些归属于水性涂料，考虑到水性 UV 涂料几乎包含了两者的优势，本书将其单作一类环保涂料进行阐述。事实上，粉末涂料也开始在一些木制品新兴领域出现，但由于其设备投入大、异形件产品质量难以保证等，目前应用相对较少，因此，本书主要阐述了木制品水性涂料、紫外光固化涂料和水性 UV 涂料三种应用较多的环保涂料的制备及涂装技术，重点从涂料制备、涂装工艺、涂装方法、固化工艺、漆膜弊病产生原因及处理办法等角度展开对环保涂料涂装的系统说明,并对木制品表面涂装用贴面基材、涂装前砂光预处理及涂料和涂膜表面性能等进行了详述,旨在使木制品表面环保涂装技术形成一个系统而完整的构架体系,以更好地指导生产实践。

本书的第一章概述是本人通过文献查阅、涂料厂实习及木制品企业考察调研等积累而做出的一些总结;第二章对被涂物即涂装基材(各类装饰薄木)制备与贴面进行了系统阐述,本部分包含了本人承担的各类科研项目的一些成果;第三章木制品表面涂装素材处理和砂光技术,涵盖了涂腻子、表面平面砂光和异形砂光等工艺技术与设备,所谓"三分涂料七分砂光",木制品表面砂光是环保涂装的重要基础;第四章是水性涂料、紫外光固化涂料和水性 UV 涂料三种环保涂料的基本组成与制备技术,本章是在大量查阅文献、自己动手实操与市场调研的基础上,结合本人参加的林业行业公益项目完成的;第五章对木制品表面环保涂装工艺与设备进行了全面、系统论述,阐述了三种环保涂料的涂装工艺、涂装方法及不同工艺所使用的涂装设备、操作流程等,以更好地指导生产实践;第六章主要对三种木制品表面环保涂料涂层干燥方法及使用设备进行了系统阐述,为涂料干燥的质量控制等提供了一定基础资料;第七章是对木制品环保涂装的粉尘及涂装废气的控制方法进行了系统介绍,本章是结合本人承担的科研项目研究成果及现有市场调研分析而来的;第八章系统阐述了木制品环保涂装的涂料和涂层各项性能检测方法,可为企业涂装过程中的质量控制提供技术指导;第九章则是对环保涂料涂装常见的漆膜弊病及其防治方法进行了系列分析,对工厂实际生产具有很大的参考意义。

本书涉及的环保涂料制备方法、参考配方及对应的涂装工艺等,可供水性涂料、紫外光固化涂料及水性 UV 涂料工程师在进行环保涂料配方设计及性能改进时参考;涉及的环保涂料施工对应的施工方法与设备、设备元件及操作注意事项等,可为环保涂料涂装操作工进行环保涂装提供指导和借鉴;介绍的环保涂料常涂覆的基材表面材料及相应的砂光处理手段,可为木制品企业实施表面装饰工艺提供一定的技术借鉴;概括的木制品表面环保涂装涉及的涂料原料和漆膜性能等检测方法、漆膜弊病的产生原因和应对措施等,对木制品企业进行实验室建设、产品品质控制和管理及售后服务等具有一定的指导意义。

本书在撰写过程中得到了许多木制品行业专家的帮助与指导,在此表示衷心感谢。希望本书能在推进我国木制品绿色制造和产业转型升级方面略尽微薄之力。

本书仅对市场上目前最受欢迎和关注,也是企业接受度相对最高的三种环保涂料进行了相关工艺技术的阐述,未来根据市场发展需求等,作者会考虑将其进一步延伸细化。本书内容详尽,但鉴于作者知识水平有限,书中难免会出现一些不妥之处,望请读者见谅,不足之处恳请读者批评指正。

彭晓瑞

2018 年 12 月 12 日

目　　录

第一章 概 述

第一节 木制品表面涂装概述

一、木制品表面涂装的目的

涂料是一种可用特定的施工方法涂布在物体表面上，经过固化能形成连续性涂膜的物质，旧称"油漆"。将涂料涂布于木制品表面的过程称为涂装。涂布于木制品表面的涂料，经过干燥，硬化形成的连续性皮膜称为涂膜。

木制品表面涂装的主要目的如下。①保护作用：主要包含室内木质装饰、木家具、木地板、木墙板、木楼梯、木质乐器、木玩具等木制品表面的屏蔽与保护功能。木制品涂料能很好地附着在素材上，使之经久耐用，在保持物体表面完整性的同时，使材料免受水分、气体、微生物及紫外光辐射的侵蚀等。②美化装饰作用：通过木制品涂料涂装，使木制品表面的色彩、光泽、外观等更加美观，起到良好的表面装饰效果。③增加木制品产品附加值和特殊功能作用。

二、木制品表面涂装的影响因素与要求

木材种类繁多，且具有多孔性、各向异性、吸湿与解吸、膨胀收缩、易腐朽等特点，这些特点均易降低木制品的价值、缩短其使用寿命。木制品涂装时，既要避免木材特性的影响，又要把木材纹理、色彩、质感等自然美感显现出来，需考虑的因素较多。与金属、塑胶等其他材质制品不同，木制品表面涂装的影响因素，也是其涂装困难的原因，主要有以下三点。①木材的多孔性：木材表面的孔隙度平均占表面积的 30%～80%，所以涂料对木材的润湿性、附着力和涂布的均匀性是木制品涂装的一大难题。②木材的含水率：木材是亲水胀缩性的，我国一般将木材标准含水率定为 12%～18%，日本为 15%，欧美国家为 12%。木材是多孔性吸湿材料，含水率过高或过低都会直接造成涂膜开裂、脱落，因此，保持涂膜持久稳定是木制品涂装的又一大难题。③木材内部构造差异大：木材是一种多糖类的多孔性纤维组织，由于木材生长的地域和气候不同，其内部构造差异大，如杉木之类的针叶树与柚木之类的阔叶树内部结构就大不相同，因此，在对不同木材表面进行涂装时，其表面漆膜附着力、平整度和外观丰满度等较难把握。

随着木材资源日益短缺，整套木制品已很难使用一整块或一种木材，通常

需要采用不同木材拼接组装，不同木材的色彩、材质与纹理千差万别，采用涂装工艺更能将木材原料乃至木制品成品的美感与价值展现出来。在木制品涂装中，既需要对产品的特色、用途及各种涂装方法充分了解，又需要对木材物理性质、化学组成、外观解剖特性等深刻把握，还需要对各种木制品涂料特性有相当的认知，这样才能获得涂装良好的木制品。

第二节　木制品用涂料概述

一、木制品用涂料分类

涂料是一种液态或可液化的粉末状态或厚浆状态的物质，能通过一定的施工工艺均匀涂覆到被涂物表面，经干燥固化后形成牢固附着的具有一定强度的连续固态涂膜。木制品用涂料目前还没有完全统一的国家标准对其进行分类，通常遵循涂料行业的分类方法。木制品涂装过程中使用的涂料与木器涂料大致相同，根据木制品用涂料的特点，可从以下方面对其进行分类。

1. 常见木制品用涂料

常见木制品用涂料可分为六大类，即不饱和聚酯（UPR）涂料（俗称 PE 涂料）、硝基（NC）涂料、聚氨酯（PU）涂料、酸固化（AC）涂料、紫外光固化涂料（简称 UV 涂料）及水性（W）涂料等。其中，前 2 种是按成膜物质来命名的，后 4 种则是以该种涂料最显著的特点来命名的，其中 PU 涂料、AC 涂料及UV 涂料分别以聚氨基甲酸酯、弱酸及紫外光作为固化的必需条件，W 涂料以水作为溶剂或稀释介质，这有别于其他所有使用有机溶剂的"溶剂型涂料"，因而命名为水性涂料。这些命名方法在世界各国被共同采用，为产品研究带来了很大的便利。

2. 按包装情况分类

木制品用涂料按照包装情况可分为单组分涂料、双组分涂料和多组分涂料。其中，单组分涂料是指可以直接使用，或只添加稀释剂即可进行涂装的品种，如NC 涂料、热塑性丙烯酸涂料等；双组分涂料则需要将主剂和固化剂混合，两者按照一定的比例调配，干燥固化后形成涂膜，如 PU 涂料、AC 涂料和 UV 涂料等；多组分涂料是指由 3 种或 3 种以上组分构成施工条件的涂料，如不饱和聚酯涂料，其由主剂、蓝水和白水调入一定量的稀释剂后，按照合理的方法正确调配、涂布，经干燥固化后才能形成漆膜。

3. 按成膜机理分类

木制品用涂料按照成膜机理可以分为四大类：挥发型涂料，如 NC 涂料、单组分丙烯酸涂料、虫胶漆等；交联型涂料，如 PU 涂料、AC 涂料等；自由基聚合反应型涂料，如不饱和聚酯树脂（UPR）涂料、UV 涂料等；氧化干燥型涂料，如醇酸大漆，以及某些水性涂料等。

4. 按漆膜表面光泽度分类

木制品用涂料按照漆膜表面光泽度可以分为高光涂料、亚光涂料或半亚光（半高光）涂料，采用光泽度仪可测试出漆膜表面相应的光泽度，以不同光泽度等级来定义三分光涂料、半光涂料、七分光涂料及无光涂料。

5. 按透明度分类

木制品用涂料按照干燥后漆膜的透明度可分为全透明涂料（清漆）、半透明涂料（主要为面着色或者红木类涂装）和实色涂料（主要为不透明涂装，一般用于人造板的较多）。

6. 按特殊效果分类

木制品用涂料如同其他木制品表面装饰材料一样，随着人们审美和个性化需求，需对其进行一定的复合与改进，如在木制品用涂料中加入某些具有特殊效果的材料（如助剂、各种粉料等），或采用特殊的施工方式使涂料在成膜后形成不同纹理、质感和光泽的表面效果。按照不同的表面效果，可将涂料分为裂纹涂料、浮雕涂料、闪光涂料、拉丝涂料、仿木纹涂料、仿石涂料等。

二、木制品用涂料原料及组成

涂料一般由主要成膜物质、次要成膜物质、辅助成膜物质 3 部分组成（表 1-1）。涂料性能要求不同，通常组成略有变化，如透明清漆中没有填充料，粉末涂料中没有溶剂等。

表 1-1　涂料组成成分

	分类	成分	作用
主要成膜物质	天然油脂	桐油、豆油、花生油等	形成涂膜，决定着涂膜主要性能
	天然树脂	虫胶、沥青、松香等	
	人造树脂	硝基纤维素、甘油松香等	
	合成树脂	丙烯酸、环氧等	
次要成膜物质	着色颜料	钛白粉、偶氮类等	常用的颜料是 0.2～10μm 的细微粉末，具有着色力和遮盖力，能提高涂层的机械性能和耐久性，还能使涂料具有防锈、导电等功能
	体质颜料	碳酸钙、滑石粉等	
	功能颜料	防锈颜料、导电颜料、磁粉、防滑剂等	

续表

分类		成分	作用
辅助成膜物质	溶剂部分	有机溶剂、水	溶剂可将涂料溶解或稀释成液体，对涂装及固化过程起重要作用。不会残留在涂膜中，是帮助成膜的成分
	辅助材料（助剂）	防乳化剂、分散剂、引发剂、沉淀剂、防结皮剂、流变剂、催干剂、流平剂、防流挂剂、增塑剂、耐磨剂、导电剂等	可对涂料或涂膜的某一特定方面的性能起改进作用，如用于涂料干燥、固化，提高涂膜性能，提高涂料贮存稳定性，提高装饰性能或保护性能等

1. 树脂

涂料中的主要成膜物质又称为基料，其作用是将涂料中的其他组分黏结成一个整体，附着在被涂基层表面，干燥固化形成均匀连续而坚韧的保护膜。基料对涂膜的硬度、柔性、耐磨性、耐冲击性、耐水解性、耐候性及其他理化性能起到决定性的作用。木制品涂料用成膜物质主要有油脂类和树脂类两类。油脂类成膜物质包括植物油和动物脂肪，其中以植物油为主，包括桐油、梓油、亚麻油等干性油，亚油、葵花油等半干性油，以及椰子油等非干性油。树脂类成膜物质的树脂是许多高分子有机化合物合成的混合物，呈透明或不透明的无定形黏稠液体或固体状态，可溶于有机溶剂，有些经改性后可溶于水。树脂按来源可分为天然树脂、人造树脂和合成树脂。天然树脂主要来源于自然界的动植物，如松香、虫胶等；人造树脂是用天然高分子化合物加工制得的，如棉花经硝酸硝化可得到硝化棉，各种松香衍生物（如改性松香）等；合成树脂是用各种化工原料经缩合、聚合等化学反应合成的醇酸树脂、丙烯酸树脂等。随着石油工业的发展，性能优良的合成树脂成为主要的涂料成膜材料，基本取代了动植物油。

2. 颜料

涂料中的次要成膜物质主要是颜料，按其在色漆中所起的作用不同，可分为着色颜料和体质颜料。

着色颜料主要是遮盖被涂物表面并使其呈现出特定色彩，同时也能提高涂膜的耐久性、耐候性和机械性能，因此它们除了要不溶于水、油和溶剂外，颜色还要鲜艳纯正，并且具有良好的遮盖力和着色力，对光、热稳定并有突出的保色性。着色颜料色彩可以分为红、白、黄、绿、紫、黑及金属光泽等。

着色颜料和染料有很多相似之处，它们都是固体粉末，都能使物体着色，一般都以其色光为主要关注点，但也有本质差别，如表 1-2 所示。

表 1-2 着色颜料与染料的区别

	着色颜料	染料
在介质中的状态	通过特种手段，分散在介质中	不同染料溶解于不同介质
着色功能	涂于物体表面，形成色层而表面着色	使被染物品全部着色，如棉布
在涂料中的一般作用	有表面遮盖力，起保护作用，可提高表面硬度等	一般仅为木材表面着色
在涂料中的特殊功能	如防锈颜料的防锈功能等	一般不具备

体质颜料又称填充料或填料，外观通常为白色或无色，似乎有白色颜料的外观，但其折射率与树脂接近，所以在溶剂型涂料中没有着色力和遮盖力。在使用过程中，当体质颜料的用量超过临界体积浓度时，树脂就不能将这些颜料完全包裹，因此在漆料与颜料的颗粒之间容易形成空气空穴，从而呈现发白现象。此时，可以考虑增大树脂的用量。常用的体质颜料有滑石粉、膨润土、超细二氧化硅等，它们能填充木材导管，增加涂料体质和强度并防止涂料流挂、下坠等。体质颜料是木材涂装中最常用的材料，一般将其加入到涂料的底漆、腻子中，增加漆膜的填充性、打磨性，但用量不宜偏大，否则会对木材涂装的透明性产生影响。常用体质颜料的性能见表 1-3。

表 1-3 常用体质颜料的性能

名称	化学组成	密度/(g/cm^3)	吸油量/%	折射率	pH
重晶石粉	$BaSO_4$	4.47	6～12	1.64	6.95
沉淀硫酸钡	$BaSO_4$	4.35	10～15	1.64	8.06
轻质碳酸钙	$CaCO_3$	2.17	15～60	1.48	7.6～9.8
重质碳酸钙	$CaCO_3$	2.17	10～25	1.65	7.6～9.8
滑石粉	MgO、SiO_2、H_2O	2.85	15～35	1.59	8.1
高岭土	Al_2O_3、SiO_2、H_2O	2.6	30～50	1.56	6.72
云母粉	K_2O、Al_2O_3、SiO_2、H_2O	2.76	40～70	1.59	7.39
石英粉	SiO_2	2.6	25	1.55	6.88

3. 助剂

为了改善和提高涂料的贮存稳定性、流平性、光泽度、干燥速度，缩短生产工时和提高涂料的施工性能，减少涂膜弊病，可分别在涂料生产、贮存、涂装和成膜等不同阶段添加一些助剂，有效地改善涂料的贮存、施工性能。助剂一般用量很少，仅占涂料总量的百分之几或千分之几，但作用十分显著，对涂料和涂膜性能有极大的影响，是木制品涂料不可缺少的组成部分。木制品用涂料所使用的助剂主要有消泡剂、润湿分散剂、防流挂剂、防沉剂、催干剂、流平剂、紫外线吸收剂、抗黄变助剂、防霉剂、消光剂、分散剂等，具体如下。

（1）润湿分散剂

润湿分散剂是颜料和消光粉润湿分散中不可或缺的助剂。颜料、消光粉在分散时，加入润湿分散剂后，一般会分为润湿、分散和稳定三个过程，能明显缩短研磨或分散时间、降低色浆（或消光浆）的黏度、提高涂料的贮存稳定性。在色漆中加入润湿分散剂可提高颜料的鲜艳度和遮盖力，并能减少色漆的浮色发花现象。在木制品用亚光漆的制备中，润湿分散剂也是必不可少的，其有利于消光粉的分散，在施工形成漆膜时，还促进消光粉的有序排列，增加漆膜的透明度并增强装饰性能。分散剂一般都具有防沉降、防流挂及防浮色的作用。

润湿分散剂的种类较多，具体可以根据树脂、颜料的品种来选择，加量也要根据树脂、颜料的品种来决定。一般而言，由于无机颜料颗粒大、比表面积小、有极性、容易分散等特性，其润湿分散剂的用量可适当减少；反之，在有机颜料的润湿分散中，就需要考虑相应增大润湿分散剂的用量；炭黑虽然表面有极性，但是颗粒很小，比表面积大，相对很不容易分散，故应增加润湿分散剂的用量，或采用专用的润湿分散剂。

润湿分散剂的添加方式（一般在配料时就加入）：溶剂→加入润湿分散剂→搅拌均匀→加入树脂（少量）→加入颜料（全部）→充分搅拌→研磨。对于难分散的颜料，如炭黑、酞菁蓝等，最好在充分搅拌并浸泡一天之后再研磨，效果相对较好。消光粉的分散与上述颜料分散基本相同，只是不需要研磨，进行高速分散操作即可。

（2）流平剂

流平剂可以有效降低漆膜表面张力，提高漆膜表面平整度。一般而言，溶剂和树脂的表面张力都高于木材表面张力，涂料是溶剂和树脂的混合物，其在木材基材上要想达到良好的润湿、流平效果，就必须降低表面张力。流平剂可根据其表面张力的大小分为轻微、中度和强烈降低表面张力的表面助剂。

木制品用涂料的流平剂主要有三类：溶剂型、相容性受限制的长链丙烯酸共聚物和相容性受限制的长链有机硅化合物。

溶剂型主要采用高沸点的芳烃、酮、酯、醇和特殊溶剂，如四氢化萘、十氢化萘等配制而成。一般用于底漆的加量为底漆总量的 2%～5%，对提高漆膜流平性、防止针孔、气泡、缩孔和漆膜发白等现象产生都有一定的作用。加量不宜过大，否则会使漆膜干燥速度变慢，且易产生流挂现象。

相容性受限制的长链丙烯酸共聚物流平剂一般加量为涂料总量的 0.2%～1.0%，可明显改善漆膜的流平性、防止缩孔和贝纳尔对流产生的发花现象、提高涂料对基材的润湿性，而且不影响重涂和漆膜的层间附着力。长链丙烯酸共聚物与树脂之间的相容性较差，一般会使清漆出现乳浊现象，影响外观。

相容性受限制的长链有机硅化合物（如硅油）是涂料行业最先使用的流平剂，一般为聚甲基硅氧烷和聚甲基苯基硅氧烷，流平效果极佳，在使用量很少的情况下，就能达到理想的流平效果和手感，且能减少缩孔现象的发生。有机硅类流平剂在使用中要严格控制用量，稍微多加一点，就会影响木制品不同道（遍）漆膜之间的附着力，甚至由它形成的漆膜打磨出来的漆膜粉末飞扬出来会严重影响到施工现场的其他漆膜附着力，也容易造成生产设备和相关容器的污染。为了保证有机硅类流平剂加量适度，在使用时一定要预先用溶剂（如二甲苯等）将其稀释成 1%的溶液再进行添加，添加时也要格外小心，控制加量。由于硅油的使用有一定的危险性且不好控制，目前有机硅改性树脂类流平剂已经取代硅油，在木制品用涂料行业领域的使用相当广泛。改性树脂通常包含聚醚类、聚酯类、烷烃类等，根据其改性的树脂不同相应产生了许多不同种类的有机硅类流平剂。其中聚酯类改性的有机硅类流平剂耐高温和耐水解性较好，在木制品涂料中应用较广。而在实际生产中，由于木制品用涂料一般都是在常温下进行干燥的，并不需要经过高温烘烤，因此以上流平剂均可使用。有一部分流平剂含有活性基团，如—NCO、—OH、双键烯烃类等，可分别加入 PU 涂料、UV 涂料、PE 涂料等中，这些活性基团可与涂料中的树脂发生反应，使漆膜保持长时间的滑爽和丰满质感。

（3）防沉剂

按防沉剂在涂料中的作用可将其分为：①在漆基中进行膨润分散的防沉剂，这类防沉剂形成网状结构，有触变性，常用的有蓖麻油衍生物、有机膨润土（片状结构）、金属皂辛酸铝、硬脂酸钙、硬脂酸锌及稀土皂等；②分散性胶体构造的防沉剂，如超细二氧化硅，将二氧化硅加入涂料中，硅醇基间形成氢键，产生网状结构，从而增加涂料黏度，起到防沉作用；③防止颜料絮凝的防沉剂，其吸附在颜料和填料表面，在颜料之间起架桥作用，防止颜料絮凝。

（4）消泡剂

木材是一种多孔性材料，其孔内充满了空气或水汽，在木制品涂装中如果采用清油等慢干型涂料，则其能充分渗透到棕眼中，因此可将其中的空气或水汽置换出来，这样可使涂膜中不产生或少产生气泡。而现代木制品生产企业，为了提高生产效率，一般会尽可能提高涂料干燥速度，加上涂料中采用的表面助剂增多，通常会造成棕眼和施工中产生的气泡难以消除，漆膜表面形成针孔、气泡和缩孔等弊病，影响木制品表面装饰性能和整体质量。因此，消泡剂对木制品涂装而言具有非常重要的意义。消泡剂一般分两类：一类是破泡型，另一类是抑泡型。

（5）消光剂

消光剂分为有机和无机两大类：无机的有合成二氧化硅、高岭土、硅藻土等，有机的主要有蜡、硬脂酸锌、硬脂酸铝等。

（6）防霉剂

防霉剂主要有五氯酚钠、硫柳汞、乙酸苯汞、喹啉酮、环烷锌、环烷酮、偏硼酸钡等。

（7）分散剂

分散剂是指能提高和改善固体或液体物料分散性能的助剂。固体涂料研磨时，加入分散剂，有助于颗粒粉碎并阻止已碎颗粒凝聚而保持分散体稳定。不溶于水的油性液体在高剪切力搅拌下，可分散成很小的液珠，停止搅拌后，在界面张力的作用下很快分层，而加入分散剂后搅拌，则能形成稳定的乳浊液。分散剂的主要作用是降低液-液和固-液间的界面张力，因而分散剂也是表面活性剂。涂料中常用的颜料分散剂有合成高分子类、多价羧酸类、偶联剂类、硅酸盐类（LBCB-1）等，常见的有蓖麻油酸锌、环烷酸锌、三乙醇胺、六偏磷酸钠等。

（8）催干剂

催干剂主要有：金属氧化物，如氧化铅；金属盐，如乙酸铅、乙酸锰、乙酸钴；金属皂类，如钴锰催干剂等。除此之外，吸潮剂、防紫外线吸收剂等其他助剂也为催干剂。

4. 溶剂

溶剂主要用于溶解涂膜形成物而产生适当的黏度，不影响涂料的流平性、光泽度与干燥速度等性能。溶剂的性质主要体现在溶解力上，其与涂膜形成物种类有关。一般而言，极性越大的树脂，越需要极性溶剂（如醇类、酯类、酮类）。非极性脂肪族碳氢化合物能溶解涂料油（如油性清漆、长油醇酸树脂）；略带极性溶剂需短油醇酸树脂（芳香族碳氢溶剂）；乙醇无法溶解油性树脂或醇酸树脂，而对虫胶片和一些其他合成树脂则有较好的溶解力。

溶剂可按不同因素进行分类，按溶解力可分为真溶剂、助溶剂和稀释剂；按溶剂的沸点可分为低沸点溶剂（沸点低于 100℃，其挥发速度快、易干燥、黏度小，通常具有挥发气味）、中沸点溶剂（沸点为 100～150℃，挥发速度中等，工业广泛使用）、高沸点溶剂（沸点为 150～200℃，挥发速度较慢）和增韧剂（沸点 300℃以上，几乎没有蒸发性，用来改变分子的硬度，常用作添加剂）；按溶剂的毒性可分为毒性较大类（如苯、氯化乙烯、三氯甲烷等）、低毒类（酮类、醇类、酯类、甲苯、二甲苯等）和无毒类（汽油、石油精、松节油、矿物油）。

在涂料施工时，工作人员要避免与溶剂接触，必要时使用合格防护用具，如口罩、护目镜、手套、安全鞋，尽可能在上风位置工作，以免吸入有机溶剂。

常用溶剂的种类有焦化芳烃类溶剂、醇类溶剂、酮类溶剂、酯类溶剂、醚类溶剂等。

焦化芳烃类溶剂以苯、甲苯和二甲苯为主。苯属芳香族，毒性较大，可致癌。甲苯工业产品为无色液体，不溶于水，能和甲醇、丙酮等有机溶剂混合，在甲苯中加入甲醇和乙醇可增加对乙酸纤维素的溶解能力。甲苯的挥发速度较快，是二甲苯的 3 倍，故很少作为溶剂使用，在硝基涂料中用作稀释剂。二甲苯无色透明，不溶于水，能与乙醇、乙醚、芳香烃和脂肪烃溶剂混溶。可使用氯化钙、无水硫酸钠、五氧化二磷或分子筛作脱水剂除去二甲苯中的水分。由于二甲苯溶解能力强，挥发速度适中，是短油醇酸树脂、乙烯树脂、氯化橡胶和聚氨酯树脂的主要溶剂，在硝基涂料中可用作稀释剂，正丁醇是其助溶剂，在二甲苯中加入 20%～30%正丁醇可提高二甲苯对氨基树脂涂料和环氧树脂涂料等的溶解力。

醇、酮、酯和醇醚为含氧溶剂，具有较大的极性，溶解力强。醇类溶剂主要包含乙醇、异丙醇、正丁醇等。乙醇极性较弱，和醚类溶剂混合使用可以提高对硝基纤维素的溶解能力，在硝基涂料中用作稀释剂可以降低涂料的黏度；异丙醇具有臭味，主要用作硝基涂料的助溶剂，其与芳烃的混合物能溶解乙基纤维素；正丁醇是硝基纤维素树脂的助溶剂，由于其沸点较高、挥发较慢，故有防白作用，其弊病是黏度较大，因而对涂料黏度影响较大。

酮类溶剂主要包含丙酮、甲乙酮、甲基异丁基酮、环己酮等。其中，丙酮是一种沸点低、挥发快的溶剂，是硝基涂料、过氯乙烯涂料、热塑性丙烯酸树脂涂料的良好溶剂，但是其快速挥发的冷却作用，能引起空气中的水蒸气在涂膜表面的凝结，而导致涂膜表面结霜发白，故常和能起防白作用的低挥发醇类和醇醚类溶剂共同使用。甲乙酮（MEK）是广泛应用于涂料中的一种酮类溶剂，它的溶解能力和丙酮相同，但其挥发较慢，是硝基纤维素、丙烯酸树脂、乙烯树脂、环氧树脂、聚氨酯树脂常用的溶剂之一。甲基异丁基酮（MIBK）是一种中沸点的酮类溶剂，用途和甲乙酮相似，但挥发稍慢一些，其溶解力强，性能良好，广泛应用于多种合成树脂，由于价格较高，往往和其他溶剂混合，以便调整混合溶剂的溶解力和挥发速度，改善涂料的性能。环己酮（CYC）是一种强溶剂，挥发较慢，对多种树脂有优良的溶解能力，主要用于聚氨酯树脂、环氧树脂及乙烯树脂涂料，可提高涂膜的附着力，并使涂膜表面平整美观，当用于硝基涂料的溶剂时，能提高涂料的防潮性并降低溶液的黏度。异佛尔酮（IP）为淡黄色液体，有类似樟脑的气味，具有较高的沸点、很低的吸湿性、较低的挥发速度和突出的溶解能力，能与大部分有机溶剂和多种硝基纤维素涂料混溶，赋予涂膜很好的流平性。

酯类溶剂主要包括乙酸乙酯（EAC）、乙酸正丁酯（BAC）、乙酸异丁酯（isobutyl acetate）、乙二醇单乙醚乙酸酯（CAC）等。其中，乙酸乙酯有水果香味，能与醇、醚、丙酮、苯等大多数有机溶剂混溶，在涂料中可以用作硝基纤维素、乙基纤维素、丙烯酸树脂及聚氨酯树脂的溶剂；乙酸正丁酯是应用比较广泛的一种溶剂，闪点为27℃；乙酸异丁酯的闪点比乙酸正丁酯低，为17.8℃。

醚类溶剂主要有甲醚、甲二醚、乙醚、乙二醚、丙醚、丁醚、丁二醚等。

第三节　传统涂装工艺概述

木制品表面涂装历史悠久，应用也非常广泛，直到现在，涂料涂装仍然是家具表面装饰的主要手法。不同的分类方法和涂料选用，对应着不同的涂装工艺过程与要求。

用涂料涂装木制品表面，根据基材纹理外观特性，把涂装分为透明涂装、半透明涂装和不透明涂装。三种涂装在涂料选用、外观效果、工艺规程及应用上都有很大的差别。透明涂装是指用各种透明涂料与透明着色剂等涂装木制品表面，形成透明漆膜，此种涂装工艺可使天然木材基材的真实花纹得以保留并充分显现出来，材质真实感更明显。透明涂装对基材的要求很高，工艺也较复杂。半透明涂装也是指用各种透明涂料涂装木制品表面，但选用半透明着色剂着色，漆膜呈现半透明状态，可使基材纹理相对模糊，减轻材质缺陷对产品的影响，材质真实感略差。半透明涂装相对透明涂装来说对基材质量要求相对不高，工艺过程与透明涂装基本相同。不透明涂装，即实色涂装，是指用含有颜料的不透明色漆涂装木制品表面，形成不透明色彩漆膜，遮盖被涂装基材表面。不透明涂装比透明涂装的工艺过程简单。

产品涂装后所表现出的外观颜色，是通过不同的着色工艺过程实现的。这样把涂装又分为底着色、中着色和面修色三种工艺过程。底着色工艺是指着色剂直接涂在木材表面，根据产品着色效果要求，可在涂装底漆过程中进行修色补色，加强着色效果，最后涂装透明清面漆。底着色涂装工艺着色效果好，色泽均匀，层次分明，木纹清晰，有利于更清楚地体现材料天然花纹。中着色工艺基材表面不涂装着色剂，而在涂装完底漆后用透明色漆着色以达到外观所要求的颜色，最后再涂装透明清面漆。面修色工艺则是采用有色透明面漆，在涂装面漆的同时进行修色，虽然工艺相对简单，但是涂装效果相对较差，木纹不够清晰。

一、木制品用硝基涂料性能与涂装工艺

1. 木制品用硝基涂料的性能

硝基涂料的优点：①干燥速度快，只需10min就可干燥，而PE、PU等涂料，需干燥4～24h，硝基涂料在保证漆膜质量的同时，节省了施工时间，漆膜表面不

易粘上灰尘；②硝基涂料为单组分涂料，其施工方便，可任意加入稀释剂后进行涂饰作业，并且漆膜好修复，漆膜易被溶剂溶解；③漆膜坚硬、丰满、耐磨、抛光性好，平滑、细腻、手感好、当涂层达到一定的厚度时，经研磨、抛光后可获得很好的光泽度，且色彩鲜艳、装饰性很强；④韧性好，弹性高。

硝基涂料的缺点：①固含量低，一般为 30% 左右，只适宜喷涂施工，且需要多次喷涂，甚至达 8~9 次；②潮湿天气施工易产生白膜现象；③挥发性有机化合物（volatile organic compound，VOC）含量高，易污染环境，涂料中溶剂占比大，不经济，且有毒；④耐化学药品性不够好；⑤耐久性不好，耐烫、耐热性差，开水或烟头等高热物品置于漆面时容易引起漆膜发白、鼓泡；⑥由于硝基涂料的原料都是易燃易爆的硝基纤维素、溶剂等，因此容易燃烧，在存放和使用过程中应该注意防火。硝基涂料的主要性能指标如表 1-4 所示。

表 1-4 硝基涂料的主要性能指标

项目	指标	项目	指标
黏度（涂-4 杯）/s	≥6	表干时间/min	≤20
柔韧性/mm	≤2（清漆：1）	实干时间/h	≤4
固含量/%	28~38（清漆：30）	光泽度/%	70~80（清漆：95）
冲击强度/（kg/cm²）	294	硬度（摆杆）	≥0.5
遮盖力/（g/m²）	20~120	耐水解性（浸 24h）	允许轻微发白、失光，起泡在 24h 内恢复
附着力/级	≤2	耐汽油性（浸 24h）	允许轻微失光、变软，不起泡、不脱落

2. 木制品用硝基涂料的制备技术

硝基涂料采用硝基纤维素（硝化棉）作为主要成膜物质。在硝基涂料的配制中，一般不单独用硝化棉制漆，因为漆膜光泽度不高，附着力很差，并且固含量很低，很多技术要求无法满足。为了改进这方面的缺点，在制漆时会加入混溶性好的树脂：①增加固含量，同时适当提高涂料的黏度；②增加漆膜附着力；③增加漆膜的丰满度及光泽度；④提高其他特殊要求的性能，如耐候性、耐水解性、耐湿热性、柔韧性和耐热性等。

在硝基涂料制备过程中，最常用且经济实惠的合成树脂是由多元醇、多元酸与脂肪酸合成的醇酸树脂。例如，用不干性油（主要是椰子油）改性的短油醇酸树脂可以在很多方面有效地改善硝基涂料的附着力、柔韧性、耐候性、光泽度、丰满度及保色性等。醇酸树脂油度的增加可使漆膜具有更好的光泽度及柔韧性，但硬度及耐磨性则相应变差；干性油醇酸树脂（长油度）可以大大提高硝基纤维素漆膜的附着力，使漆膜具有较好的光泽度及耐久性，干性油醇酸树脂（长油度）的性能在很多方面甚至超过不干性油醇酸树脂，但氧化成膜后其漆膜耐溶剂性差，极易出现"咬底"现象。因此,除了确定只喷涂一次或在指定条件下(间隔很短即涂两层)涂装外,硝基涂料(尤其是要求多层涂膜的美式涂装)中不会使用干性油醇酸树脂。

3. 木制品用硝基涂料涂装工艺

传统硝基涂装属于高档装饰涂料,涂膜的综合性能较好,干燥时间相对较短,在美式家具中应用较多。一般而言,硝基涂料表干快,可以按"湿碰湿"方法施工,有利于提高涂装效率,缩短作业周期。但涂层完全干透一般需 24h 以上。由于硝基涂料中含有强溶剂(如酯类溶剂、酮类溶剂等),故选用硝基涂料的配套底漆时以不被其溶胀咬起为原则。一般而言,硝基涂料可采用擦涂、刷涂、喷涂、淋涂和浸涂等涂装方式。由于硝基涂料固含量较低,并且原漆黏度大,使用时需要较多稀释剂调配至施工黏度。硝基涂料刷涂涂装工艺如下。

①基材砂光:用 150#砂纸打磨基材表面至平整光滑,产品的边棱线角用砂纸打磨平滑,然后用干刷扫净磨屑。②填孔腻平:用胶性腻子(由填料、着色颜料与白胶等调配而成)先将木制品表面的横楂、榫头、榫肩结合处嵌刮一次,随即将木制品表面满刮一遍,干燥 1～2h。③打磨:用 150#砂纸或砂布,顺纤维方向全面打磨至木纹全部显露,扫净磨屑。④刷涂水色:按产品色泽要求选用适宜染料(酸性原染料或混合酸性染料)调配染料溶液,用排笔或薄羊毛刷顺纤维方向薄刷一遍。⑤刷涂硝基涂料:待水色干透,用细软布将色面用力擦光滑,然后选用硝基涂料与信那水按 1∶1 调配,用排笔或羊毛刷顺纤维方向在整个木制品表面连续刷涂 5～6 遍,每遍间隔 10min 左右,即每遍达到表干再涂下一遍。全部刷完放置干燥 12h。⑥涂层砂磨:用 240#砂纸,顺纤维方向打磨至刷痕全部消失、手感平滑。注意不能打出白棱边,然后用干刷扫净磨屑。⑦刷涂硝基涂料:用硝基涂料与信那水按 1∶1.5 调配,用排笔或羊毛刷顺纤维方向在整个木制品表面连续刷涂 5～6 遍,每遍间隔 10min 左右,即每遍达到表干再涂下一遍。全部刷完放置干燥 12h。⑧涂层砂磨:用 320～400#砂纸,顺纤维方向打磨至刷痕全部消失、手感平滑。注意不能打出白棱边,然后用干刷扫净磨屑。⑨刷涂硝基面漆:用硝基清漆与信那水按 1∶3 调配,用排笔或羊毛刷顺纤维方向在整个木制品表面均匀刷涂一遍即可,干后根据需要对漆膜表面进行或不进行抛光,获得平整光滑的漆膜表面。

二、木制品用聚氨酯涂料性能与涂装工艺

聚氨酯涂料(polyurethane coating,简称 PU 涂料),通常是指由两个组分(—OH/—NCO)组成的涂料,漆膜中含有相当数量的氨酯键,也称聚氨基甲酸酯涂料。只要是以异氰酸酯或其反应物为原料制成的涂料都称为聚氨酯涂料，其性能优异，在木制品表面涂装中应用广泛。它的组成是主漆+固化剂+PU 稀释剂，既能高温烘干，又能低温固化，其装饰性可以与氨基烤漆、硝基涂料等装饰性极佳的涂料相媲美，且性能更优。

1. 木制品用聚氨酯涂料的性能

在木制品涂料中，硝基涂料装饰性好但保护性能差，而聚氨酯涂料兼具装饰性和保护性，且漆膜外观重现性好、硬度高、耐磨性强、漆膜光亮及丰满度极佳，受到许多厂家的青睐。聚氨酯涂料的漆膜有极强的附着力，柔韧性好，有的双组分聚氨酯涂料的硬度和柔韧性可根据需要调节；漆膜具有较全面的耐化学药品性。同时，它还可低温固化，即使在 0℃ 以下，在催化剂的作用下也可固化，因而施工季节广泛。聚氨酯涂料耐低温性突出，漆膜即使在−40℃左右的使用环境中也不会开裂、剥落。

木制品用聚氨酯涂料的主要性能指标如表 1-5 所示。

表 1-5　木制品用聚氨酯涂料的主要性能指标

性能	7650 聚酯/六亚甲基二异氰酸酯（HDI）缩二脲	650 聚酯/HDI 缩二脲
干性，表干时间[(25±5)℃]/h	1～2	2～4
实干时间[(25±5)℃]/h	24	48
弹性/mm	1	1
冲击强度/(kg/cm²)	50	50
附着力/级	1	1
硬度（摆杆）	0.9	0.91
耐蒸馏水（常温下浸渍 26h）	无变化	无变化
耐盐水（10%NaCl 常温浸渍 3 个月）	无变化	无变化
耐湿热[(47±1)℃/RH(96±2)%，21 天]	无变化	无变化
耐冷热交变（冷热处理后检测）	弹性≤10mm，附着力 1～2 级　不开裂，不脱落，冲击强度 50kg/cm²	

2. 木制品用聚氨酯涂料的特点与分类

聚氨酯涂料的主要优点为：①具有优异的物理力学性能，是耐磨性最好的涂料，涂膜断裂伸长率最高；其对木材具有优良的附着力；具有优良的保色保光性能，漆膜光泽度好，丰满光亮，特别是脂肪族聚氨酯涂料的耐候性更佳，与丙烯酸树脂涂料装饰性能相当，但是耐候性和装饰性要远远好于环氧树脂涂料。②耐腐蚀性、耐化学药品性、耐水解性、耐热性、耐磨性、耐乙醇性、电器绝缘性良好。③固化温度范围广，既可以室温固化，又可以低温烘烤固化，可在低温下（−5℃甚至更低温度下）发生交联固化反应，并且涂膜性能好、干燥快。在使用过程中，应该现配现用，受可使用时间的限制，在 10℃时可使用约 8h，温度高会导致使用时间缩短。

聚氨酯涂料的主要缺点为：①容易受到潮气、水分的影响，在湿度较大的环境下，喷涂作业容易产生气泡，使漆膜产生缺陷；②采用甲苯二异氰酸酯（TDI）制成的固化剂，涂膜受紫外光照射时容易产生黄变现象；③相对于硝基涂料等来说，其干燥时间长，且固化剂不能与水、醇等物质接触，不用时一定要密闭贮存；④其最大的缺点就是毒性大，如果游离的多异氰酸酯（如 TDI）超标，则会对人体产生较大的危害，主要由固化剂（多异氰酸酯组分—NCO）中未能完全反应的游离单体所致。

用于木制品涂装的聚氨酯涂料主要如下。①油改性聚氨酯涂料，又称聚酯油或氨酯醇酸，类似于醇酸树脂的二异氰酸酯改性醇酸树脂，它较醇酸树脂干燥快、硬度高、耐磨性好、耐水解性和抗弱碱性强，多用于普通木制品的表面涂装。②催化固化型聚氨酯涂料，类似于潮固型聚氨酯涂料，以三级胺类（三乙胺、三乙醇胺等）、金属盐（氯化亚锡等）或环烷酸盐（萘酸钴等）作固化催化剂。催化固化型聚氨酯涂料成膜快，且不会像潮固型聚氨酯涂料一样在固化时受温度和涂层厚度的影响，因此在正常情况下催化固化型聚氨酯涂料相对不易产生涂膜气泡、针孔等弊病，所以应用也较广泛。③羟基固化聚氨酯涂料，是聚氨酯涂料中性能好、适用范围广、可室温固化的节能型涂料。羟基固化聚氨酯涂料由含羟基树脂和含异氰酸酯基树脂两部分组成。其中，含羟基树脂由羟基含量在 2%～4%的丙烯酸树脂与含异氰酸酯基的氨基甲酸酯树脂结合而成，可在室温下快速固化。

3. 木制品用聚氨酯涂料涂装工艺

采用聚氨酯涂料对木制品表面进行涂装时，通常采用"三道或多道底漆+两道或多道面漆"的工艺流程，且一般的底漆、面漆配套方法多为"不饱和聚酯底漆+聚氨酯面漆""聚氨酯底漆+聚氨酯面漆""水性底漆+聚氨酯面漆"等，具体根据漆膜质量要求和应用场合而定。聚氨酯涂料在涂装过程中，通常分为清漆和色漆，其具体的施工方法各不相同。一般聚氨酯清漆施工工艺流程为：清理基材表面→磨砂纸砂光→上润泊粉（即立德粉）→打磨砂纸→满刮第一遍腻子→砂纸磨光→满刮第二遍腻子→细砂纸磨光→刷第一遍清漆→根据色板要求，面漆着色→复补腻子→细砂纸磨光→刷第二遍清漆→细砂纸磨光→刷第三遍清漆→磨光→水磨砂纸打磨退光，打蜡，擦亮。聚氨酯色漆施工工艺流程为：清扫基材表面的灰尘，修补基材→用磨砂纸打平→节疤处打漆片→打底刮腻子→涂干性油→第一遍满刮腻子→磨光→涂刷底层涂料→底层涂料干硬→涂刷面层→复补腻子进行修补→磨光擦净→涂刷第二遍面漆涂料→磨光→第三遍面漆→抛光打蜡。

三、木制品用不饱和聚酯涂料性能与涂装工艺

木制品用不饱和聚酯（unsaturated polyester）涂料（PE 涂料）是由不饱和聚酯树脂通过引发剂与活性单体发生自由基聚合交联反应而形成漆膜的一类多组分涂料。其组成是主漆+促进催化剂（蓝水）+引发剂（白水）+活性稀释剂（苯乙烯等）。其中，不饱和聚酯树脂是由不饱和的二元酸（如马来酸酐）和二元醇（如丙二醇、二甘醇）经缩聚而成的线形聚酯树脂；活性稀释剂为乙烯基单体（如苯乙烯），活性单体在此体系中起稀释剂和成膜组成物的作用。不饱和聚酯涂料由主剂、促进剂、引发剂三者通过热能反应相互调合进行聚合架桥反应而固化，其溶剂为苯乙烯，成膜时参与反应。

1. 木制品用不饱和聚酯涂料的性能

不饱和聚酯涂料具有以下优点：①不含有挥发性溶剂。理论成膜物质含量为100%，可以一次性获得厚涂膜（一次膜厚度可达到 $200\sim300\mu m$）。由于可厚涂，在具体工艺中，可根据需求实施特殊涂装，在涂膜中间夹无纺布、装饰纸、竹片等；②固化时不会发生"白化"现象；③由于 PE 树脂的品类繁多，采用不同种类树脂可得到不同性能的涂膜，用途广泛；④PE 漆膜流平性良好，可以得到平坦而饱满的涂膜；⑤经磨光后的漆面具有镜面一样的高光泽度；⑥涂膜硬度高，若以玻璃硬度为 1 作为参照，PE 漆膜的硬度则可达到 0.85，而硝基漆膜的硬度仅为0.35；⑦PE 漆膜具有良好的耐水解性、耐热性、耐油性、耐溶剂性、耐风化性、耐化学药品性及电气绝缘性等，物理化学性质优异。

同时，不饱和聚酯涂料还存在以下缺点：①在配漆上，由于不饱和聚酯涂料的成分相对复杂，在配制过程中，树脂、引发剂、促进剂、稀释剂之间的调配问题比较复杂；②由于引发剂和促进剂在使用过程中会受时间限制，因此使用方法和条件限制相对复杂；③若木材表面有树脂或为油性涂膜、虫胶涂膜时，很容易出现 PE 漆膜不干或难干现象；④苯乙烯会使有些涂膜溶解，因此，在涂装施工配套时，必须充分了解各类涂料的性质及其所使用溶剂的性质，PE 涂料一般只能与 PE 涂料和 PU 涂料配套，而硝基涂料、水性涂料、UV 涂料等常用涂料，则不适合与 PE 涂料搭配；⑤干燥速度慢，易产生流挂现象，即使涂膜较薄，其干燥速度也相对缓慢；⑥漆膜硬度高，打磨困难；⑦引发剂和促进剂若直接混合，极易引起爆炸，因此必须对蓝水、白水分开一定距离保管，尤其是在天气炎热的情况下，亟须注意；⑧对着色剂的要求很高，着色剂和不饱和聚酯涂料需要有很大的互溶性；⑨贮存稳定性差，不饱和聚酯树脂和涂料均应存放在低温、阴凉处，以防止其发生自聚反应，一般保存期为 1 年。

2. 木制品用不饱和聚酯涂料的主要组成与分类

不饱和聚酯涂料由不饱和聚酯树脂、活性稀释剂、引发剂、促进剂等组成，由于体系中采用钴盐促进剂和过氧化物引发剂，漆膜色较深。一般而言，根据是否能在空气中固化，不饱和聚酯涂料一般可以分为两大类：厌氧型和气干型两种，其漆膜丰满、坚硬、光亮、耐酸、耐碱、耐水，并且可以一次性厚涂。其中，厌氧型俗称"玻璃钢漆"和"倒模漆"，在使用过程中必须隔绝空气（主要是氧气）才能固化；而非厌氧型在空气中就能固化，所以又称为气干型 PE 涂料。使用不饱和聚酯涂料作面漆时，不能与水性腻子、虫胶漆配套使用，否则易因附着力差而产生脱皮现象。厌氧型不饱和聚酯涂料在成膜固化时，由于受到空气中氧的阻聚，会产生表面不干现象，因此，在施工过程中，需采用一定手段将空气和涂膜进行隔绝。一般可通过三种方法实现隔离：①将涂完漆膜的被涂物放在密闭室内，充入氮气，排出氧气；②用薄膜覆盖涂膜；③在涂料中加入石蜡，固化过程中通过石蜡上浮，形成一层蜡膜，使空气与涂膜隔离。气干型 PE 涂料在不饱和聚酯树脂内部引进了具有抗氧化性的活性基团如丙烯基醚、干性油脂肪酸、四氢苯酐等，阻止了氧的阻聚，涂膜在空气中常温下即能固化，施工较厌氧型 PE 涂料来说方便很多。不饱和聚酯树脂是构成不饱和聚酯涂料的主要组成成分，对其产品的质量和性能具有重要作用，其具体组成见表 1-6。

表 1-6　不饱和聚酯树脂的组成

多元酸	多元醇	结构特征	特性
二元酸(顺丁烯二酸酐、顺式或反式丁烯二酸)	二元醇（丙二醇、乙二醇、二乙二醇）	同时含有酯基和不饱和双键（—CH＝CH—）的线形聚酯。还含有羟基或羧基官能团，能和环氧、氨基树脂等树脂交联固化成膜	是一种热固性树脂，可溶于苯乙烯单体，在常温下固化 优点：强度高，重量轻，光亮透明，韧性好，耐化学药品性、耐溶剂性、耐潮湿性好，机械性能佳 缺点：附着力易受成膜时收缩现象的影响，漆膜较脆，表面需要打磨和抛光，耐水解性差

不饱和聚酯树脂具有较好的低温固化工艺，包含顺丁烯二酸类和丙烯酸类。丙烯酸类聚酯价格高，且受自身特性的限制，一般仅在特殊情况下使用。目前，为适合木材涂装的各项特殊性能，通常对不饱和聚酯树脂进行改性，常用以下几种改性不饱和聚酯树脂。

1）间苯型不饱和聚酯树脂：由间二苯酸酐与多元醇制得，特点是耐酸、耐沸水性能好，可耐 120℃高温，固化活性较高。

2）双酚 A 型不饱和聚酯树脂：由双酚 A 与环氧丙烷制得，特点是耐酸碱性、耐高温性和综合力学性能好。

3）含氯不饱和聚酯树脂：由氯菌酸和二元醇制得，特点是耐酸性、阻燃性、耐高温性、耐候性和结构强度好，但是耐碱性较差。

3. 木制品用不饱和聚酯涂料涂装工艺

在木制品表面传统涂装方法中，对于木制品表面涂装效果要求严格、漆膜饱满度要求高的生产厂家，建议选用不饱和聚酯涂料（PE 涂料）作底漆，一是因为 PE 涂料具有较高的硬度，可达 5H（PU 涂料硬度一般为 2H）；二是由于 PE 涂料的固含量高达 90%以上，而 PU 涂料的固含量要少一半。同时，PE 涂料所用稀释剂很少，因此溶剂挥发而造成的漆膜收缩程度会小很多，漆膜下陷少，性能稳定，大大提升了漆膜表面的美感与视觉效果。

木制品用 PE 涂料涂装工艺中，通常选用 PE 底漆+PU 面漆的底面漆配套方法，以得到光泽度、丰满度、硬度等各项性能良好的表面涂装效果。当然，PE 涂料是一种比较难施工操作的涂料品种，如果操作不当也会出现一些问题。特别是调配时要严格按工艺制度进行操作，注意防火。传统木制品表面 PE 涂料涂装工艺如下。①基材处理：用 240#或 320#砂纸打磨基材表面木毛、木刺，并完成清灰；②做封闭底漆：采用底得宝对基材进行封闭处理，实干后采用 320#砂纸进行打磨；③底着色：根据样板或订单要求，对打磨后的封闭底漆表面进行擦色或修色处理；④PE 底漆：按照产品说明分别将主剂、蓝水、白水等配备成黏度等合适的 PE 底漆，并采用喷涂、辊涂等方式将 PE 底漆涂覆于木制品表面（可一次性厚涂），干燥 4～6h 后，采用 400#砂纸进行打磨；⑤面修色：根据样板和订单要求，喷涂修色面油，要求无发花、无流挂现象；⑥PU 面漆：喷涂 PU 面漆，要求漆膜丰满度好，无流挂、针孔等各类漆膜弊病。

木制品表面 PE 涂料喷涂施工时主要有以下注意事项：①严禁在环境温度低于 10℃或相对湿度大于 85%的状况下施工，以免出现不干、涂膜开裂等弊病；②请勿一次性厚涂，以防起泡、流挂等现象发生，尽量采用薄涂多次操作方式；③刷涂时请选择专用树脂刷，以免出现起泡、结粒等弊病；④必须搭配底涂进行操作，用手搅拌 2～3min 后会有较多泡，静置 5～10min 后使用效果佳；⑤混合后可使用时间为 12h，如果一次性用量不足一桶，请以实际用量调配以免浪费，超过使用时间，产品请勿再使用，否则影响漆膜封闭、耐水等性能；⑥注意蓝水、白水的添加顺序，注意用漆安全。

四、木制品环保涂装工艺概述

进入 21 世纪，木制品作为室内装修的重要部分，其涂装的环保性和美观度备受关注。国家出台了相应的环保法规、政策和标准，对木制品涂料的有害物质控制提出了更高的要求，各地厂商也都在探索符合木制品涂料有害物质限量标准的装修漆，木制品紫外光固化涂料和水性涂料将成为木制品涂料发展的必然趋势。

当前的木制品行业已经进入整合洗牌时期。随着市场竞争白热化，行业集中度越来越高，具备一定实力和品牌知名度的厂家已逐渐成为行业主导力量。木制品生产企业不断向机械化绿色制造方向发展，涂装也会朝着自动化、环保化的方向迈进。通过流水线涂装而实现涂装自动化将是木制品涂装发展的最终方向。木制品环保涂装就是用更少的涂料、更低的 VOC 及其他有害物质排放、更低的能耗实现理想的涂装效果。木制品环保涂装的几大要素为涂料的绿色控制、施工方式的绿色高效、施工工具的合理高效使用、涂料回收与利用，以及对于涂装后的末端处理等。

木制品用涂料的 VOC 等有害物质主要源于溶剂挥发，因此采用水性涂料、UV 涂料、水性 UV 涂料乃至粉末涂料是未来木制品环保涂装的必然发展趋势，但是，这些涂料也存在一些缺点，目前在使用中仍然受到一定的限制。例如，水性涂料的应用可大幅度减少 VOC，但其性能与溶剂型涂料相比仍有较大差距，特别是硬度、抗划伤、耐化学药品性等方面。同时，涂料中大量水的存在，使涂膜干燥时间明显延长、涂装效率降低（刘国杰，2014）。UV 涂料最突出的特点是固化速度快，固化时间通常为 0.05～1s。固化过程中需要的能量只占普通溶剂型涂料所需能量的 20%左右。与此同时，UV 涂料的 VOC 含量也明显降低，其涂膜性能优异（李爱玲，2013）。然而其缺点也很明显：由于使用的低聚物黏度较大，涂装时需要加入大量的活性稀释剂，会造成一定的环境污染及人体伤害，同时因为氧阻聚的影响而难以完全聚合，所以在固化后涂层中难免会残留活性稀释剂（金养智，2006；朱万章和高勇，2003）。水性 UV 涂料，结合了 UV 涂料和水性涂料的特点，具有环保、性能良好的特点，是解决 UV 涂料环保问题及水性涂料性能问题的一个突破点（张静，2017）。对于现有木制品市场，在 UV 涂料和水性涂料配套使用的涂装方式中，比较实用的环保涂装组合为：对于封闭效果涂装的，通常采用 UV 底漆+水性面漆的配套工艺，其中水性面漆可以为单组分、双组分或水性 UV 面漆；对于开放效果涂装的，通常用水性底漆+水性面漆居多。

在木制品着色方面，随着我国染料和涂料工业的发展，木制品着色与传统家具一样，已由水性着色剂改为溶剂型着色剂，并采用面修色工艺与其相配合，以达到良好的表面效果。目前，由于木材深度染色和化学染色技术已经获得成功，木制品制造过程中可有效减少珍贵木材用量，提高产品附加值。另外，木制品涂装已不局限于传统将棕眼等全部封闭的涂装效果，而逐步向半开放、全开放方向发展。随着木制品机械化涂装设备的不断开发，木制品的涂装方法也逐步向机械化喷涂、静电喷涂、高压无空气喷涂和 UV 辊涂等方向发展，生产效率不断提高，人工成本逐渐降低。

第二章　木制品表面贴面装饰薄木制备工艺

我国是木制品制造大国，其中，木门、木家具和木地板等的产能及产值均居世界第一。随着经济高速发展和物质生活水平的不断提高，我国家具产业和室内装饰业呈现快速增长的趋势，带动了对木质装饰材料的大量需求，而我国木材资源短缺，第八次全国森林资源清查结果显示，目前我国的森林面积为 2.08 亿 hm^2，森林覆盖率为 21.63%，仅为世界平均水平的 2/3，人均森林蓄积则不到世界平均水平的 1/7（常亮，2014）。为提高木制品的产品附加值和珍贵树种木材的利用率，通常将珍贵树种木材旋切或刨切制成装饰薄木（厚 0.15~0.8mm）对木制品进行饰面（张德文等，2014；曾志高，2003）。一般未经处理的装饰薄木柔韧性差，横向抗拉强度低，易开裂、变形，仅用于平面或曲率半径较大的曲面装饰，而不适合较复杂异形曲面的表面装饰，故采用纸张、无纺布乃至塑膜等衬底作为柔性增强材料的柔性装饰薄木应运而生（彭晓瑞和张占宽，2017a，2017b，2016）。

第一节　装饰薄木定义及种类

装饰薄木是指木材经一定处理或加工后再经精密刨切或旋切制成的，具有珍贵树种特色的木质片状薄型饰面或贴面材料，俗称"木皮"（吕斌和傅峰，2013）。装饰薄木基材一般为花纹美观、质地优良的珍贵树种，而且生产要求材径粗大，这往往限制了它的发展（金征和张伟，2004）。因此，随着技术的进步和生产的发展，出现了一种新的人造基材——人工木方，它是普通树种经过机械加工、漂白、染色等一系列工序后再经重新排列组合和胶压而成的。人工木方的构成有无数种方式，用它来刨切的薄木花纹各式各样，模拟的天然木材花纹非常逼真，自创的人工图案也美丽繁多（李新功等，2001；李军伟，1999）。这不仅大大扩展了装饰薄木基材的来源，而且使装饰薄木又出现了一个装饰图案变化多端的新品种。

装饰薄木有几种分类方法（吕斌和傅峰，2013）。一般而言，按厚度可分为普通装饰薄木和微装饰薄木；按制造方法可分为旋切装饰薄木、半圆旋切装饰薄木和刨切装饰薄木；按花纹可分为径切纹装饰薄木、弦切纹装饰薄木、波状纹装饰薄木、鸟眼纹装饰薄木、树瘤纹装饰薄木和虎皮纹装饰薄木；按树种可分为阔叶材装饰薄木和针叶材装饰薄木；按外观结构形式（最常见）可分为天然薄木、集成薄木和人造薄木。

一、天然薄木

天然薄木是珍贵树种经过水热处理后刨切或半圆旋切而成的。它与集成薄木和人造薄木的区别在于，木材未经分离和重组，未加入其他如胶黏剂之类的成分，是名副其实的天然材料。此外，它对木材的材质要求高，往往是名贵木材。因此，天然薄木的市场价格一般高于其他两种薄木。天然薄木常用树种如下。

1）东北材：水曲柳、楸木、榆木、黄菠萝、桦木、椴木等。

2）南亚材：年枣、西南桦、黄云条、金丝柚、白莲木、柚木等。

3）非洲材：黑檀、花梨木、酸枝、桃花芯、紫杉、安利格、麦哥利、沙比利、斑马、铁刀、苹果木等。

4）北美材：樱桃木、红栎木、白橡木、枫木、山核桃、赤杨、黑胡桃木、黄杨、白杨、白蜡木、黄松等（吕斌和傅峰，2013）。

木制品制造宜选用木射线粗大或密集、早晚材比较明显、能在径切面或弦切面形成美丽木纹的树种，且木材要易于进行切削、胶合和涂装等加工。我国常用天然薄木树种如下。

1）水曲柳：环孔材，心材黄褐色至灰黄褐色，边材狭窄，黄白色至浅黄褐色，具光泽，弦切面具有生长轮形成的倒"V"形或山水状花纹，径切面呈平行条纹，偶有波状纹。

2）酸枣：环孔材，心材浅肉红色至红褐色，边材黄褐色略灰，有光泽。弦切面具有生长轮形成的倒"V"形或山水状花纹，径切面则呈平行条纹。材色较水曲柳美观，花纹相似。

3）红豆杉：材色鲜明，心材色深，红褐色至紫红褐色或橘红褐色略黄，边材黄白色或乳黄色，狭窄，具明显光泽，无特殊气味或滋味。生长轮常不规则，具伪年轮，旋切板板面由生长轮形成的倒"V"形或山水状花纹较美观。

4）桦木：材色均匀淡雅，径切面花纹好，材色黄白色至淡黄褐色，具有光泽。生长轮明显，常介以浅色薄壁组织带，射线宽，各个切面均易见。径切面常由射线形成明显的片状或块状斑纹，即银光花纹，旋切板由生长轮引起的花纹亦可见。

5）樟木：木材浅黄褐色至浅黄褐色略红或略灰，紫樟、阴香樟、卵叶樟等为浅红褐色至红褐色，光泽明显，新伐材常具明显樟木香气。花纹主要由生长轮引起，呈倒"V"形，仅卵叶樟具有由交错纹理引起的带状花纹。

6）黄菠萝：花纹美观，材色深沉，心材深栗褐色或褐色略带微绿或灰，边材黄白色至浅黄色略灰。花纹主要由生长轮形成，弦切面上呈倒"V"形花纹，径切面上则呈平行条纹。

7）麻栎：材色、花纹甚美，心材栗黄褐色至暗黄褐色或略具微绿色，有美丽的绢丝光泽。花纹主要因纹理交错而在径切面形成深浅色相间的带状花纹，弦切面具有倒"V"形花纹。

二、集成薄木

集成薄木是将有一定花纹要求的木材先加工成规格几何体，然后将这些几何体需要胶合的表面涂胶，按设计要求组合，胶结成集成木方。集成木方再经刨切制成集成薄木。集成薄木对木材的质地有一定要求，图案的花色很多，色泽与花纹的变化依赖于天然木材，自然真实。大多用于家具部件、木门等木制品的局部装饰，一般幅面不大，但制作精细，图案比较复杂。

三、人造薄木

天然薄木与集成薄木一般都需要珍贵木材或质量较高的木材，生产将受到资源限制。因此，出现了以普通树种制造高级装饰薄木的人造薄木工艺技术。它是用普通树种的木材单板经染色、层压和模压后制成木方，再经刨切而成的（李斌，2002）。人造薄木可仿制各种珍贵树种的天然花纹，甚至可以以假乱真，当然也可以制出天然木材没有的花纹图案。人造薄木对树种要求较低，一般要求纹理通直，质地均匀，易于切削，胶合性能好；颜色较浅，易于染色和涂装；生长迅速，来源广泛，价格低廉。生长迅速的杨木、桦木、松木、柏木等均可作为人造薄木树种。

第二节　装饰薄木制备方法

一、天然薄木制备

天然薄木制备通常包含天然薄木的制造、木方和木段的制备、木方和木段的蒸煮，以及刨切薄木的切制。加工天然薄木通常采用刨切法，其工艺流程如下：原木→截断→挑选→去皮→剖方→软化（汽蒸或水煮）→刨切→烘干（或不烘干）→剪切→检验包装→入库。将原木剖成木方，如何剖制木方是取得优质薄木的关键。一般要求多出径切薄木，少出弦切薄木，并且有较高的出材率。木方剖制的图案有多种，应根据原木的具体情况现场确定。木段的制备是根据刨切薄木的长度将木方截断成所需尺寸。木方和木段蒸煮的目的是软化木材，增大木材的可塑性和含水率，以减少刨切或旋切时的切削阻力，并除去木材中一部分油脂和单宁等。一般采用水煮方式，蒸煮温度与时间要根据树种、木材硬度及薄木厚度等进行控制。硬度大则蒸煮温度较高，薄木厚则蒸煮时间长。刨切薄木切制在刨切机上进行。将木方固定在夹持板上，刀具固定在刀架上，二者之中有一方做间歇进给运动，另一方做往复运动，从而自木方上刨切下一定厚度的薄木。旋切薄木在精密旋切机上进行，所得薄木连续成带状，花纹一般呈山水状，在装饰薄木中较少采用旋切制造薄木。

二、集成薄木制备

集成薄木制备包括以下几方面。①单元小木方的加工：按照设计的薄木图案，将木材加工成不同花纹、不同颜色、不同几何尺寸的单元小木方，应保持单元小木方的含水率在纤维饱和点以上，以免小木方产生干缩和变形。一般小木方的加工和拼制集成木方的工序应在高湿度环境中进行，以免水分逸散，不具备此条件时应经常喷水或将小木方浸泡在水中。②小木方配料：根据设计图案的要求将小木方按树种、材色、木纹、材质、几何尺寸等配料。配料时注意，材性相差太大的树种不宜搭配在一起；易开裂的树种应配置在集成木方的内层，不易开裂的树种布置在外周以防止刨切薄木表面产生裂纹；选择纹理通直的木材，交错纹理及扭曲纹理的应避免使用。配好料的小木方先经蒸煮软化，提高其含水率，然后将拼接面刨光，使拼接面缝隙尽可能小。③含水率调整：集成木方的胶拼一般采用湿固化型的聚氨酯树脂胶黏剂，该树脂需要吸收水分来固化。因此，小木方的含水率要调整到 20%～40%，太湿的要用抹布抹去一些，过干的要喷水。④组坯与陈放：含水率调整好的小木方即可进行涂胶和组坯。胶合面的单面涂胶量为250～300g/m^2，根据胶种和环境温度的不同陈放一段时间。⑤冷压和养护：冷压压力一般为 0.5～1.5MPa，加压时间随胶种和气温的不同而变化。冷压后可立即进行蒸煮，也可浸泡在水中进行养护，使集成木方的含水率保持在 50%左右。⑥集成木方刨切：方法与一般的薄木刨切一样。

三、人造薄木制备

人造薄木的制备科技含量较高，从花纹的电脑设计、模具的制作到基材的染色、人造木方的压制等都有较高的技术要求，基本过程（栾凤艳和王建满，2009；李军伟，1999）如下：单板旋切→单板染色→人造薄木木方制造→人造薄木的刨切。人造薄木的基材为木材旋切的单板，单板旋切的方法与普通胶合板所用的单板相同，水热蒸煮条件根据树种而定；为模仿珍贵树种的色调或创造天然木材没有的花纹色调，一般需对单板进行染色，有时在染色前还需先进行脱脂或漂白。染色要求整张、全厚度进行，不能仅为表面染色。单板染色常用酸性染料进行染色（酸性嫩黄、酸性红、酸性黑等颜色）。染色方法有扩散法、减压注入法、减压加压注入法等。染色后的单板经水冲洗，然后干燥至含水率为 8%～

12%，以利于存放。人造薄木木方制造所用胶黏剂根据胶合工艺不同而有多种，但均要求有一定的耐水解性，且固化后有一定的柔韧性，以免刨切薄木时损伤刀具，常用的有聚氨酯树脂、环氧树脂、脲醛树脂与乳白胶的混合胶等。单板涂胶后，按设计纹理要求将不同色调的染色单板按一定方式层叠组坯，然后根据花纹设计在不同形状的压模中压制。压力和时间的控制根据胶种、环境温度等条件而定。压制后的毛坯方按要求锯制、刨光成人造木方。木方的两端用聚氯乙烯薄膜封边，以免刨切成薄木后，薄木的水分从端部散失，造成薄木两端破碎。人造薄木的刨切与普通天然薄木的刨切方法完全一样，根据木方形状与刨切方向不同，可以得到径切面纹理、弦切面纹理、半径切面纹理及其他天然木材所不具有的新颖纹理。

第三节　柔性装饰薄木制备原料、工艺及现状

为提高木制品的产品附加值和珍贵树种木材利用率，通常将珍贵树种木材旋切或刨切制成装饰薄木（厚 0.15～0.8mm）对木制品进行饰面。一般未经处理的装饰薄木柔韧性差，易开裂、变形，加工难度大，特别是横向抗拉强度低，仅用于平面或曲率半径较大的曲面装饰，而不适合异形曲面的表面装饰。因此，采用不同柔性增强材料与薄木复合制成柔韧性好、抗拉强度高的柔性装饰薄木，将其贴覆于木制品异形表面，然后上面漆即可达到表面装饰目的（彭晓瑞和张占宽，2016；张德文等，2014），如图 2-1 所示。其选用具有天然美丽纹理和色泽的珍贵树种木材作为装饰薄木层，大大提高了珍贵树种木材利用率和产品附加值，因此具有非常广阔的发展空间。

图 2-1　塑膜衬底柔性装饰薄木

柔性装饰薄木是由各类微薄木与不同的柔性增强材料复合而成的，是一种可挠曲、表面不易开裂的薄木饰面材料，不仅适于木制品异形曲面的贴面，而且适于

浅浮雕面的贴面。传统的柔性装饰薄木通常是纸衬底或无纺布衬底的装饰微薄木，两者在制作工艺及性能方面均有所不同。

一、柔性装饰薄木制备用原料

柔性装饰薄木制备用原料包括装饰薄木、柔性增强材料及胶黏剂等。

装饰薄木主要有以下几类：①天然装饰薄木，由珍贵树种木材经旋切、刨切或半圆旋切制成的天然薄木；②调色薄木，由天然薄木经漂白、染色等处理制成的薄木；③重组装饰单板（薄木），即由普通树种旋切单板，经漂白和染色等调色处理，按不同的组坯方式胶压成木方后，经刨切制成的人造装饰薄木；④集成装饰薄木，即由珍贵树种的木材按薄木的图案先拼成集成木方后，再经刨切制成的集成薄木。常用的珍贵树种有水曲柳、柞木、榆木、椴木、橡木、筒状非洲楝、黑胡桃、枫木、柚木等。其厚度一般为 0.1～0.6mm。

柔性增强材料一般为韧性好、不易折断、有一定的抗拉强度、能适应薄木干缩湿胀特性的材料，可利用胶黏剂，经热压或冷压等方式与薄木进行胶合。目前，市场上采用的柔性增强材料包括纸张、非织造布、纺织品等。纸张含有纤维素、半纤维素、木质素等，作为柔性增强材料其应具有一定的抗拉强度，对胶黏剂要有一定的渗透性，以便胶黏剂渗入纸纤维中去，防止纸与薄木产生层间剥离，通常采用牛皮纸等具有一定柔性的纸张作为柔性增强层。非织造布即无纺布，是由定向或随机排列的纤维，通过摩擦、抱合、黏合或者这些方法的组合而制成的片状物、纤网或絮垫（不包括纸、机织物、簇绒织物，带有缝编纱线的缝编织物，以及湿法缩绒的毡制品）。按照国家标准 GB/T 5709—1997《纺织品 非织造布 术语》规定，无纺布所用纤维可以是天然纤维或化学纤维；可以是短纤维、长丝或当场形成的纤维状物。无纺布所用基体纤维有涤纶、涤/粘、涤/棉等，成网方式有干法、湿法、聚合物挤压成网法等。其制作工艺流程短，原料来源广泛，柔韧性较纸张更好，且具有强度高、重量轻、保温、绝热等特点，是目前柔性增强层最常用的材料之一。纺织品通常以棉纤维或合成纤维为原料，质地柔软且强度高，与无纺布相比，其成本相对较高（曾志高，2003）。

柔性装饰薄木制作常用的胶黏剂有：脲醛树脂（UF）胶黏剂、聚乙酸乙烯酯（PVAc）乳液胶黏剂、三聚氰胺甲醛树脂胶黏剂等（王晶等，2009）。其中，脲醛树脂胶黏剂使用方便、成本低、耐水解性好，但其初黏性较小、易透胶，因此常将其与聚乙酸乙烯酯乳液胶黏剂混合使用，脲醛树脂胶黏剂中通常含有游离甲醛，环保性相对较差；聚乙酸乙烯酯乳液胶黏剂是由乙酸乙烯酯单体经聚合反应得到的热塑性胶黏剂，俗称白乳胶，胶膜柔软，不易透胶，但耐水解性差，不宜用于室内潮湿部位或室外，因此为保证产品质量，发挥脲醛树脂胶黏剂与聚乙酸乙烯酯乳液胶黏剂的各自优点,许多厂家将两者按一定比例混合后使用,或将普通白乳胶进行防水改性处理;三聚氰胺甲醛树脂胶黏剂的特点是化学活性高,热稳定性、耐沸水性、耐化学药品性和电绝缘性好,但固化后胶层脆性大,树脂贮存期较短,成本相对较高,一般经改性使用(张伟等,2014),在柔性装饰薄木制作中使用相对较少。

二、柔性装饰薄木产品研究现状

柔性装饰薄木由各类装饰薄木与不同的柔性增强材料复合而成,是一种可挠曲、表面不易开裂的薄木饰面材料,不仅适于木制品异形曲面贴面,而且适于浅浮雕面贴面(李年存等,2000)。装饰薄木可分为天然装饰薄木、调色薄木、重组装饰单板(薄木)和集成装饰薄木等。常用的珍贵树种有水曲柳、柞木、榆木、椴木、橡木、筒状非洲楝、黑胡桃、枫木、柚木等。其厚度一般为0.1~0.6mm。柔性增强材料一般为韧性好、有一定抗拉强度的材料,目前,市场上采用的柔性增强材料包括纸张、非织造布、纺织品等。胶黏剂通常采用脲醛树脂胶黏剂、聚乙酸乙烯酯乳液胶黏剂,或两者混合物,以及三聚氰胺甲醛树脂胶黏剂等。

目前,市场常见的柔性装饰薄木有纸衬底和无纺布衬底装饰薄木,其基本生产工艺流程为:材料准备→施胶→组坯→热压→热堆放→后期加工→成品。

1. 纸衬底柔性装饰薄木研究现状

美国在1937年就提出了将木制薄单板与柔性增强材料复合制造具有一定柔韧性、易弯曲的柔性装饰材料(Elmendorf,1937)。而早在1976年,我国就已从联邦德国引进了一套柔性装饰薄木生产线,产品采用纸张作为柔性增强材料,装饰薄木厚度仅为0.12mm,采用连续辊筒辊压方式进行柔性装饰薄木胶合。近年来,国内已有一些厂家在大规模生产纸衬底柔性装饰薄木产品,如德华兔宝宝装饰新材股份有限公司、维德木业(苏州)有限公司等(金征和张伟,2004)。德华兔宝宝装饰新材股份有限公司早期提出了一种以牛皮纸为增强材料的柔性装饰薄木制作方法,其装饰薄木为天然薄木或重组装饰薄木(沈金祥等,2009)。有研究者以黑胡桃人造薄木为材料,较系统地研究了以纸张、非织造布、纺织品和纸塑复合薄膜作为柔性增强材料制作柔性装饰薄木的工艺及相关性能,分别得出不同柔性装饰薄木的优化工艺参数,且证实了纸张作为柔性增强材料时,胶黏剂的配比为聚乙酸乙烯酯乳液胶黏剂:脲醛树脂胶黏剂=8:2时较为合适(张德文等,2014)。

2. 无纺布衬底柔性装饰薄木研究现状

目前,以无纺布作为柔性增强材料的研究相对较多。英国有研究选用富勒公司生产的 Colback® W30 型克重为 30g/m² 的无纺布与栎木薄木,以乙烯-乙酸乙烯酯(EVA)为胶黏剂,用连续辊压法制造防水型柔性装饰薄木(王晓辉等,2013)。无纺布衬底柔性装饰薄木材料在德国、意大利等国企业也已大量生产,并广泛应用于木制品平面或复杂型面的贴面装饰。国内亦有学者研究了不同胶黏剂对无纺布衬底柔性装饰薄木理化性能的影响,得出脲醛树脂胶黏剂与聚乙酸乙烯酯乳液胶黏剂混合作为胶黏材料制得的柔性装饰薄木柔韧性、防水性及横向抗拉强度等性能相对较好,且无纺布克重为 20~40g/m²,胶黏剂配比(脲醛树脂胶黏剂:聚乙酸乙烯酯乳液胶黏剂)为 0:10,聚乙酸乙烯酯乳液胶黏剂经防水改性后,其表面柔韧性相对最好(张德文等,2014;曾志高,2003)。有研究者采用木质素代替部分面粉作为添加剂制得的胶黏剂制备无纺布衬底柔性装饰薄木,其胶黏剂表干迅速、黏结强度高,不仅减少了面粉使用量,降低了生产成本,而且能吸收胶黏剂中的部分游离甲醛,在一定程度上降低了柔性装饰薄木的甲醛释放量(杨勇等,2013)。也有研究者研究了无纺布衬底柔性装饰薄木的制备工艺与生产设备,提出平压法制备柔性人造装饰薄木的工艺参数以涂胶量 20~30g/m²、热压温度 100℃、时间 90s、压力 1MPa 为宜,且辊压法制备无纺布柔性装饰薄木设备投资少、占地面积小、能源消耗低,适于连续化生产(李年存等,2000)。也有研究者以棉网格布为增强材料、聚醚酚(PES)型热熔胶(HMA)为胶黏剂,选用 BL-环保阻燃剂制备阻燃柔性装饰薄木,以 PES 型 HMA 作为胶黏剂,既与 BL-环保阻燃剂有很好的相容性,又可避免脲醛树脂胶黏剂的甲醛释放等问题(夏龙坤等,2013)。

在柔性装饰薄木产品标准方面,目前国内外相关国家或行业标准相对较少。国内浙江德华兔宝宝装饰新材股份有限公司等起草了林业行业标准 LY/T 2879—2017《装饰微薄木》。其中针对柔韧性、横纹抗拉强度、浸渍剥离强度、剥离强度等理化性能的检测,主要参照标准有 GB/T 15104—2006《装饰单板贴面人造板》、GB/T 7911—2013《热固性树脂浸渍纸高压装饰层积板(HPL)》、GB/T 2791—1995《胶粘剂 T 剥离强度试验方法 挠性材料对挠性材料》。

三、塑膜增强柔性装饰薄木制备工艺及关键技术问题

中国林业科学研究院木材工业研究所在林业公益性行业科研专项重大项目"实木复合门机械化制造与环保涂装技术研究(201204703)"中,提出了一种新型塑膜衬底柔性装饰薄木制作方法,该种柔性装饰薄木是由塑膜增强材料和装饰薄木构成的,其中塑膜既是柔性增强材料,又充当与薄木热压复合及与基材贴面时的胶黏材料,其耐水解性、柔韧性、横向抗拉强度等性能均符合木制品表面贴面要求,制作工艺简单,不易透胶,且制作乃至贴面饰面均不需另外施胶,成本

低，耐水解性好；采用聚乙烯等塑料材料作为胶黏剂，环保性好，不含甲醛；产品表面质量稳定，生产效率高，可广泛应用于木门、木家具、木楼梯等木制品的平面及异形曲面部位的表面饰面，大大提高了珍贵树种木材利用率及产品附加值，具有广阔的市场前景，是一种真正环境友好的无甲醛环保产品（彭晓瑞和张占宽，2017a，2017b，2018）。其制作工艺为：装饰薄木制备→塑膜吹塑成型（添加或不加偶联剂）→在装饰薄木或塑膜上涂覆或不涂偶联剂或经等离子体改性等表面处理→组坯→热压复合。具体操作过程如下：①将珍贵树种木材旋切或刨切制成0.06～0.3mm 厚的装饰薄木；②在聚乙烯、聚丙烯或其他材料塑性颗粒中加入硅烷类、马来酸酐类或聚氨酯类偶联剂，采用吹塑工艺制备厚度为 0.02～0.1mm 的塑膜（或不添加偶联剂，而在成型塑膜表面涂覆偶联剂）；③将珍贵树种装饰薄木预复合到塑膜上组成复合板坯，并在板坯上、下表面分别放置聚四氟乙烯防粘板（膜），再在底面垫钢板或工业毛毡；④将板坯和防粘板（膜）等送入热压机进行热压。其热压组坯如图 2-2 所示。

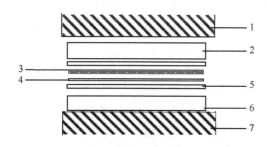

图 2-2　改性聚乙烯膜与装饰薄木热压组坯

1. 上热压板；2. 衬板；3. 装饰薄木层；4. 改性聚乙烯膜层；5. 防粘板（膜）；6. 垫板；7. 下热压板

塑膜增强柔性装饰薄木的生产工艺简单、生产效率高，且在木制品表面贴面时，不需要另外添加胶黏剂即可将塑膜与装饰薄木热压复合，同样避免了生产过程中装饰薄木与无纺布的透胶问题，降低了生产成本，保证了产品质量。

1. 关键技术问题

塑膜与木材这两种极性不同的材料界面之间难以形成良好黏合，且塑膜为热塑性胶黏剂，其热膨胀和收缩系数与木材有较大差异，热压复合后易造成卷曲变形等问题，这是塑膜增强柔性装饰薄木制备和应用需解决的关键技术问题。

聚烃烯塑料由憎水性的非极性分子构成，而木材纤维主要由亲水性的极性分子构成，大多数热塑性树脂中不含能与木材中活性基团（如羟基）反应的官能团，两者极性差异很大，难以形成良好黏合，严重影响复合材料物理力学性能（殷小春和任鸿烈，2002；秦特夫，1998；Wu，1997）。根据界面机械互锁（胶钉）理论，热塑性树脂与木材的黏合基于木材多孔性，热塑性树脂在木材表面熔融后，经流展，渗透到其孔隙内腔，冷却固化形成有效胶钉。热塑性树脂熔融后进入多孔性木材并形成有效胶钉的能力是影响胶合性能的关键。从 20 世纪 80 年代开始已有多位学者展开木质材料和塑料复合的胶合特性及界面学研究（Kim S and Kim H J，2005；胥谓，2002；Hettiarachchy et al.，1995）。目前，生产与研究中多采用高温加热、添加偶联剂及等离子体处理等方式对木材表面进行预处理，以改善木材与塑膜的界面胶合特性。有研究者以高密度聚乙烯（high density polyethylene，HDPE）薄膜作为木材胶黏剂，采用高温加热、添加硅烷偶联剂两种方法对杨木单板进行预处理，成功制备了无甲醛杨木胶合板，其胶合强度可达到 1.68MPa，远超 GB/T 9846—2015 中 II 类胶合板的要求（方露，2014；Fang et al.，2014；方露等，2013；Bengtsson and Oksman，2006）。也有部分研究者采用等离子体对木材或塑料表面进行改性，通过等离子体处理使高分子材料表面产生刻蚀、氧化、分解、交联、接枝和聚合等作用，显著改善木塑复合材料的黏结性和界面相容性（陈雪梅，2011；Avramidis et al.，2009；杨忠等，2003；杨超和邱高，2001）。例如，利用低温等离子体对稻秸/聚乙烯复合材料界面进行改性处理，在聚乙烯塑料分子上引入极性基团，提高塑料表面润湿性和反应活性，从而改善稻秸纤维与聚乙烯塑料的界面相容性，提高复合材料的力学性能（Altgen et al.，2016；Li et al.，2015；梅长彤等，2009；Conrads and Schmidt，2000）。借鉴已有研究可采用扫描电子显微镜（scanning electron microscope，SEM）、光学显微镜和 X 射线光电子能谱法（X-ray photoelectron spectroscopy，XPS）等微观及化学成分分析技术，观察不同改性处理下装饰薄木表面及胶层的微观形态，分析不同预处理条件下装饰薄木的化学成分变化，从而研究装饰薄木与塑膜胶接反应机理和实际应用技术。

塑膜增强柔性装饰薄木的塑膜充当胶黏剂，其熔融温度为 130℃左右，通常需在高温热压条件下完成柔性装饰薄木制备，但塑料与木材的冷收缩应力差异较大，因此很容易造成热压后柔性装饰薄木的局部或大面积卷曲，此为柔性装饰薄木生产和制造的最关键技术问题之一。需通过对不同热压工艺参数下塑膜衬底柔性装饰薄木的卷曲特性进行实验和理论分析，建立塑膜衬底柔性装饰薄木的微应力平衡模型，采用复合过程中的即时反向卷绕冷却技术，解决塑膜衬底柔性装饰薄木卷曲问题。

2. 等离子体改性制备聚乙烯膜增强柔性装饰薄木工艺及优化方法

等离子体是近年来木材表面改性发展的新技术，可以在不影响材料本体相性能的条件下，短时间内改变材料的表面性能，不同程度地增强木材表面反应活性。采用低温等离子体分别对装饰薄木和聚乙烯膜胶合面进行改性处理，使其表面分别产生利于界面胶合的物理刻蚀现象和化学价态变化，降低聚乙烯膜的初黏性和熔融温度，改善界面胶合特性。同时，等离子体改性的协同作用可有效降低胶合温度，极大地缓解了聚乙烯膜增强柔性装饰薄木高温热压复合的卷曲变形问题。选用低密度聚乙烯（low density polyethylene，LDPE）膜作为胶黏和增强材料，以北美红栎装饰薄木为基材，采用介质阻挡放电（dielectric barrier discharge，DBD）低温等离子体装置分别对聚乙烯膜和装饰薄木胶合面进行改性处理后，用平压法制备聚乙烯膜增强红栎柔性装饰薄木，以热压压力、温度、时间和等离子体处理速度为工艺因素，剥离强度和横向抗拉强度为主要考核指标，选用 $L_{16}(4^5)$ 正交表优化聚乙烯膜增强柔性装饰薄木热压工艺参数，为新型聚乙烯膜增强柔性装饰薄木制备提供技术支持。

采用等离子体分别对聚乙烯膜和装饰薄木进行改性处理，无需涂胶或拌胶工序，直接进行热压复合。其生产工艺流程如图 2-3 所示。

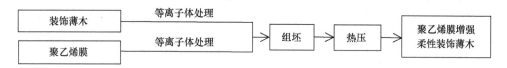

图 2-3　聚乙烯膜增强柔性装饰薄木生产工艺流程

介质阻挡放电低温等离子体装置及其原理如图 2-4 所示。装置工作的放电功率控制在 1～4kW，处理速度以 3～6m/min 为宜。介质阻挡以空气常压为处理气氛，成本低，时间短，速度快，操作简单，适合连续工业化生产。

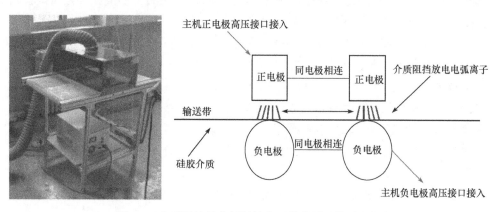

图 2-4　介质阻挡放电低温等离子体装置及其原理图

介质阻挡放电低温等离子体放电功率和处理速度对材料表面相关性能有较大影响。对木材而言，介质阻挡放电等离子体放电功率通常在 1～4kW，红栎为环孔材，其表面纹理直且较粗，当放电功率为 2kW 时，在等离子体处理速度为 3～6m/min 条件下，其表面润湿性好且相对稳定，接触角可降低 44.32%～47.41%，X射线光电子能谱法化学成分分析 O/C 量比可提高 3.6%～4.8%，扫描电镜下表面微观形貌改性效果稳定，不影响后续加工，由此优化工艺可固定红桦装饰薄木等离子体处理功率为 2kW。预试验结果表明，等离子体处理速度可对装饰薄木和聚乙烯膜表面物理与化学性能产生较大影响，故可设定等离子体处理速度为 3m/min、4m/min、5m/min 和 6m/min。

根据预试验结果，选取热压压力、热压温度、热压时间及等离子体处理速度为工艺因素，每个因素选择 4 个水平，按正交表 L_{16}（4^5）（表 2-1）进行聚乙烯膜增强红桦柔性装饰薄木制备试验，每组条件重复两次试验。

表 2-1　聚乙烯膜增强红桦装饰薄木制备试验因素与水平

因素	水平			
	1	2	3	4
A 热压压力/MPa	0.4	0.6	0.8	1.0
B 热压温度/℃	110	115	120	125
C 热压时间/s	90	120	150	180
D 等离子体处理速度/（m/min）	3	4	5	6

由于聚乙烯膜与木材是两种极性不同的材料，复合界面之间难以形成良好的黏合，同时聚乙烯膜厚度仅为 0.03mm，装饰薄木横向抗拉强度很低，若工艺控制不好，则塑膜增强柔性装饰薄木的横向抗拉强度和剥离强度难以保证，因此正交试验制备试样以剥离强度和横向抗拉强度作为工艺优化的考核指标。验证试验制备的试样，还需要测试柔韧性、浸渍剥离性能等指标。

剥离强度按照 GB/T 2791—1995《胶黏剂 T 剥离强度试验方法 挠性材料对挠性材料》要求检测；横向抗拉强度参照 GB/T 7911—2013《热固性树脂浸渍纸高压装饰层积板（HPL）》中抗拉强度试验方法进行；浸渍剥离性能按照 GB/T 15104—2006《装饰单板贴面人造板》制备试件，并按相应条件进行处理后，观察薄木与改性聚乙烯膜之间有无剥离分层现象，并测量各边剥离长度，结果取平均值；柔韧性按 LY/T 2879—2017《装饰微薄木》分别在不同直径的钢棒上进行测试。

工艺因素对聚乙烯膜增强红桦柔性装饰薄木剥离强度影响的效应曲线如图 2-5，其方差分析见表 2-2。

由图 2-5 和表 2-2 可以看出，热压温度对聚乙烯膜增强红桦柔性装饰薄木剥离强度的影响为极显著。当热压温度在 110～120℃时，随着热压温度的提高，聚乙烯膜树脂逐渐充分熔融渗透进入装饰薄木导管、木纤维细胞中，形成的"胶钉"结构不断增多或强度增强，胶合面积增大，剥离强度逐渐增强，且热压温度在 120℃时，树脂黏度下降，流展较充分，容易进入木材本体，剥离强度最大；而当热压温度大于 120℃时，树脂充分熔融，在压力较长时间作用下造成树脂渗透过度，木材基体强度下降，冷却后产生较大应力，从而削弱了剥离强度。

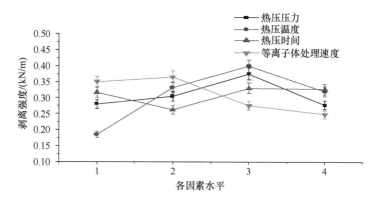

图 2-5　工艺因素对等离子体改性制备聚乙烯膜增强红栎柔性装饰薄木剥离强度的影响

表 2-2　等离子体改性制备聚乙烯膜增强红栎柔性装饰薄木剥离强度的方差分析

方差来源	偏差平方和	自由度	均方	F 值	Sig.（P 值）	显著性
A	0.025	3	0.008	8.088	0.06	—
B	0.097	3	0.032	31.713	0.009	**
C	0.012	3	0.004	3.933	0.145	—
D	0.039	3	0.013	12.715	0.033	*
误差	0.003	3	0.001			
总计	1.708	16				

注："**"表示极显著（$P<0.01$）；"*"表示显著（$0.01<P<0.05$）；"—"表示不显著（$P>0.05$）

等离子体处理速度对聚乙烯膜增强红栎柔性装饰薄木剥离强度的影响为显著。装饰薄木表面经等离子体改性处理后，不仅会发生物理刻蚀现象，还会发生化学价态变化，等离子体处理速度实际反映的是能量聚集强度。处理速度为 3m/min 时的剥离强度相比 4m/min 时较低，主要是由于前者红栎装饰薄木表面的物理刻蚀现象极明显，局部甚至出现沟壑或刻穿现象，加之表面发生的化学价态变化和交联反应，使得 0.2mm 厚的装饰薄木内部局部出现树脂渗透过度现象，剥离强度降低；由图 2-5 可知，处理速度为 4m/min 时，聚乙烯膜树脂分布均匀，熔融渗透性好，与装饰薄木之间"胶钉"结构最稳定，剥离强度大；而当处理速度相对较快（5~6m/min）时，等离子能量和强度相对较低，表面处理性能相对较弱，剥离强度随之降低。

由表 2-2 方差分析可知，影响聚乙烯膜增强红栎柔性装饰薄木剥离强度的因素的主次顺序为：热压温度>等离子体处理速度>热压压力>热压时间，其中热压温度对剥离强度的影响为极显著，等离子体处理速度的影响为显著；以剥离强度为评价指标的优化工艺组合为 A3B3C3D2，即热压压力 0.8MPa，热压温度 120℃，热压时间 150s，等离子体处理速度 4m/min。

工艺因素对聚乙烯膜增强红栎柔性装饰薄木横向抗拉强度影响的效应曲线如图 2-6 所示，其方差分析结果列于表 2-3。

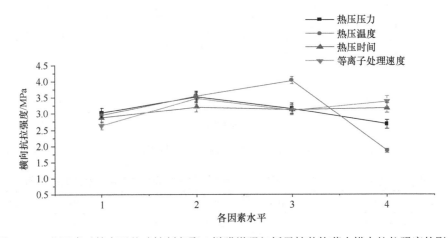

图 2-6　工艺因素对等离子体改性制备聚乙烯膜增强红栎柔性装饰薄木横向抗拉强度的影响

表 2-3　等离子体改性制备聚乙烯膜增强红栎柔性装饰薄木横向抗拉强度的方差分析

方差来源	偏差平方和	自由度	均方	F 值	Sig.(P 值)	显著性
A	1.516	3	0.505	9.548	0.048	*
B	10.699	3	3.563	67.334	0.003	**
C	0.272	3	0.091	1.712	0.335	—
D	1.328	3	0.443	8.366	0.057	—
误差	0.159	3	0.053			
总计	168.220	16				

注："**"表示极显著（$P<0.01$）；"*"表示显著（$0.01<P<0.05$）；"—"表示不显著（$P>0.05$）

由图 2-6 和表 2-3 可以看出，热压温度对聚乙烯膜增强红栎柔性装饰薄木横向抗拉强度的影响为极显著。当热压温度在 110～120℃时，随着热压温度的升高，聚乙烯膜树脂胶液逐渐熔融，充分渗入薄木本体结构中，使聚乙烯膜与薄木的胶层结构趋于稳定，横向抗拉强度增大；当热压温度为 120℃时，装饰薄木与聚乙烯膜的胶层结构达到最优状态，聚乙烯膜既作为增强材料增加横向抗拉强度，又充分发挥胶黏作用增加剥离强度；而当热压温度大于 120℃时，聚乙烯膜作为增强材料在高温热压后熔融树脂黏度下降，加之装饰薄木表面经过等离子体处理后润湿性显著提高，极易造成树脂过度渗透，基体强度相对薄弱，冷却后横向抗拉强度大大降低。

热压压力对聚乙烯膜增强红栎柔性装饰薄木横向抗拉强度的影响为显著。当热压压力为 0.4～0.6MPa 时，随着热压压力的增加，聚乙烯膜树脂熔融，逐渐渗入装饰薄木本体结构中，装饰薄木与聚乙烯膜反应趋于充分，胶层结构趋于稳定，横向抗拉强度不断提高；当热压压力为 0.6MPa 时，横向抗拉强度达到最大值；当热压压力为 0.8～1.0MPa 时，柔性装饰薄木会产生渗透过度、基体变薄、胶层组织被削弱现象，导致横向抗拉强度降低。

等离子体处理速度对聚乙烯膜增强红栎柔性装饰薄木横向抗拉强度也有一定的影响。由图 2-6 可看出，当等离子体处理速度为 3m/min 时，聚乙烯膜增强红栎柔性装饰薄木横向抗拉强度最小，主要是由于此时装饰薄木表面物理刻蚀最明显，表面粗糙度相对最大，且薄木厚度较薄，聚乙烯膜与装饰薄木热压时容易导致装饰薄木表面局部树脂（聚乙烯树脂）渗透过度，基体强度不够，横向抗拉强度降低。当等离子体处理速度为 4～6m/min 时，红栎柔性装饰薄木的横向抗拉强度无明显变化。

由表 2-3 方差分析可知，影响聚乙烯膜增强红栎柔性装饰薄木横向抗拉强度的因素的主次顺序为：热压温度>热压压力>等离子体处理速度>热压时间，其中热压温度的影响为极显著，热压压力的影响为显著；以横向抗拉强度为评价指标的优化工艺组合为 A2B3C3D2，即热压压力 0.6MPa，热压温度 120℃，热压时间 150s，等离子体处理速度 4m/min。

聚乙烯膜增强红栎柔性装饰薄木柔韧性相对较好，钢棒直径可达 4mm；聚乙烯膜增强红栎柔性装饰薄木横向抗拉强度相对高于无纺布增强柔性装饰薄木，约提高了 24.46%；同时经等离子体处理的聚乙烯膜增强红栎柔性装饰薄木耐水解性更加优异，且性能和质量相对稳定，浸渍剥离性能试验可达到国家标准Ⅰ类要求。

四、柔性装饰薄木贴面木制品涂装方法与工艺

柔性装饰薄木贴面木皮的制作及木制品涂装包括以下步骤。

第一步，柔性装饰薄木制作，即在装饰薄木背面贴上无纺布、纸张、塑膜等柔性增强材料，其采用的胶黏剂通常有聚乙酸乙烯酯乳液胶黏剂（俗称"白乳胶"）、脲醛树脂胶黏剂、水性高分子异氰酸酯胶黏剂（aqueous polymer-isocyanate adhesive，API），以及聚氨酯热熔胶（polyurethane reactive，PUR）等。制作过程为：在无纺布、非织布、纸张等柔性增强材料上施胶后用热压机将增强材料与装饰薄木背面压合。

第二步，柔性装饰薄木表面涂上漆膜：根据装饰薄木表面木眼的粗细及微观构造致密度，在装饰薄木表面进行一次或多次涂底漆、干燥、砂光的步骤，以获

得符合面漆涂装要求的漆膜，制成带漆膜的柔性装饰薄木。根据产品最终表面涂装外观效果，在底漆涂装前通常还需对柔性装饰薄木表面进行擦色。

第三步，将木制品工件表面难以实现机械化涂装加工的部分贴上带漆膜的柔性装饰薄木，将木制品工件表面可以实现机械化涂装加工的部分贴上白坯木皮，经过上述步骤处理的工件直接或组装成产品后对其白坯部分实施机械化涂装施工，最后对产品统一涂面漆。

采用柔性装饰薄木贴面木制品涂装方法，机械化涂装加工的曲面可实现擦底色、涂底漆和砂光的机械化，大大减少了涂装和砂光工作量，提高了工作效率，同时降低了产品的不合格率，而且由于可以将生产过程中的喷涂油漆改为辊涂油漆，还能大量节省油漆的用量，因而具有广阔的工业应用前景。

但是，部分贴面板件由于应力失衡容易产生变形，大多数情况下是由于板件的两面吸湿能力不同，在周围空气湿度变化时两面不能均衡吸湿。因此板件的贴面应做到正反两面平衡，正面贴面，反面也应采用同样的工艺，贴上相同的材料。为了降低成本，反面可在保证不造成板件变形的情况下，采用一些简易的处理方法，如贴一层纸、涂一层腻子、涂一层油漆等。

贴面木皮对基材的要求主要为：基材表面应平滑、坚实，无影响胶合的物质附着，表层密度应在 $0.85g/cm^3$ 以上；基材厚度应均匀，厚度偏差不大于±0.2mm；基材含水率均匀，以 6%～8%为宜；基材应具有一定的耐水解性，吸水厚度膨胀率在 6%以下为宜；基材应具有足够的胶合强度，刨花板、中密度纤维板的平面横向抗拉强度应达到 0.4MPa 以上；基材应具有一定的承压能力。

第三章 木制品表面涂装素材处理和砂光技术

现阶段木制品生产过程中，各个部件加工精度要求较高，基本采用了现代化机械生产，提高了产品的加工精度及劳动生产率。涂装工艺过程包括素材处理、透明涂装着色作业、底面漆的涂装、漆膜的研磨与抛光、涂层固化等。在木制品生产加工中，无论是采用整体切削，还是刨平、型铣或镂铣，几乎都要撕裂木材纤维并产生周期性有规律的波纹，较软的木材更是如此（Huang et al.，2009；刘博和李黎，2007）。有些企业相应采用了一些补救办法，如增大切削角或者减少切削次数等（李勇，2011；张春飞，2006；方沂等，2006），但仍会存在程度不同的木材表面不平整现象。因此，素材处理是最基本也是必不可少的环节（封凤芝等，2008），主要包括：检查木材干燥情况；对裂缝处进行补胶，缺口处进行填木片处理；清除胶痕、铅笔印及划痕等；补齐基材中的钉眼、接缝等；整体进行打磨，清除木刺，对拼接不良现象进行修理平整；最后还包括木材颜色处理等，为了使木制品表面涂装达到相关要求，对于单板颜色差别大的，要先对基材进行修色处理。其中，砂光工序是去除工件表面缺陷，降低或消除板内误差，提高尺寸精度、表面平直度和光洁度，提高表面质量的重要环节（张占宽等，2012；王成刚等，2010；孙立人等，2003），直接影响着木制品表面的装饰效果。一般而言，在对木制品表面进行涂装时，所有需要上色、打磨或刷漆的木制品，砂光作业对其质量和光洁度均起到决定性作用（付齐江，2006；吴智慧，2004；李赐生，2000），因此砂光是不可或缺的生产环节，但是砂光过程中存在粉尘污染严重、劳动强度大、耗时长等缺点，需集中考虑（彭晓瑞等，2012；栾庆庚，2002）。

第一节 木制品涂装前基材表面处理工序

涂装基材包括实体木材（实木板方材、集成材、刨切薄木或旋制单板等）、人造板（胶合板、刨花板、细木工板、中密度纤维板、高密度纤维板）和装饰人造板等。涂装前基材应平整干净、无缺陷、颜色均匀素净、不含树脂等，因此，涂装之前必须对基材表面进行处理。

基材表面处理好坏对涂装效果影响很大，处理不佳就很难获得良好的涂装效果，因此，涂漆之前的基材表面处理十分重要。不同于塑料之类的合成高分子，也不同于钢铁之类的金属材料，木材是一种因不同树种、不同生长环境而有不同结构的天然高分子化合物。因此在木材表面进行涂装作业相对更加复杂，尤以可显露木材表面花纹的透明涂装为甚。木材属于结构不均匀的多孔性材料，具有吸水膨胀、失水收缩的湿胀干缩性，并且弦向和径向湿胀干缩性不均匀。同时，构成木材基本骨架的木纤维具有在阳光下容易泛黄，与化学药品接触易被污染，易被微生物侵蚀、变色等特点。随着树种的不同和生长环境的差异，不同树种的管孔、生长轮、木射线、心材、边材、花纹等均有差异，且含有不同的单宁、树脂、树胶、挥发性油类及沉着的矿物质色素等。针叶树的油松、马尾松等的木孔中含有较多的松香、松节油，并且在节疤和受伤部位所含的这类树脂会更多，而栗木、黄橙等树木的细胞腔中含有较多的单宁和色素等物质（戴信友，2000）。

一、含水率控制

木制品表面涂装前，需先对木材含水率进行监测，含水率对木材表面漆膜附着力有很大的影响，一般控制在12%以内，若含水率过大，则漆膜干燥相对困难，木材组织细胞内部锁住的部分水分容易造成漆膜在木材表面的附着力降低，局部发生"涨筋"等现象，因此，控制合适的含水率是木制品表面涂装的重要前序工作（李雪涛，2015；杨静榕，1986）。

二、清除胶痕

胶痕是木制品素材表面常有的现象（图3-1），清除胶痕是素材处理的重要一步。其中，处理万能胶胶痕主要用溶剂擦或用刀片刮除，清除白乳胶胶痕主要用刀片刮除或用砂纸磨净，清除502快干胶或热固化胶胶痕则主要用砂纸将其打磨干净，砂纸为120～200目。

三、磨去划痕

对于划痕较浅的木材表面（图3-2），通常用砂纸或其他打磨工具，顺纤维方向直接将划痕打磨掉；对于划痕较深的木材表面，则需要先进行补木皮或补土处理，然后用砂纸进行局部打磨处理。

图3-1　胶痕　　　　　　　　　　图3-2　划痕

四、填补表面缺陷

填补木材局部表面缺陷（图3-3）：如果木材表面缺陷面积相对较小，则可以采用补土填平；如果表面缺陷面积较大，则需先采用502胶水将木片粘接牢固，再用砂纸将其打磨平。此方法不仅适用于木材单板等，还适用于装饰薄木等饰面出现的局部缺陷。

五、钉眼和接缝处理

当木制品表面存在钉眼、拼缝木皮缺损等现象时（图3-4），一般可采用补土填平处理，但填补面积不宜过大，越小越好，且补土颜色不宜与木材颜色相差太大。

图3-3　局部表面缺陷　　　　　图3-4　钉眼和接缝处理

六、找色处理

当板材之间颜色不统一时，可调配合适的色精水进行素材颜色调整（图3-5，图3-6）。

颜色偏深　颜色偏浅

图3-5　找色工艺　　　　　　　图3-6　底着色工艺

底着色的着色剂类型和处理方式有：醇溶性染料修色刷涂或喷涂、色精修色刷涂或喷涂、水溶性染料刷涂。底着色对木材要求较高，胶痕和补土会影响着色效果，直接在木材上修色，可凸显木纹。

七、封闭底漆

如图 3-7 所示，封闭底漆的作用主要是避免多孔素材的底漆木孔冒出气泡。封闭底漆的木材不易变形，不易下陷；透明性好，木纹更加显现；且能保证修底色工艺中色精等更好地附着。

八、擦色处理

擦色处理可以使木材纹理更有立体效果，颜色、纹理更逼真、自然、灵活（图 3-8）。通常擦色剂的使用步骤为：专用稀释剂调配后直接擦涂，擦涂要均匀、细致，无堆积和漏擦现象，待擦涂完后将材料表面擦拭干净即可。擦色后木材表面有更明显的纹理效果。需注意的是，擦涂后干燥 2h 左右再喷底漆，以免发生附着不良等现象。

图 3-7　封闭底漆工艺　　　　　　　图 3-8　擦色工艺

九、底漆打磨

使用底漆的目的：填平木孔，为面漆提供平滑一致的表面，增加厚膜感觉，提供特殊功能（如装饰、附着等）。需注意的是，底漆重涂需每道彻底干燥后，打磨再施工（图 3-9），底漆打磨后要保证表面平整，无磨穿，无亮点。

十、面漆修色

如图 3-10 所示，顺着木纹方向喷涂（不适合刷涂）；修色完成后，待干 4～6h 再进行砂磨喷面漆；砂磨：用 800～1000#砂纸或 0000#钢丝绒磨去表面颗粒即可。

图 3-9　底漆打磨

图 3-10　面漆修色

第二节　木制品表面涂装常用涂前处理方法

表面未涂装油漆的木家具称为白坯，或称白茬，是经木加工以后的家具初制品。这种白坯家具表面由于木材原因，或木材加工过程中的其他原因，常会出现裂纹、刨痕、色斑、砂路等许多表面缺陷，涂漆以前必须予以修补解决。根据木材表面缺陷类型的不同，涂前处理也有多种方法，常用方法大致有如下几种。

一、填木或填孔

对较大缺陷的处理：如对于实木板方材上较大裂缝、虫眼、贯通节、树脂囊等缺陷，可采取挖补填木的方法处理，即先将缺陷处挖开，然后选用与基材树种、纹理、颜色均一致的木块经涂胶后填塞修补。

对局部缺陷的处理：如对于面积较小的裂缝、虫眼、钉眼、凹陷、碰伤等缺陷，可采用填孔方法处理，如果进行透明涂装，需注意嵌补的腻子颜色不可与未来整件制品颜色不一致。不宜选用有过大的虫蛀、裂缝缺陷的板方材，应在选料时将其截去。

1. 填孔的定义和要求

填孔是用虫胶清漆、油性清漆、硝基清漆等树脂液料与老粉、氧化铁红、氧化铁黄、氧化铁黑等颜料、填料拌和成稠厚的填孔料，采用填孔用的脚刀逐个将填孔料嵌填于木材表面的裂缝、钉眼、虫眼等凹陷部位，使其充填饱满，待填孔料干透后再用砂纸仔细磨平，并将残留在凹陷周围的填孔料仔细磨去，对那些缝隙较大、孔眼较深的孔隙，需根据填充情况多次填孔，以防日久因虚填而出现新的凹陷或脱落。

木材是多孔结构，尤其是粗孔材（如水曲柳），其导管粗深，未经填孔便直接涂漆，涂料会渗入较多而浪费，并易使涂层渗陷影响平整，经过专门填孔操作后，可使基材更为平整，不易渗陷，可鲜明地显现木纹，使亮光厚涂层（镜面涂装效果）的丰满度、光泽度及保光性都大大提高。没有明显导管沟槽的树种木材表面及特意作显孔装饰（全开放、半开放）者，填孔操作可不进行。

对于薄片较浅的残缺或棱角缺损，也可采用快干胶修补，先点上胶水，迅速撒上细木灰，然后砂光；对于实木较深的裂缝，可采用填木粉后灌胶多遍的方式，然后进行打磨等。

进行填孔作业的一个关键是填孔剂颜色的调制，填孔剂颜色应尽可能接近样板，太深或太浅都会导致表面透明涂装后出现深浅不一的斑点。

2. 填孔方法

填孔仍以手工操作为主，只有少量的采用机械方法施工。在填孔作业中，以擦和刮为主。辊涂法适用于大的平表面板件。

擦涂法是手工填孔的基本方法。适用于小型、弯曲材面或细长、形状复杂的异形件等不宜刮擦的表面。擦涂时，先将填孔剂刷涂在基材表面，然后用适当材料进行擦涂，可横纤维方向擦或圈擦，使填孔剂进入木材表面孔隙中去。刷涂与擦涂的填孔剂黏度比刮涂的低，用弹性较强的扁鬃刷蘸填孔剂按横纤维方向刷涂，刷后稍停放一会儿再进行擦磨与拭清。一般水性填孔剂需停放 5min 左右，油性填孔剂需停放 8～10min。擦磨材料一般采用棉纱、软布、细刨花、竹刨花等。当将填孔剂均匀擦入孔隙后，应趁湿换清洁材料顺纤维方向擦清表面，不留浮粉，擦出木纹，否则影响涂漆后木纹的清晰度。

刮涂法是利用刮刀将填孔剂压入管孔内，一般适用于大的平面表面。刮涂的刮刀可用金属或竹、木、牛角与橡皮等材料制造，含单宁的木材不宜使用铁质刮刀，刮刀材质硬度应较材面硬度稍小。刮涂时，刮刀刀刃与管沟方向保持 30°角，刮刀刀刃与材面保持 50°～60°角，刀身与管沟成直角方向移动，则可获得较好的填充效果。

辊涂是用各种辊涂机对平面表面板件进行填充。辊涂机上的涂漆辊将填孔剂涂于表面，另有刮刀或辊筒将填孔剂压入管孔，最后由擦清机构（辊筒或擦头）将表面拭清。这种方法填孔效果好、生产效率高。

二、砂磨

1. 砂光

砂光俗称打磨或砂磨，俗话说"十分漆工，三分在砂"，可见砂光在涂装作业中的重要性。砂光工序主要有三方面作用：清除基材表面上的毛刺、油污与灰尘等；刮过腻子的木材，一般表面较为粗糙，需要通过砂光获得较平整的表面效果，砂光可以降低工件表面的粗糙度；增强涂层的附着力（王成刚等，2010；李军，2004）。

砂光的方法有干法砂光、湿法砂光、手工砂光和机械砂光。

干法砂光是采用砂纸进行砂光，其主要适用于硬而脆的漆种砂光，缺点是操作过程中将产生很多粉尘，影响环境卫生。

湿法砂光是用水磨砂纸蘸水或肥皂水砂光。水磨能减少磨痕，提高涂层的平滑度，并且省砂纸、省力。但水磨后应注意喷涂下层油漆时，一定要等水磨层完全干透后才能涂下层油漆，否则漆层很容易泛白。吸水性很强的基材或装饰胶合板不宜水磨。

手工砂光的效率低，劳动强度大，不易得到均一平整的砂光效果，砂纸中包一块垫木再磨会好些。但手工砂光适用于曲面、边角等机械无法磨到的地方，适用范围广（图3-11）。

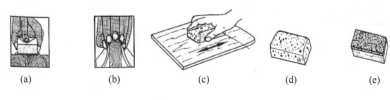

图 3-11　手工砂光
（a）平面的研磨；（b）曲面或型面部件的研磨；（c）研磨方向；（d）软木垫块；（e）带毡垫的垫块

木材研磨时应注意顺纤维方向进行，如图3-11（c）所示，手工研磨用力宜轻且均匀，横纤维方向研磨会损伤材面并留下较深的划痕（砂纸道子），待着色后深的划痕印记便会影响涂装效果。砂纸砂磨一段时间须更换，且磨后的磨屑粉尘需彻底清除干净。

手工砂光使用砂纸时一般将整张砂纸一裁为四，每块对折后用拇指及小指夹住两端，另外三指摊平按在砂纸上，来回在物件表面砂磨。根据砂磨对象，随时变换，利用手指中的空穴和手指的伸缩，在凹凸区和棱角处机动地砂光。大面积砂磨时，需掌握"以高为准"的原则，应用手掌转动砂纸，也可附衬稍硬的材料如软木块，用大拇指和食指紧紧捏住左右端面，放平砂磨。砂磨工指甲长短要适度，操作时避免伤及手指头。一般在木制品工厂实际砂磨中，常借助一些砂磨工具，如图3-12所示。

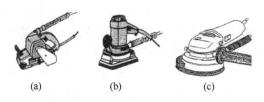

图 3-12　电动砂磨工具
（a）履带式砂光机；（b）振动式砂光机；（c）圆盘式砂光机

在木制品生产加工中，无论是采用整体切削，还是刨平、型铣或镂铣，几乎都要撕裂木材纤维并产生周期性有规律的波纹，较软的木材更是如此。对此，企业通常采取的办法是增大切削角或减少切削次数等，尽可能减少木材表面纤维撕裂和波纹；或者采用表面砂磨的手段，用砂纸在木材表面顺纤维方向来回研磨，以去除在木加工过程中由于锯、削、刨等将木纤维切割断裂而残留在木材表面的木刺、波纹、刨痕等表面缺陷，主要有机械砂光和手工砂光两种方法。砂光的好坏直接关系到涂装效果的成败。为了达到木门较好的表面效果，至少需要对其表面进行 3 次以上砂光作业，砂光成为木门企业投入劳动力最多的生产环节（彭晓瑞等，2012）。

砂光前，砂纸型号要选对（表 3-1），砂光先逆木纹砂，再顺木纹砂，要求砂光后木材表面光滑平坦、无逆砂痕、无凹陷、无砂穿、无胶带印。百洁布（丝瓜布）、海绵砂块等适于雕花、圆柱等的砂光。

表 3-1　砂纸型号的选择

砂纸型号	180#	220#	240#	320#	400#	400～600#	800#	1000#
用途	白坯砂光	白坯砂光	白坯砂光	底漆砂光	W/C 砂光	NC 面漆砂光	PU 面漆砂光	水砂抛光

砂纸号数（一般代表砂粒的粒度，号越大砂纸越细）常根据木材材质（主要是木材硬度）、木材表面粗糙度与砂光次数来决定。材质硬选粗（号小）一些的砂纸，反之用细砂纸。研磨顺序可按先粗后细的原则，中间换 1 或 2 个号数即可。粗砂纸砂光快，但研磨的表面粗，细砂纸砂光慢，砂光的表面细。一般先用粗砂纸完成砂光量的大部分（约 80%），再用细砂纸砂光消除粗砂纸的砂痕并完成剩余的砂光量。具体如下：实木白坯砂光的砂纸（布）常选用如下型号：国产砂纸（布），手工研磨时选用 180～240#，机械砂光时选用 80～150#，采用日本砂纸时，常选用 120～280#；对封闭漆、旧漆膜再涂、局部修补之后等要"轻磨"，应选用较细砂纸及打磨"成手"进行；胶合板、装饰胶合板或头度底漆的砂光选用 220～240#砂纸；二度底漆的砂光选用 320～400#砂纸；最后一道底漆或面漆的砂光选用 600～800#砂纸；面漆抛光砂光选用 1500～2000#砂纸。当前许多木制品行业多用进口砂纸。部分国产砂纸粒度不均匀，易造成局部砂痕过深。

木制品制造行业在进行大面积施工时，为了提高工作效率，可采用机械砂光方法。机械砂光有多种方法。板件砂光常采用长带砂光机和宽带砂光机。对一些不适合机械砂光的工件，还可采用手持式砂光机。手持式砂光机有多种类型可供选用，使用过程中应特别注意其转速、研磨方法、压力、次数、砂纸型号等。机械研磨可能产生大量粉尘，因此应有除尘装置，且砂光后要用洁净的布刷拭去木材表面的磨屑或用压缩空气吹除留在导管内的磨屑，还应注意防止吹除后飘于空气中的粉尘再度降落到材面上。

2. 去木毛

木毛是木材切削加工后常存在的现象，其形成：一方面是由于切削后未离开木材表面的一些细微木纤维，在砂磨时，被压入管孔里或纤维的间隙之间；另一方面是由于细微裂缝的边缘和粗纹孔材被刮削开的大导管边缘形成木纤维。这些木纤维统称为"木毛"。仅靠研磨基材还不能完全去除木毛，一旦木材表面被液体（漂白液、去脂液、着色剂等）润湿，木毛便会重新膨胀竖起，使表面粗糙不平。木毛周围极易聚集大量染料溶液，使着色不均匀，木毛还易使填孔不实、木纹模糊、涂层渗陷、产生针孔等漆膜弊病发生，因此在涂装前必须去除基材木毛。

去木毛的方法有湿润法、漆固砂磨法、热轧法和火燎法等。

湿润法：先用棉花或海绵蘸温水（40～50℃）稍拧后均匀地顺纤维方向擦拭木材，再横纤维方向擦拭，多余的水分必须用棉团或棉布吸干，整个表面都要用水湿润到，使木毛吸湿竖起，干燥后可用细砂纸顺纤维方向轻轻砂光，用力过重可能会产生新的木毛。木材用水润湿还可能使一些轻微压痕或刮伤复原，使一些污迹变白，从而使其易于被发现。但不适合用这种方法对薄木装饰贴面人造板进行处理，因为薄木吸湿后要润胀、干后要收缩，薄木易开胶起皮，即产生"涨筋"现象。

漆固砂磨法：使用稀胶液与稀漆液（如稀的封闭底漆）擦拭木材，含胶或漆的木毛再竖起时会比较硬脆易磨。因此生产中常用低固含量、低黏度的头度底漆（底得宝类）涂装，干燥后再用细砂纸砂光，去木毛的效果更好。

热轧法：平整或成型的工件表面也可以用热轧法处理木毛。热轧机上有2～3对辊筒，将上辊筒加热到200℃左右，辊轧压力为0.4～2.5MPa，工件以2～15m/min的进给速度通过辊筒热轧后可使工件表面密实、光滑，木毛将不再竖起，涂装时还可以节省涂料。如果热轧前先在工件表面上涂一层稀薄的酚醛树脂，辊轧后，工件不仅表面光滑，而且略带光泽，家具内部工件如隔板等，可再涂清漆或其他涂料。

火燎法：如图3-13所示，用该法去木毛应注意安全防火，尽量不要采用。

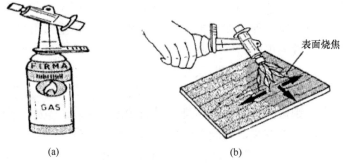

(a)　　　　　　　　　　　　(b)

图 3-13　火燎法去木毛

（a）燃气喷具；（b）去木毛，移动速度影响烧焦程度砂光使基材表面平整并去除了木材表面吸附的水分、气体、油脂、灰尘等，改善了木材表面的界面化学性质，此时，应尽快涂漆，如未及时涂漆，上述表面吸附物又会出现，就需要再研磨一次。基材砂光一般以手感平滑为准，涂漆前基材砂光要求基材粗糙度在 30μm 以下，透明涂装应在 16μm 以下。

三、漂白

木材在生长、采伐、运输或木加工阶段，表面会由于霉菌作用、化学药品污染等外界因素影响而产生变色现象，通常需要用具有氧化还原作用的化学药剂对其进行漂白处理，从而使木材颜色变浅，使制品或工件上表面色泽均匀，消除污染色斑，再经过涂装体现木材高雅美观的天然质感与着色填充的色彩效果。

漂白处理最常用的方法是在待处理表面上涂布加入过氧化氢的氨水溶液，经漂白后再用清水冲洗。除过氧化氢漂白法外，也有次氯酸钠漂白和燃烧硫黄漂白等多种方法。漂白液需清洗干净，若清洗不干净，则油漆涂装后的漆膜易产生黄变现象，特别是水性双组分聚氨酯涂料或水性乳胶漆等。

四、去油脂

某些木材，如针叶树的松木，其节疤、导管中多含有油脂、松香、松香油等物质，这些树脂状油脂物质的存在会影响涂膜干燥和附着力，因此在进行涂装以前必须除去。去除树脂可采取挖补填木、溶剂溶解、碱液洗涤、混合溶液法、漆膜封闭与加热铲除等方法。

挖补填木是将木材表面上不断渗出松脂的虫眼等缺陷挖除，并顺纤维方向胶补同种木块。

溶剂溶解法是用相应溶剂溶解去除松脂中的主要成分（松香、松香油等），常用溶剂有丙酮、乙醇、苯类、煤油、正己烷、四氯化碳。局部松脂较多的地方，可用布、棉纱等蘸取上述一种溶剂擦拭。如果松脂面积较大，可将溶剂浸入锯屑中放在松脂上反复搓拭，如果在擦或搓拭的同时，提高室温或用暖风机加热工件或板面，则去油脂效果更好。

碱液洗涤法是利用碱液与松脂反应生成可溶性的皂，然后用清水洗掉去油脂，一般可用 5%~6% 的碳酸钠或 4%~5% 的氢氧化钠（火碱）溶液。采用碱液处理，如果清洗不完全，则可能会出现碱污染（材面颜色变深）。碱处理去油脂后材面颜色一般会不同程度地变深，因此作浅色与本色装饰时最好用溶剂处理。

混合溶液法将氢氧化钠等碱溶液（占 80%）与丙酮溶液（占 20%）混合使用，效果更好。配制丙酮溶液与碱溶液时，应使用 60~80℃ 的温水，并将丙酮与碱分别倒入水中稀释。将配好的溶液用草刷（不要用板刷等）涂于含松脂的部位，3~

4h 后再用海绵、旧布或刷子蘸温水或 2%碳酸钠溶液将已皂化的松脂洗掉即可。

漆膜封闭法：材面表层去油脂后深处的树脂还有可能渗出，故需用与松脂不溶的漆类封闭。

加热铲除法：实木板材可用高温（100~150℃）干燥方法除掉松脂中可蒸馏成分（主要是精油等低沸点成分）。如果是已制成制品的材面，还可以用烧红的铁铲、烙铁或电熨斗反复铲、熨含松脂的部分，待松脂受热渗出后用铲刀马上铲除。

另外，家具生产企业可在板材干燥时采用真空脱脂罐处理木材，可将木材中大部分树脂去掉，效果较好。

第三节　木制品平面表面砂光技术

为消除前道工序留下的波纹、毛刺、沟痕等缺陷，使工件获得一定的厚度、必要的表面光洁度及平直度，一般而言，木制品表面涂装前均需采用砂带、砂纸和砂轮等磨具和刀具对工件进行磨削加工。木制品表面涂装前最重要的工序为砂光，因此本书从平面表面砂光和异形表面砂光两方面，分别对木制品表面砂光进行系统说明。

一、木制品平面表面砂光工艺

砂光的主要作用：工件尺寸校准磨削（定厚），即实木或刨花板、中密度纤维板、硅酸钙板等人造板的定厚尺寸校准；工件表面精光磨削，用于消除工件表面经定厚粗磨或铣、刨加工后工件表面的较大粗糙度，获得更光洁的表面；表面装饰加工，在某些装饰板的背面进行"拉毛"加工，获得要求的表面粗糙度，以满足胶合工艺的要求；对漆膜进行精磨、抛光，获取表面柔光的效果。木制品平面砂光一般包括盘式磨削、带式磨削、辊式磨削、刷式磨削等。

盘式磨削磨具的结构一般相对简单，好操控，但各点的磨削速度不等，即不均匀磨削，材料表面磨削质量难以保证，如图 3-14 所示。

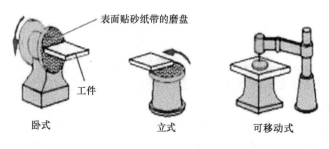

图 3-14　盘式磨削

　　带式磨削主要包括窄带磨削和宽带磨削，其磨削相对盘式磨削较均匀，如图 3-15 所示。

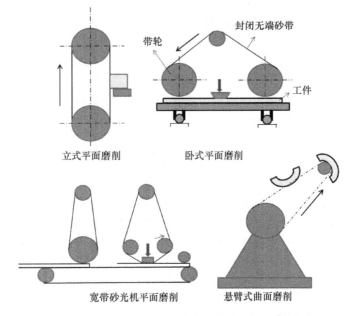

图 3-15　带式磨削

　　辊式磨削主要包括单辊磨削和多辊磨削，单辊磨削可磨削木制品平面和曲面表面，多辊磨削则通常用于磨削木制品平面部位，如图 3-16 所示。

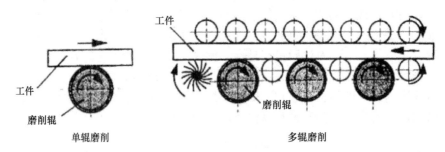

图 3-16　辊式磨削

　　刷式磨削磨具通常由刷辊、介麻和砂纸等组成，如图 3-17 所示，通常用于木制品异形表面或复杂型面的磨削，一般需要配以局部的手动砂光，以补偿刷式磨削的漏砂部位。

　　除上述几种磨削方式外，也有用于精磨、定尺寸磨削的轮式磨削，用于磨削小工件的滚辗磨削，以及用于压花、雕刻及其表面磨削的喷砂磨削等工艺。

图 3-17 刷式磨削

二、木制品平面表面砂光设备

砂光机是利用磨料砂光木材表面的机床,在人造板和家具行业中使用面广、需求量大、产品种类多。各种类型砂光机的技术特性不同,其适用条件也不尽相同(李军,2004;宋魁彦和王逢瑚,2002;Lemaster,1996)。对于木制品平面砂光,随着生产技术的进步和生产效率的提高,宽带砂光机占据主要市场。宽带砂光机配有砂光辊用于小幅面工件的砂光,还有些砂光机采用砂光压垫对大幅面工件进行砂光,如图 3-18 所示。但是对于同时砂光不同厚度的工件来说,为了得到高质量的砂光表面,一般宽带砂光机配有气囊式砂光压垫或琴键式砂光压垫(黄云和黄智,2009;Huang Y and Huang Z,2006),这两类砂光机在砂光过程中都采取厚度补偿工作原理,但被砂工件的砂光厚度偏差最大只能为 2mm,对于厚度偏差较大的木制品不适用。

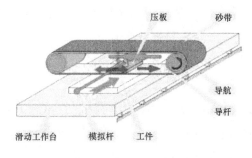

图 3-18 定厚宽带砂光机

1. 宽带砂光机磨削加工的用途

宽带砂光机主要用于产品几何尺寸的精确校准,以定厚磨削为主,在基材的准备工段,校正工件厚度尺寸误差。特点是加工用量大,磨削层较厚,获得的厚度尺寸精确,但工件表面光洁度不高。也可用于工件装饰表面修整加工,以定量磨削为主，在装饰表面进行精加工，以提高工件表面光洁度，获得平整光洁的最佳装饰效果。其特点是加工用量较小，磨削层较薄，工件表面光洁度较高，但获得的厚度尺寸不能精确校准。

2. 宽带砂光机的特点

砂带宽度大于工件宽度，一般为 630～2250mm；砂带长度一般为 1.27m，比辊式砂光机的砂带（0.5m）长，易于冷却，磨粒间空隙不易堵塞，磨削用量大；进料速度一般为 18～60m/min，比辊式砂光机进料速度快，生产率效率高；砂带寿命长，更换方便。

3. 宽带砂光机的分类

按砂架结构形式分类，主要分为接触辊式和压垫式宽带砂光机，其中接触辊式砂光机分为软辊和硬辊两种形式；压垫式宽带砂光机主要分为整体压垫、分段压垫和气囊压垫三种形式，砂架结构如图 3-19 所示。

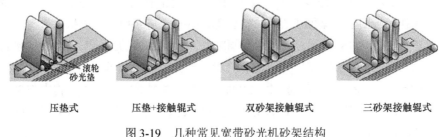

| 压垫式 | 压垫+接触辊式 | 双砂架接触辊式 | 三砂架接触辊式 |

图 3-19　几种常见宽带砂光机砂架结构

按砂架布置形式分类，主要分为单面上砂架、单面下砂架和上下双面对砂式砂架宽带砂光机。

按砂架数量分类，主要分为单砂架、双砂架和多砂架宽带砂光机。

4. 宽带砂光机砂架的结构形式

接触辊式砂架辊筒直接压紧工件，接触面积小，单位压力大；接触辊表面螺旋沟槽有利于散热及砂带表面粉尘的疏通，如图 3-20 所示。当用于粗磨时，选择邵尔硬度为 70～90 的弹性辊（表面包覆橡胶）。当用于精磨时，选用邵尔硬度为 30～50 的弹性辊。

压垫式砂架用于木制品的半精磨、精磨。其压板压紧工件，接触面积大，单位压力小，压垫主要有标准弹性式、气体悬浮式和分段式三种形式，如图 3-21 所示。标准弹性式砂光垫适于小厚度误差，气体悬浮式砂光垫适于大厚度误差，分段式砂光垫适于厚度有较小差异的表面砂光。

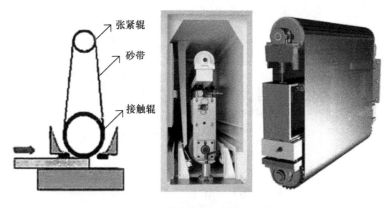

图 3-20　接触辊式砂架的结构

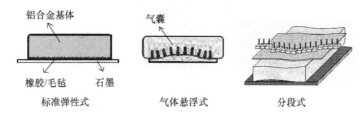

图 3-21　压垫式砂光垫的结构

　　接触辊压垫式组合砂架有三种工作状态：接触辊压紧工件磨削；接触辊（粗磨）和压垫（精磨）同时压紧工件磨削；压垫压紧工件磨削，适合单砂架砂光机，也可与其他砂架组成多砂架砂光机，如图 3-22 所示。

图 3-22　接触辊压垫式组合砂架工作状态

　　压带式砂架结构如图 3-23 所示，其砂带与毡带之间无相对滑动，可采用高磨削速度；磨削区域接触面积大，适用于工件表面超精加工。

　　横向砂架结构如图 3-24 所示，其磨削速度与进给速度垂直，多与其他砂架组合使用，实现多个砂架不同粒度砂带的过渡和重复砂磨，可获得镜面磨光效果。根据砂光效果要求，通常还有横向砂架和其他砂架组合的形式，其结构如图 3-25 所示，其中接触辊式砂架用于定厚尺寸校准；压垫式砂架用于表面修整，适用于修整性精砂工件表面，砂光涂过腻子或底漆的板材。

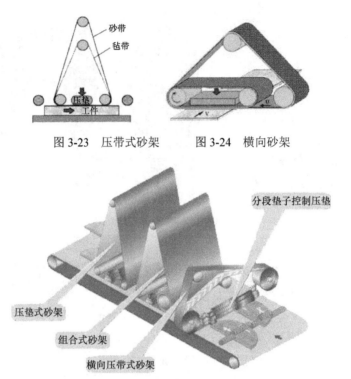

图 3-23 压带式砂架　　图 3-24 横向砂架

图 3-25 横向砂架和其他砂架组合

5. 宽带砂光机分类

国家标准 GB/T 18003—1999《人造板机械设备型号编制方法》将砂光机分为三类，即辊式砂光机、宽带砂光机、油漆用砂光机。其中，对于宽带砂光机，按进给机构不同，可分为履带进给宽带砂光机（图 3-26～图 3-28）和滚筒进给宽带砂光机（图 3-29），前者主要用于胶合板、硬质纤维板、细木工板和木制品工件等的砂光，后者主要用于中密度纤维板和刨花板等的砂光。

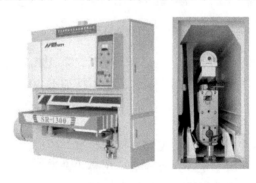

图 3-26 履带进给单砂架重型宽带砂光机

图 3-27　履带进给双砂架重型宽带砂光机

图 3-28　履带进给三砂架重型宽带砂光机

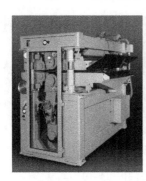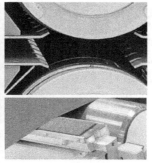

图 3-29　滚筒进给下砂单砂架重型宽带砂光机

第四节　木制品异形表面砂光技术

一、木制品异形表面砂光工艺

异形表面砂光不同于定厚砂光，其工件表面存在一定的凹凸高差，因此，无法使用平面宽带砂光机。异形表面砂光多采用刷式砂光工艺，满足高低异形表面的需求，从而获得满足表面涂装要求的表面粗糙度（张杰和张占宽，2011；王雪花等，2010；朱派龙和侯力，1997）。通常情况下，现有的异形表面砂光多采用半机械化+手动砂光工艺，特别是木门等高差大的异形表面，难以实现机械化生产。例如，异形表面凹凸程度大于15mm的实木复合门难以实现机械砂光，很容易出现过砂或漏砂及漆膜砂光不均匀的现象，是制约木门向机械化生产发展的主要瓶颈（张占宽等，2012；马岩，2009）。

异形表面砂光对平面部位的作用形式：在平面砂光中，砂光条接触试件后，砂光条突然受到摩擦力的作用，砂光条在摩擦力的作用下，速度减小；砂光条在速度减小到最小值后，由于砂光条拉力的作用，速度逐渐增大，然后达到原来的速度，并离开试件表面。在平面部位，砂光条的主要作用形式为砂光条弯曲状态下的砂光，砂光条对试件平面起砂光作用的部位主要为端部，随着剑麻纤维的弯曲，剑麻端部截面增大，对砂带的作用面积逐渐增大，一般较剑麻长出5mm的砂带均受到剑麻纤维的作用，对试件起到砂光作用。砂光条端部受到一个摩擦力、试件对砂光条的支持力和砂光轮盘通过砂光条试件的拉力，这些作用力的合力提供砂光条旋转的向心力。在平面表面砂光过程中，相邻两个砂光条由于同时受到平面的作用，均处于弯曲状态，如图3-30（a）所示，相邻两个砂光条之间的距离会减小，但是在一般的理论接触长度和砂光条安装密度下，砂光条相互之间有一定的间隔，没有相互挤压作用。

(a)　　　　　　　　(b)　　　　　　　　(c)

图3-30　砂光辊对不同部位作用形式
（a）对平面部位的作用形式；（b）异形表面凸出部位顺线条；（c）异形表面凸出部位垂直线条

刷式砂光对凸出部位的作用形式，以木门异形表面的凸出部位为例，在条状刷式砂光过程中，砂光辊与凸出的木线条会有两种位置关系，即砂光辊顺线条方向砂光[图3-30（b）]和垂直线条方向砂光[图3-30（c）]。顺线条方向砂光时，由于砂光条的砂带被剪成条状，因此相互之间随着线条的形状而分开，提高了条状刷式砂光辊的适应性。顺线条砂光时部件凸出部位的理论接触长度更大，此时对凸出线条和平面部位砂光的主要差别为理论接触长度的不同。在一定的参数条件下，砂光条对凸出部位和平面部位的作用力可以控制在很小的范围内；对试件进行砂光的砂光条均受到凸出线条的作用，均处于弯曲状态，相互之间的距离减小，但是在通常的理论接触长度和砂光条安装密度下，砂光条相互之间没有挤压作用。

当砂光辊砂光方向为垂直线条时，砂光条在对线条凸出部位进行砂光前，受到线条前平面的摩擦阻力，速度降低，但是该摩擦作用对砂光条速度的影响很小，在砂光条接触凸出部位时，砂光条的速度依然很大，对凸出部位形成一个冲击作用；砂光条在很短的时间内，水平方向的速度减小，对木线条形成一个较大的冲击作用力，同时处于凸出部位以下的砂光条部分受到砂光条的拉力作用，获得一个竖直方向的速度，所以砂光条在该冲击作用力和拉力的作用下，对凸出部位有一个剧烈的砂光作用，然后砂光条凸出线条，完成砂光过程。由于砂光条之间的挤压作用，各砂光条对凸出部位的作用力被叠加，导致该部位的砂光去除量远大于平面部位，从而产生过砂问题（计时鸣等，2011）。

二、木制品异形表面砂光设备

1. 辊式砂光机

辊式砂光机常用于直线工件的边部（在木门行业中，无纺布轮砂辊广泛应用于对门口线、踢脚线、压条等直线工件的砂光）、曲面形工件、环状工件等的砂光，其结构简单、成本低、应用范围广，是一种传统的异形表面砂光设备。由于砂光质量较差，工件表面易留下波纹，砂光辊的砂削面为圆弧形，一般不适用于大面积工件（包括木门）和人造板的砂光（李勇，2011；贾平平，2008；杨宝成，2007；董仙，1999）。

2. 刷式砂光机

刷式砂光机可以适应不规则表面的砂光，包括不同轮廓的镶板、窗框、门框等（张杰和张占宽，2011；王雪花等，2010；朱派龙和侯力，1997），但用于木门砂光时还存在砂带更换不方便、拆卸砂辊费时费力、辅助作业时间长、砂光效率低、异形砂光工艺不够成熟、使用过程中会出现过砂或漏砂现象等问题（Luna-aguilar et al.，2003；Jones，1986）。

3. 异形框架材砂光机

中国林业科学研究院木材工业研究所木制品室研制的异形框架材砂光机如图 3-31 所示，该砂光机采用变频无级调速电机，可实现条状刷式砂轮转速、进给速度无级调速，用于对木材及人造板材进行砂光试验、分析砂光机工作参数与砂光表面质量之间的关系，可优化木材砂光工艺参数。

对于一些简单的型面工件砂光，可以采用卧式砂光机配置异形压块进行加工。工件边部的砂光，直线边可以采用砂带可上下振荡的立式振荡砂光机砂光（罗永顺，2007）；异形边工件可选用立式花砂机砂光，立式花砂机可根据工件的型边线形设置一组立式异形砂辊，用于各种型边部件的砂光（Konigt et al.，1995）；弯曲工件的内弧面可采用立式曲砂机砂光；对一些不适合砂光机机械砂光的工件，还可以采用手持式振荡砂光机砂光；一些具有复杂线形工件的局部砂光则采用手工砂光（Thorpe and Brown，1995），如图 3-32 所示。

图 3-31　异形框架材砂光机　　　图 3-32　木门手工砂光

4. 成型轮仿型砂光机

利用适于工件异形表面形状的无纺布轮研磨材料，对异形表面工件进行砂光，多用于直线条异形表面的机械砂光，成型轮仿型砂光机对工件形状的适应性强，但无纺布轮的磨损大，砂光成本高。其主要技术参数如表 3-2 所示，设备如图 3-33 所示。

表 3-2　成型轮仿型砂光机主要技术参数

参数	规格
仿型轮最大直径/mm	250
成型轮长度/mm	110
电机轴直径/mm	25.4
工作气压/MPa	0.5
吸尘口径/mm	98
电机总功率/kW	1.5

5. 宽幅异形表面砂光机

宽幅异形表面砂光机如图 3-34 所示，主要技术参数如表 3-3 所示。

其机械特点为：配置辊式砂轮和盘式砂轮两种结构，两个砂轮的砂带和剑麻都可以根据使用情况进行更换，更换方便。辊式砂轮和盘式砂轮升降可独立控制，可有效保护工件的端部不被过度磨损，主要电机可独立变频调速，配备不同的磨

图 3-33　成型轮仿型砂光机　　　　　　　图 3-34　宽幅异形表面砂光机

表 3-3　宽幅异形表面砂光机主要技术参数

参数	规格
最大加工宽度/mm	1200
最小加工长度/mm	450
工件厚度/mm	20～150
送料速度/（m/min）	6～24
砂轮转速/（r/min）	600～1500
圆砂盘转速/（r/min）	100～250
电机总功率/kW	8.81

料可实现不同的砂光效果，对木制板材异形表面进行有序和分阶段砂光。但其价格昂贵，维修养护费较高，砂光后仍要辅助手工才能达到良好效果。

6. 木制品异形表面砂光机

图 3-35 为中国林业科学研究院木材工业研究所研发的木制品异形表面砂光设备，主要针对木门产品异形表面砂光而设计，机械砂光效率可达 80%以上，其主要技术参数见表 3-4。

图 3-35　木制品异形表面砂光机

（1）木制品异形表面砂光机结构配置

以木制品中的木门异形表面砂光机为例，其设置 3 组砂辊，主要作用在于：一次传送即可完成整扇木门砂光过程，机器可充分实现从粗磨到精磨加工，磨具

表 3-4　木制品异形表面砂光机主要技术参数

参数	规格	参数	规格	参数	规格
最大加工宽度/ mm	1300	磨头振摆频率/（N/min）	45～69	规则气压/MPa	1
厚度砂光量/mm	0～80	磨头升降浮动量/mm	40	机器供电容量/kW	33
最大加工厚度/ mm	80	振摆电机功率/kW	0.37	吸尘系统风量/m³	8000
进料速度/（m/min）	2～12.3	进料电机功率/kW	2.2	吸尘料口风速/（m/s）	22～25
刷辊转速/（r/min）	0～480	主电机功率/kW	3×6	砂磨凹凸范围/mm	≤30
刷辊直径/mm	520±1	厚度开档量调节电机功率/ kW	0.55	防过砂跟踪控制	突出线条间距大于300mm

目数从粗到中再到细，机器上配置木门翻转装置，从而可实现流水线生产，大大节省了砂光作业时间，提高了生产效率；每组砂辊在功能设定上可以差异化，加工不同对象时可选择性使用。有一组砂辊只在"X"轴方向振摆，有两个砂辊可在"Z"轴方向按控制指令自动垂直升降，实现跟踪控制，用于防止凸出部位的过砂；砂光参数如砂辊转速、理论接触长度、磨头振摆频率等均可根据工件不同，通过触摸屏数控调节设置。

（2）异形砂光机的创新性

1）有防过砂跟踪控制系统。防过砂跟踪控制系统包括：①凸起量检测单元，对工件的表面进行检测，以判断工件的表面是否有凸起及该凸起的凸起量；②磨头高度调节单元，调节磨头距离工件表面的高度；③控制单元，根据凸起量检测单元检测的结果控制磨头高度调节单元，将磨头调至预定的高度并保持设定的时间。木门异形砂光机防过砂跟踪控制系统如图 3-36 所示，凸起量检测单元为激光位移测量传感器，为了使检测结果更准确，激光位移测量传感器在与工件进料方向相垂直的方向上间隔适当距离并排设置 2 个探测点，如图 3-37 所示，在工作过程中传感器对工件表面进行纵向（进料方向）不间断测量，测出凸起部位并记录其凸起量，然后将数据传到控制单元，控制单元对数据处理后向磨头高度调节单元发出指令，磨头高度调节单元在工件的异形凸起到达磨头下端时迅速抬起，抬起量与凸起量相一致，以保证工件的凸起部位既可砂到又不会过砂。当探测点中只有一点落到线条上时，说明该异形凸起形成的线条为异形线条，此时，磨头抬起时间相对较长，磨头抬起量与检测到的凸起量相吻合。当探测点中两个点同时落到线条上时，说明该异形凸起形成的线条为直线线条，此时，磨头抬起量与检测到的凸起量相吻合，由此控制工件表面的异形砂光。本系统可有效防止异形砂光过程中难解决的过砂问题产生，确保砂光质量，提高砂光效率。

2）刷辊恒接触压力工作。刷辊恒接触压力工作靠驱动系统的功率变化反馈实现，当刷辊与工件接触压力增大时，驱动系统的功率实际消耗就要增加，控

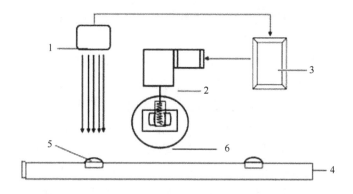

图 3-36　木制品异形表面砂光机防过砂跟踪控制系统

1. 凸起量检测单元；2. 磨头高度调节单元；3. 控制单元；4. 工件（异形木门）；5. 异形凸起；6. 磨头

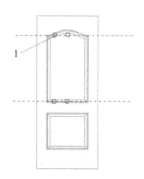

图 3-37　磨头随动跟踪控制系统探测点

1. 探测点

制系统中的传感器对驱动功率进行实时监测，当发现功率增大后，马上将此信号传达到中央终控系统，中央终控系统对信号数据处理后马上发出指令向上升起刷辊系统。当刷辊接触压力恢复至恒定值后，刷辊的工作高度也就确定了。该项技术可保证被加工表面获得均匀一致的抛磨效果，不会产生局部接触压力过大而过砂甚至覆膜面砂穿的问题，也可避免下凹部分表面由于高度过低接触压力过小而达不到抛磨效果的现象。

　　3）异形砂光用条状刷式砂带柔化处理方法。在现有生产中，对于异形木制品通常采用条状刷式砂带来进行砂光，如图 3-38（a）所示。砂带安装在旋转轮上，在旋转轮上沿周向安装有多个砂带。每个砂带的一端被裁切成多根条状的砂带单元。在对异形木门进行砂光的时候，通常还在每个砂带后面附有剑麻刷起弹性支撑加压作用。这样的刷式砂光，适用于凹凸程度低于 10mm 的复杂程度较小的木门异形表面砂光，而对于凹凸程度大于 10mm 的异形部件砂光，由于砂带的砂带单元在对凹凸程度大的凸出部位进行砂光时，砂带单元会在凸出部位砂光较长一段距离，砂光压力大，易出现倒棱、过砂现象。但如果将旋转轮与异形木门的距离调高，又容易在低凹部位出现漏砂现象。

因此，考虑对异形表面砂光用条状刷式砂带进行柔化处理[图 3-38（b），图 3-39]，具体方法如下。由于砂带单元的端部为经过了柔化处理，异形砂光用条状刷式砂带在进行砂光时，可将砂轮调整至距离异形木制品合适的距离，即也可以对木制品凹部进行砂光的位置，砂轮沿箭头 a 的方向旋转。由于中部距离端部适当的距离贴敷有一层柔性材料，可以利用砂带端部及贴敷的柔性材料部位对异形木制品部件进行砂光，当碰到较高部位的凸出部时，柔性材料起到了很好的保护作用，当柔性材料滑过凸出部的表面时，由砂带端部和贴敷的柔性材料部位对凸出部进行砂光，由于端部经过钝化处理，且端部与柔性材料之间的部位预先设定好，能

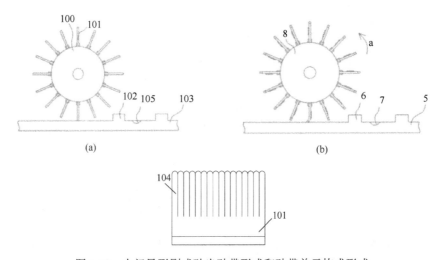

图 3-38　木门异形刷式砂光砂带形式和砂带单元构成形式

（a）现有的：100. 旋转轮；101. 砂带；102. 异形木门凸出部位；103. 平面部位；104. 砂带单元；105. 低凹部位。

（b）研发的：5. 木制品，6. 凸出部，7. 凹部，8. 砂轮

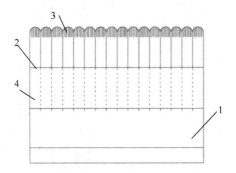

图 3-39　刷式砂带局部柔化处理图

1. 条状砂带；2. 砂带单元；3. 端部；4. 柔性材料

够避免异形木制品出现倒棱、过砂等现象，而由于还能够砂到凹部，因此可避免出现漏砂现象。根据木制品异形表面特征及条状刷式砂带砂光特性，将条状砂带进行分段式柔化处理，采用螺栓压制、定制裁剪工具裁剪、砂带切割机裁切等方法将 3～8mm 的砂带单元的端部压制成 0.5～2mm 的条状，同时使砂带条端部局部受压软化，也可利用其他物理、化学手段对条状砂带单元的端部进行软化处理，以减小高速转动的砂带端部对木门异形凸出部位的冲击作用。为使木门异形凹凸部位的砂光程度减小，在条状砂带中部贴覆光滑表面材料或包覆硬质塑料膜、聚四氟乙烯膜、薄胶片、石墨布、无纺布等材料，实现砂轮转动时砂带中部的柔化处理，有效减小条状刷式砂带对异形部件凸出部位的磨削力。这种砂带局部的柔化处理对砂光工件的形状适应性好，可对木门异形工件表面进行砂光，有效减少异形砂光过程中的倒棱、过砂、漏砂现象，提高砂光表面质量，实现木门机械砂光作业。

当前，木制品表面异形砂光未完全机械化，对于异形高差较大的木制品表面，通常采用刷式砂光机进行砂光，而后结合凹槽或凸起线条部位的手工砂光。有一些厂家正在致力于木制品异形表面砂光设备的研发，如青岛建诚伟业机械制造有限公司、佛山市南海富东机械设备有限公司等，它们已投入大量力量进行木制品异形砂光工艺和设备的研发，着力攻克异形砂光这一世界难题，目前佛山市南海富东机械设备有限公司提出了一种采用磨料丝作砂头进行异形砂光的工艺，其对木制品异形表面砂光工艺发展具有较大的推进作用。

第四章　木制品用环保涂料及制备技术

第一节　木制品用环保紫外光固化涂料

紫外光固化涂料，又称 UV 涂料（ultraviolet curing coating，UVCC）、光敏涂料，是由低聚物（oligomer）、单体（monomer）、光敏引发剂（别名光引发剂、光敏剂、光固化剂，photoinitiator）和其他助剂或添加剂（additive）组成的，通过紫外光照射湿膜、引发自由基反应，从而使漆膜快速干燥的一种涂料（卞亚男和李长钊，2011）。紫外光固化树脂和单体是一类含有双键、分子量较为均一的化合物，光引发剂经紫外光照射后引发体系自由基聚合，瞬间固化，形成连续的固态涂层。紫外光固化涂料于 20 世纪 60 年代末在国外兴起并首先应用于木材表面涂装。在我国，紫外光固化涂料于 20 世纪 70 年代进入木业引起相关企业重视，并于 80 年代在板式家具表面开始应用，20 世纪 90 年代至今，其在木门、木地板及板式家具上开始大量使用。紫外光固化涂料属于辐射固化（光敏固化），辐射固化的特点是当光引发剂受到一定波长的紫外光照射时，其吸收特定波长的紫外光，化学键被打断，解离生成活性游离基，引发光敏树脂与活性稀释剂中的活性基团产生连锁反应，从而迅速交联成网状结构而固化成膜。其具有优异的涂装性能（Excellence of finishing）、环保（Ecology）、节能（Energy）和经济（Economy）等 4E 特点，主要在木地板、木门及板式家具部件表面应用居多，市场见好。

一、木制品用紫外光固化涂料的性能

1.紫外光固化涂料的优点

木制品用紫外光固化涂料的优点主要包含以下几方面。①固化速度快，相对于其他类型涂料而言，紫外光固化涂料最大的优点是交联固化成膜时间短、固化速度快，早期的紫外光固化涂料常在数十秒钟或几分钟内实干，随着科学技术的发展和产品性能的改良，现代紫外光固化涂料已能在几秒钟（1～3s）内达到实干，是迄今为止国内木制品用涂料行业干燥速度最快的品种，更能提高生产率，节省半成品的堆放时间和空间，满足大规模自动化生产的要求，有利于大量生产。②涂装施工周期短，紫外光固化涂料通常采用机械化施工，即时干燥、一次成型，便于实现连续涂装流水线，涂装施工工期短，涂料利用率和涂装效率高。并且由于干燥速度快，干燥装置的长度短，被涂木制品家具部件一经紫外光照射便可收集堆垛，因此可大大节约油漆车间的生产时间和涂装作业面积。③是无溶剂型涂料，传统溶剂型涂料一般含有 50%～70%的惰性溶剂，溶剂在成膜干燥过程中几乎全部挥发到空气中，造成严重的环境污染。而多数紫外光固化涂料可做成固含量近100%的品种，光照时几乎所有成分均参与交联聚合，进入到膜层，成为交联网状结构的一部分，涂料转化率高，从而减小了对空气的污染和人体的危害，且涂装与干燥过程中很少有溶剂挥发，施工条件好，是一种无污染的环境友好型绿色环保涂料。④人工成本和涂装成本低，一条完整的紫外光固化涂料生产线一般只需4～5人，人力成本降低 60%以上，其综合涂装成本相比一般的涂料较低。紫外光固化仅需要激发光引发剂的辐射能，不像传统的热固化那样需要加热基质、材料、周围空间，以及蒸发除去稀释剂用的水或有机溶剂需要用的热量，从而节省了大量能源。同时，紫外光固化涂料中固含量高，使得实际消耗量大幅减少。⑤漆膜性能相对优异，紫外光固化涂料以不饱和聚酯、丙烯酸聚氨酯、丙烯酸环氧酯等作为光固化树脂，这些均为合成树脂的上品，其漆膜性能优异，铅笔硬度高，可达到 4～6H，填充性好，开裂试验均在 6 个循环以上，且具有优异的耐溶剂性、耐化学药品性、耐磨性等。

2.紫外光固化涂料的缺点

紫外光固化涂料的缺点主要是：①涂装对象有局限性，目前国内紫外线光源只有直线形紫外线灯管，故只适用于平面板式部件的表面涂装。对于组装好的整体家具及表面线形较多的复杂立体制品，由于紫外光固化涂料涂层未吸收紫外线的部分不能固化，极易引起照射距离不同而导致表面干燥不均，漆膜质量难以保证等问题，因此目前还不能采用紫外光固化涂料涂装。②易引起色差和黄变，紫外光固化涂料可能产生褪色及涂层变黄等现象，故在选择着色剂时需慎重。③打磨程度要求高，紫外光固化涂料对层间漆膜的重涂打磨性要求高，需打磨充分，否则涂层间附着力不良。④需专门固化装置，一般气干型涂料可自然干燥，无需固化装置，而紫外光固化涂料生产成本相对其他涂料较高，需要一定的固化装置及紫外线灯管的更换。

二、木制品用紫外光固化涂料的组成

紫外光固化涂料主要由光引发剂、单体（活性稀释剂）、低聚物及其他助剂或添加剂等组成。其中，光引发剂的引发效率对配方的成本及光固化速度的影响至关重要；活性稀释剂一方面对涂料组分起到稀释作用，提高可加工性能，另一方面对光固化体系的聚合速率影响很大；低聚物组成了固化膜交联网状结构的骨架，它是产品理化性能的主要决定因素（金养智，2010）。

1. 光引发剂（光敏剂）

作为光固化材料的重要组成部分，光引发剂是一种通过辐射、经激发发生化学变化，产生活性中间体，引发聚合反应的物质。在紫外光固化体系中，光引发剂在吸收适当光能后，发生光物理过程至某一激发态，若此时的能量大于键断裂所需的能量，就能产生自由基或离子，从而引发聚合反应。光引发剂一般用量为涂料总量的 3%～5%，不超过 10%。光引发剂的选用要根据吸收光谱的范围来定，只有与发射光谱及需要的光谱波长相匹配，其价值才能最大。

光引发剂主要有自由基光引发剂、高分子光引发剂、阳离子光引发剂和混杂光引发剂等。光引发剂的性能决定了紫外光固化涂料的固化程度和固化速度。

自由基光引发剂主要有单分子裂解型自由基光引发剂和双分子夺氢型自由基光引发剂。单分子裂解型自由基光引发剂吸收光能后，分子结构呈现不稳定状，弱键会发生龟裂，产生一个或多个活性自由基，引发聚合反应而交联固化。双分子裂解型自由基光引发剂主要是芳基烷基酮类化合物，如苯偶姻类、α-羟基酮衍生物、酰基膦氧化物硫杂蒽酮类等。单分子裂解型自由基光引发剂使用时存在氧阻聚现象，在空气中活性自由基易与 O_2 结合生成多型自由基，减弱活性自由基的有效反应速率，造成链终止使得表面固化效果相对较差，且影响固化速度。双分子夺氢型自由基光引发剂利用叔胺类光敏剂构成引发剂/光敏剂复合引发体系，可抑制 O_2 的阻聚作用，从而提高固化速度。自由基光引发剂和光敏染料通过间接电子转移对锇盐起增感作用，或者通过扩大锇盐的共轭度，使其最大吸收峰发生红移（Davis et al.，2001）。目前，高活性的自由基光引发剂仍是研究的热点。

高分子光引发剂一般为可聚合性光引发剂，相比于小分子量的引发剂，高分子光引发剂在聚合物链中发生能量迁移和分子间反应变得更加容易，因此具有更高的光活性；通过与非活性基团共聚，调节并设计光敏基团间的距离，或改变光敏基团与主链间的距离，可获得具有不同反应活性的光引发剂；可以在同一高分子链中引入不同的光敏基团，利用它们的协同作用来提高光敏性能；光敏基团的高分子化，限制了光敏基团的迁移，从而防止了涂层的黄变及老化，以组织小分子光引发剂分解后在固化膜中残留的小分子或碎片对固化膜的劣化作用。

阳离子光引发剂在吸收光能后至激发态，发生光解反应，产生超强酸，引发环氧树脂和乙烯基醚类树脂等阳离子低聚物和活性稀释剂进行阳离子聚合。阳离子光引发剂的主要特点是引发速度快、内应力小、厚膜固化好等优点。与自由基聚合相比，它不会受到空气中的氧气等自由基抑制剂的影响，阳离子聚合反应一旦被引发，只要光引发剂被足够的紫外光辐射分解移走光源后，聚合反应在黑暗中照常进行，直到所有单体全部聚合。

2. 活性稀释剂

光固化树脂黏度都很高，需加入稀释剂来降低黏度。活性稀释剂（reactive diluent）又称为反应性溶剂（reactive solvent），是含较多官能团的合成聚合物单体，相当于普通涂料中的溶剂。但其作用一方面是调节紫外光固化涂料的黏度，对黏度较大的低聚物进行稀释或溶解；另一方面在涂料成膜过程中参与光固化反应，控制涂料固化交联密度，改善涂膜的物理、机械性能。活性稀释剂含有不饱和双键，其中，丙烯酸酯类是典型的自由基型活性稀释剂，如丙烯酰基、乙烯基、烯丙基等，它们吸收光辐射后至激发态，发生光解反应产生自由基和低聚物，进行自由基加成聚合反应；环氧类活性稀释剂的固化反应通常为阳离子聚合；乙烯基醚类既可参与自由基聚合，又可进行阳离子聚合，因此可作为两种固化体系的活性稀释剂（周烨，2017）。

活性稀释剂按每个分子所含反应基团（双键）的数量，一般可分为单官能团活性稀释剂、双官能团活性稀释剂和多官能团活性稀释剂，官能度（官能度是指每个分子中含有的官能团数）愈大，紫外光固化反应速率愈快，即固化速度愈快。单官能单体活性稀释剂黏度小，降黏效果好，但反应活性不及多官能单体活性稀释剂。

（1）单官能团活性稀释剂

单官能团活性稀释剂每个分子中仅含有一个可参与光固化反应的活性基团，具有分子量小、黏度小、稀释能力强、单体转化率高、体积收缩率低等优点，但同时存在光固化速度低、交联密度小、挥发性强、气味大、毒性大、易燃等缺点。常用的单官能团活性稀释剂有苯乙烯、乙酸乙烯、丙烯酸羟丙酯、丙烯酸 2-乙基己酯、N-乙烯基吡咯烷酮等，物理性能如表 4-1 所示。

表 4-1　常用单官能团活性稀释剂的物理性能

活性稀释剂	相对分子量	沸点/℃	密度/（g/cm³）	黏度/（MPa·s）	折射率	玻璃化温度/℃
苯乙烯（St）	104	145	0.906（25℃）	0.78（25℃）	1.5468（25℃）	100
乙酸乙烯酯（VA）	86	72	0.9312（20℃）	0.4（20℃）	1.3959（25℃）	30
丙烯酸正丁酯（BA）	128	147	0.894（25℃）	0.9（25℃）	1.4160（25℃）	−56
N-乙烯基吡咯烷酮（NVP）	111.14	148	1.04（20℃）	—	1.5129（25℃）	—
丙烯酸羟丙酯（HPA）	130	205	1.057（25℃）	5.70（25℃）	1.4450（20℃）	−60
甲基丙烯酸羟乙酯（HEMA）	130	205	1.054（25℃）	—	1.4505（25℃）	55
甲基丙烯酸羟丙酯（HPMA）	144	96（1333Pa）	1.027（25℃）	—	1.4456（25℃）	26

（2）双官能团活性稀释剂

双官能团活性稀释剂每个分子中含有两个可参与光固化反应的活性基团，因此光固化速度比单官能团活性稀释剂快，成膜时发生交联，更有利于提高固化膜的物理力学性能和耐老化性。由于分子量的增大，双官能团活性稀释剂的黏度、交联密度比单官能团活性稀释剂有所增加，但仍保持良好的稀释性；挥发性和气味相对单官能团活性稀释剂较小，因此，目前双官能团活性稀释剂在紫外光固化产品中的应用尤为多见。常用的双官能团活性稀释剂的物理性能如表4-2所示。

表4-2 常用双官能团活性稀释剂的物理性能

活性稀释剂	相对分子量	沸点/℃	密度/（g/cm³）	黏度（25℃）/（MPa·s）	折射率（25℃）	玻璃化温度/℃
1,4-丁二醇二丙烯酸酯（BDDA）	198	275（常压）	1.057（20℃）	8	—	45
1,6-己二醇二丙烯酸酯（HDDA）	226	295（常压）	1.03（25℃）	9	1.458	43
新戊二醇二丙烯酸酯（NPGDA）	212	—	1.03（25℃）	10	1.452	107
二乙二醇二丙烯酸酯（DEGDA）	214	100（400.0Pa）	1.006（25℃）	12	—	100
三乙二醇二丙烯酸酯（TEGDA）	258	162（266.6Pa）	1.109（25℃）	15	—	70
二缩二丙二醇二丙烯酸酯（DPGDA）	242	—	—	10	—	−42
二缩三丙二醇二丙烯酸酯（TPGDA）	300	—	1.05（25℃）	15	1.457	104
邻苯二甲酸二乙二醇二丙烯酸酯（PDDA）	450	—	—	150	—	62

（3）多官能团活性稀释剂

多官能团活性稀释剂的每个分子中都含有三个或三个以上的可参与光固化反应的活性基团，因此其具有固化速度快，交联密度大，漆膜硬度高、脆性大、耐抗性优异等优点，在木制品紫外光固化涂料活性稀释剂中应用较多。常用的多官能团活性稀释剂的物理性能如表4-3所示。

3. 低聚物

UV树脂的相对分子量要低于传统树脂，因此也称为低聚物或预聚物。UV树脂是构成紫外光固化涂料的主要成分，其相对分子量较小，在紫外光固化涂料中处于主体地位，决定涂层的主要性能。目前，市场上最常见的紫外光固化涂料

表4-3 常用多官能团活性稀释剂的物理性能

活性稀释剂	相对分子量	密度/（g/cm³）	黏度/（MPa·s）	折射率（25℃）	玻璃化温度/℃
三羟甲基丙烷三丙烯酸酯（TMPTA）	296	1.11（25℃）	106（25℃）	1.474	62
季戊四醇三丙烯酸酯（PETA）	298	1.18（25℃）	520（25℃）	1.477	103
季戊四醇四丙烯酸酯（PETTA）	352	1.185（20℃）	342（38℃）	—	103
二缩三羟甲基丙烷四丙烯酸酯（DTMPTTA）	482	1.11（25℃）	600（25℃）	—	98
二季戊四醇五丙烯酸酯（DPPA）	524	1.18（25℃）	13 600（25℃）	1.491	90

为基于自由基聚合机理的产品，其使用的低聚物以环氧丙烯酸酯、聚氨酯共聚丙烯酸酯、聚酯丙烯酸酯等为主，辅以其他特殊功能树脂。常用低聚物的性能如表4-4所示。

表4-4 常用低聚物的性能

低聚物	固化速度	拉伸速率	柔性	硬度	耐化学药品性	耐黄变性
环氧丙烯酸酯（EA）	高	高	不好	高	极好	好
聚氨酯共聚丙烯酸酯（PUA）	可调	可调	好	可调	好	可调
聚酯丙烯酸酯（PEA）	可调	中	可调	中	好	不好
聚醚丙烯酸酯	可调	低	好	低	不好	好
纯丙烯酸酯	慢	低	好	低	好	极好
乙烯基树脂	慢	高	不好	高	不好	不好

（1）环氧丙烯酸酯低聚物

环氧丙烯酸酯低聚物是目前应用最广泛、用量最大的紫外光固化低聚物，主要由环氧树脂和（甲基）丙烯酸酯化而制得。环氧树脂可抗化学腐蚀，具有附着力强、硬度高、价格便宜等优点，用其作主体树脂制备的紫外光固化涂料固化速度快、涂膜性能优异。根据环氧丙烯酸酯的结构类型，可分为双酚A环氧丙烯酸酯、酚醛环氧丙烯酸酯和改性环氧丙烯酸酯，其中双酚A环氧丙烯酸酯最为常用。目前，常用的改性环氧丙烯酸酯有胺改性环氧丙烯酸酯、脂肪酸改性环氧丙烯酸酯、磷酸改性环氧丙烯酸酯、聚氨酯改性环氧丙烯酸酯、酸酐改性环氧丙烯酸酯和有机硅改性环氧丙烯酸酯等，性能特点如表4-5所示。

表 4-5 改性环氧丙烯酸酯的性能特点

改性环氧丙烯酸酯	性能特点
胺改性	提高光固化速度，改善涂料的脆性、附着力和颜料的润湿性
脂肪酸改性	改善涂料的柔性和对颜料的润湿性
磷酸改性	提高涂料的阻燃性
聚氨酯改性	提高涂料的耐磨性、耐热性和弹性
酸酐改性	经胺或者碱中和后，作为紫外光固化材料的低聚物
有机硅改性	提高漆膜的耐候性、耐热性、耐磨性和防污性

（2）聚氨酯共聚丙烯酸酯低聚物

聚氨酯共聚丙烯酸酯低聚物是木制品紫外光固化涂料中应用广泛，仅次于环氧丙烯酸酯低聚物的一种紫外光固化低聚物。聚氨酯共聚丙烯酸酯具有很好的综合性能，其聚氨酯中多种基团的亚氨基（—NH）大部分能形成氢键（其中大部分是—NH 与硬段中的羰基形成的，小部分是与软段中的醚氧基或酯羰基之间形成的），氢键作用使聚氨酯分子链形成致密聚合物网络，分子内聚力强，对各类基材都有优异的附着力；聚氨酯分子内自然形成的硬段和软段的微相分离，使固化的漆膜既有硬度又有非常好的耐冲击性和耐磨性；共聚的丙烯酸酯分子上连接的不饱和键或环氧基提供光敏活性。一般而言，聚氨酯共聚丙烯酸酯低聚物可由芳香族异氰酸酯、脂肪族异氰酸酯和脂环族异氰酸酯、聚酯多元醇与异氰酸酯或聚醚多元醇与异氰酸酯合成制得，其相关性能对比见表 4-6。

表 4-6 不同聚氨酯共聚丙烯酸酯的性能特点

聚氨酯共聚丙烯酸酯	性能特点
芳香族异氰酸酯	分子中含有苯环，因此分子链呈现刚性，固化后的漆膜具有较高的硬度及耐热性。芳香族聚氨酯共聚丙烯酸酯的价格相对较低，固化后漆膜容易黄变
脂肪族和脂环族异氰酸酯	脂肪族聚氨酯共聚丙烯酸酯主链由饱和烷烃和环烷烃构成，耐光、耐候性能优异，不易黄变，同时其黏度较小，固化漆膜综合性能好，但价格较贵
聚酯多元醇与异氰酸酯	分子之间作用力强，一般机械强度高，固化漆膜有较优异的耐冲击性、抗划伤性和耐热性，但耐碱性差，不耐水解
聚醚多元醇与异氰酸酯	聚醚有较好的柔韧性、较低的黏度，低温成膜好，耐水解性能优异，但漆膜硬度稍差、不耐热、容易返黏

聚氨酯共聚丙烯酸酯低聚物虽然综合性能较好，但其固化速度偏慢，黏度相对高，价格较贵，是中高档木制品紫外光固化涂料的主体树脂，在低档木制品紫外光固化涂料中则常常作为辅助性功能树脂使用，以改善涂料的某些性能，如增加涂层的柔韧性、改善附着力、提高耐冲击性或者耐磨性。

（3）聚酯丙烯酸酯低聚物

聚酯丙烯酸酯是在饱和聚酯基础上进行丙烯酸酯扩链反应引入光敏基团而制得的，在木制品紫外光固化涂料中使用广泛，其价格低、黏度小，既可用作低聚物，又可作为活性稀释剂使用。聚酯丙烯酸酯具有气味淡、柔韧性和颜料润湿性较好等优点，适用于木制品 UV 色漆及油墨。一般的聚酯丙烯酸酯固化速度偏慢，为了提高光固化速度，可以制备高官能度的聚酯丙烯酸酯或采用胺改性的聚酯丙烯酸酯，这不仅可以减少氧阻聚的影响，提高固化速度，还可以改善附着力、光泽度和耐磨性。聚酯丙烯酸酯多用于木制品 UV 腻子和底漆，以提高对填料的润湿性，降低生产成本，在中高档面漆中主要用于提高色漆的光泽度、耐磨性等。

（4）聚醚丙烯酸酯低聚物

聚醚丙烯酸酯具有柔韧性好、耐黄变性好、稀释性好和黏度小等优点，但其硬度低、机械强度低、耐化学药品性差，一般在木制品紫外光固化涂料中充当辅料材料，可以作为活性稀释剂、增韧剂、染色剂等。目前，研究中多采用胺改性等特殊改性方式，使聚醚丙烯酸酯不仅具有较低的黏度，还具有极高的反应活性和较好的颜料润湿性，主要用于木制品 UV 色漆或油墨。

（5）混杂低聚物

混杂低聚物是一端带有丙烯酸酯基团，另一端带有乙烯基或环氧基，可同时被自由基或阳离子引发聚合的低聚物。这种混杂体系结合了丙烯酸酯和乙烯基醚的优点，可弥补丙烯酸酯体系对人体皮肤刺激性强、聚合时被氧阻聚等缺点。Davis 等（2001）合成了此类低聚物，经固化可形成互穿聚合物网络（IPN），这种互穿聚合物网络的硬度高、模量大、透明度及耐划伤性好。由于环氧树脂的黏度较大，所制得的环氧丙烯酸酯的黏度也高，易影响涂料的施工黏度和流变性，若采用活性稀释剂，又会降低涂料性能。针对这一问题，褚衡等（2000）研制出了一种低黏度环氧丙烯酸酯 UV 涂料，该涂料中的低聚物主要是通过一种双羟基化合物与环氧树脂反应，制得低黏度环氧树脂，然后经丙烯酸酯化而制得。

（6）超枝化低聚物

超枝化低聚物是一类新型的球形或树枝状结构聚合物，与线形聚合物不同，其具有熔点低、黏度小、易溶解和高反应性等特点。目前，对超枝化低聚物的研究逐渐展开，Dzunuzovic 等（2005）研究了包含大豆脂肪酸的超枝化聚氨酯共聚丙烯酸酯低聚物，其中大豆脂肪酸被羟基封端，从而快速地降低了超枝化聚氨酯共聚丙烯酸酯低聚物的黏度。魏焕郁等（2001）合成了树枝状（甲基）丙烯酸化醚酰胺低聚物，并采用拉曼光谱、光-差热分析和动态力学热分析方法等证实这种树枝状低聚物在紫外光照射下双键转化率可达 80%以上，且其最大反应速率、固化膜的软化温度和玻璃化温度随双键浓度的增大而提高。

4. 颜料、填料

颜料是一种微细粉末状有色物质，不溶于水或溶剂，能均匀分散在涂料、油墨的基料中，涂覆在基材表面形成有色层，呈现一定的色彩，具有对光稳定的特点。染料是能溶解的颜料（又称色精），能溶于溶剂或水中而得到透明艳丽的色彩，与颜料相比无遮盖作用，耐光性差，一般实色木制品紫外光固化涂料和油墨主要用颜料作为着色剂。木制品紫外光固化涂料中所使用的颜料分为有机颜料和无机颜料两类。无机颜料价格便宜，有较好的耐光性、耐候性、耐热性，但颜色大多偏暗，部分含重金属，有毒。白色（钛白粉）、黑色（炭黑）颜料基本为无机颜料。有机颜料较鲜艳，着色力强，化学稳定性好，有一定的透明度，但价格贵。对颜料而言，主要考虑的因素是着色力和遮盖力。着色力主要取决于对光线的吸收，颜料的吸收能力越强，着色力越高，同时与颜料的化学组成、粒径大小、分散度有关，一般随粒径的减小或分散度增大，着色力增大，超过限度后又反而变小。遮盖力是颜料与涂料基料的折射率之差造成的，折射率相等时透明，反之差距越大，遮盖力越强。各色颜料对不同波长的光线有不同的吸收率（透光率），一般而言，对紫外光的吸收率顺序为：黑色颜料＞紫色颜料＞蓝色颜料＞青色颜料＞绿色颜料＞黄色颜料＞红色颜料。不同颜料的吸收率不同，对涂料光固化速度的影响也不同；相同颜料的不同配比，由于浓度不同，对涂料光固化速度的影响也不同；不同颜料的复合使用对涂膜固化速度和性能的影响不大，因此可根据颜料特性选择合适的颜料进行复合，以得到所需的色彩和性能。

填料也称体积颜料或惰性颜料，其特点是化学稳定性好，能均匀地分散在木制品紫外光固化涂料基料中。加入填料可降低涂料成本，改变涂料的流变性，提高涂料的物理力学性能。目前，木制品紫外光固化涂料常用的填料有滑石粉、碳酸钙、透明粉和二氧化硅等。其中，滑石粉为白色粉末，具有一定的油腻感，无毒无味，滑石粉的加入可使涂料在成膜后具有可打磨性，同时起到增黏、消光作用；碳酸钙为无毒无味白色粉末，是用途最广的无机填料之一，一般用于白色涂料中，既可对基材起填充作用，又可增强涂料在基层表面的沉积性和渗透性；透明粉的折光率与基料较接近，具有较好的透明度（周烨，2017）。

5. 助剂

助剂是为了在涂料生产、运输贮存、施工过程中完善涂料性能的微量添加剂。常用的有消泡剂、流平剂、润湿分散剂、消光剂、阻聚剂等。

（1）消泡剂

在涂料生产过程中，加入颜料、填料通常会产生气泡，分散搅拌时易会卷入空气形成大量气泡，从而产生气泡等漆膜弊病。在不含表面活性剂的体系中，气泡因密度低而迁移到液面，由于重力，液膜向下流动，膜厚减小，当减小到 10nm 时，气泡会破裂消失。当含有表面活性剂时，液膜的局部会变薄，变薄处表面积增大，表面吸附活性分子的密度较之前有所下降，表面张力增加，引起邻近处的表面活性分子同溶液一起向变薄处迁移，使变薄处的液膜得以恢复。漆膜具有变薄后恢复厚度的能力，就好像膜具有一定的弹性，液膜的这种性质称为液膜弹性，也称自身修复作用。液膜变薄处还可以从本体溶液中吸附表面活性剂以得到平衡，此时，气泡趋于稳定。

一切能破坏使泡沫稳定存在的因素的化学试剂均可作消泡剂。消泡剂的化学结构和性质不同，泡沫体系不同，破坏泡沫稳定性的着重点也不同。例如，乙醚、异戊醇和其他低表面张力消泡剂通过铺展于液膜的界面上，使铺展处表面张力降低，液膜内的液体受到高表面张力处牵引，导致膜迅速变薄；磷酸三丁酯通过降低液膜的表面黏度，增加液膜的排液速度来进行泡沫破坏。化学消泡剂不管以何种方式破坏泡沫的稳定性，首先都必须自发进入液膜内并在界面上迅速铺展、分散，才能改变液膜的界面性能，最终导致膜的破裂。消泡剂通过与表面活性剂结合并渗透到液膜中，使膜的弹性降低，从而导致气泡破裂，同时降低气泡周围液体的表面张力，使小气泡聚集成大气泡，大气泡更容易破裂。使用的消泡剂相容性太好，则消泡效果弱；相容性太差，虽然消泡效果显著，但容易产生缩孔、浑浊、光泽度低等漆膜弊病。一般而言，高固含量且快速固化的无溶剂 UV 体系涂料，需要高效消泡剂，且需考虑消泡剂对重涂性和层间附着力的影响。

（2）流平剂

流平剂是通过提高涂料的流动性，使木制品表面涂膜达到光滑平整的添加剂。常用的有溶剂类、改性纤维素、聚丙烯酸酯、有机硅类、氟表面活性剂等。木制品表面涂装过程中，基材表面张力相对较小，因此涂料在形成漆膜过程中表面积明显缩小，从而易产生涂层缺陷，常见的基材和液体的表面张力如表 4-7 所示，流平剂可以起到提高涂料表面张力，改善对基材的润湿性，从而改善涂料流平性的作用。

表 4-7　不同液体和基材的表面张力

液体	表面张力/（mN/m）	基材	表面张力/（mN/m）
水（在聚四氟乙烯上呈球形液滴）	73	钢	约 50
乙二醇丁醚	30	铝	约 40
甲苯	29	聚酯	43
异丙醇	22	聚乙烯	36
正辛烷	21	聚丙烯	30
六甲基二硅氧烷	16	固体石蜡	26
异戊烷	14	聚四氟乙烯（PTFE）	20

（3）润湿分散剂

润湿分散剂能降低液/固之间的界面张力，增大颜料表面的亲液性，提高机械研磨效率，润湿分散剂吸附在颜料表面可提供良好的空间位阻效应，使分散体系处于稳定状态。

润湿分散剂的添加量应根据添加剂的种类、颜料种类、颜料本身特性而定；无机颜料一般用低分子量润湿分散剂，有机颜料多使用高分子量润湿分散剂，但需注意，润湿分散剂应与树脂具有良好的相容性，若相容性不好，则润湿分散剂的伸展链是卷缩的，吸附层薄，空间位阻效应差。

（4）消光剂

消光剂是可以使涂膜表面产生粗糙度，造成该表面对入射光形成漫反射，从而降低涂膜光泽度的一种涂料助剂。消光剂的平均粒径越大，涂料消光效果越好；平均粒径越小，涂料透明性越好。在消光剂粒径相同的情况下，材料孔隙率越高，涂料消光效果越好。在选择消光剂时要同时考虑消光、透明与涂膜厚度等因素，在实际应用中，需通过对比试验，选择最符合要求的消光剂。

消光剂具有化学惰性高，不发生反应；对涂膜透明度干扰小；易于分散；消光性能好；在液体涂料中悬浮性好，长时间贮存不会产生硬沉淀等特点。

三、木制品用紫外光固化涂料的成膜机理

紫外光固化涂料固化成膜过程：在其特殊配方的树脂中加入光引发剂，光引发剂吸收紫外光辐射能量而被激活，产生活性自由基，从而引发聚合、交联和接枝反应，其分子外层电子发生跃迁，在极短的时间内生成活性中心，然后活性中心与树脂中的不饱和基团作用，引发光固化树脂和活性稀释剂分子中的双键断开，发生连续聚合反应，从而相互交联成膜，使树脂在数秒内由液态转化为固态。

常见的热化学反应是热能使分子的振动幅度发生改变，不能使电子分布发生变化，分子仍处于基态；而紫外光固化涂料在紫外光的照射下进行的光化学反应是光能引起物质分子中电子分布发生变化，使电子处于激发态。光引发聚合反应主要包括光引发自由基聚合和光引发阳离子聚合。化学动力学研究表明，木制品紫外光固化涂料的主要固化机理是光引发剂受紫外光照射而被激发产生自由基，引发单体和低聚物聚合交联。其主要反应过程可分为三个阶段：光引发阶段→链增长阶段（此阶段随着链增长，体系出现交联而固化成膜）→链终止（链自由基通过偶合或歧化而完成链终止）。用于紫外光固化的光源多为中压或高压汞灯，在电场作用下，呈蒸气态的汞原子经电子撞击电离，在从较高能态跃迁至较低能态过程中释放出光子能量，激发涂层内的光引发剂裂解为游离基，从而引发分子链增长和链间连锁聚合反应，涂层在瞬间达到交联固化。发射的紫外光波长为

200～400nm，实际上除紫外光外，还含有部分可见光和红外光。紫外光化学反应通常包括两个反应过程：第一个是激发过程，即分子吸收光能从基态分子变成激发态分子；然后进入第二个化学反应过程，即激发态分子发生化学反应生成新产物，或经能量转移或电子转移生成活性物，发生化学反应生成新产物（张广仁和艾军，2002）。

　　一般情况下分子处于基态，当分子受光激发时，能量较原子轨道低的成键轨道上的一个内部电子，跳到能量较原子轨道高的反键轨道上，即电子跃迁而进入不稳定的激发态，然后进一步发生离解或其他反应（聂俊和肖鸣，2008），如图 4-1 所示。

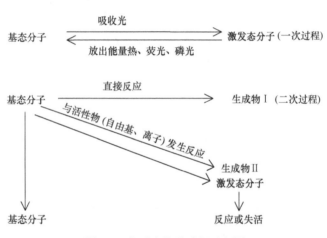

图 4-1　光反应化学过程示意图

　　能量为分子所吸收而使外层电子由基态跃迁到激发态，即：

$$\Delta E = h\nu \text{ 或 } \Delta E = hc/\lambda$$

式中，ΔE 为分子激发态和基态的能级差，单位为 J；h 为普朗克常数，其值为 6.626×10^{-34} J·s；ν 为光的频率，单位为 Hz；c 为光速，其值为 3×10^8 m/s；λ 为光的波长，单位为 nm。

　　有机分子通常由 σ 键和 π 键组成，在形成 σ 键和 π 键的同时也形成了 σ 反键和 π 反键即 σ*键和 π*键，此外，还有未成键的 n 轨道。n 轨道的能量较成键轨道高，较反键轨道低。在可能存在的 5 种电子跃迁中，n-π*和 π-π*跃迁能量较低，属一般光源辐射能量范围之内，而 n-σ、π-σ*和 σ-σ*跃迁能量均较高，一般光源难以激发。进入激发态的分子常常具有光吸收单元，即发色团，如 C=C、C=O 和芳香基团等。因此，光固化涂料分子中一定有光吸收单元的存在，这是发生光化学反应的必要条件。

　　光固化是指感光性高分子体系在光的作用下从液态变为固态，以及固态感光性高分子受光作用由可溶变成不可溶的聚合物的过程。木制品紫外光固化涂料通常是从液体树脂变成固态干膜，因而其所经历的光化学过程基本上是链式聚合反应，通过光引发聚合反应，使体系的分子量增加，并形成交联网络，从而变成固态干膜。光引发聚合反应主要包括光引发自由基聚合、光引发阳离子聚合，其中光引发自由基聚合占大多数。

光引发自由基聚合反应包括引发、链增长、链转移和链终止过程。其引发机理是利用光引发剂的光解反应得到活性自由基，具体过程如下（魏杰和金养智，2013）。

1）引发

$$PI \xrightarrow{h\nu} PI^*$$

$$PI^* \xrightarrow{k_d} R_1\cdot + R_2\cdot$$

$$R_1\cdot + M \xrightarrow{k_i} R_1 - M^*$$

2）链增长

$$R_1 - M^* \xrightarrow{k_p} R_1 - MM\cdot$$

$$R_1 - MM\cdot + n'M \xrightarrow{k_p} R_1 - M_n\cdot$$

3）链转移

$$R_1 - M_n\cdot + R_3 - H \xrightarrow{k_p} R_1 - M_n - H + R_3\cdot$$

4）链终止

$$R_3\cdot + M \xrightarrow{K_{i'}} R_3 - M\cdot$$

$$R_1 - M_n\cdot + R_1 - M_i\cdot \xrightarrow{k_{tr}} R_1 - M_{n+i} - R_1$$

$$R_1 - M_n\cdot + R_2\cdot \xrightarrow{k_{tr'}} R_1 - M_{n+i} - R_1$$

$$R_1 - M_n\cdot + R_1 - M_i\cdot \xrightarrow{K_{td}} R_1 - M'_n + R_1 - M'_i$$

光引发剂（PI）在光照下接受光能从基态变为激发态（PI*），进而分解成自由基。自由基与单体（M）的碳碳双键结合，并在此基础上进行链式增长，使 C=C 键发生聚合，其伴随着增长链上的自由基而转移和终止。

自由基光固化的固化速度快，原料价格相对低廉。但在配方设计中必须解决自由基光固化体系易产生的收缩大、氧阻聚等问题。常见的裂解型光引发自由基聚合是光引发剂分子吸收光能后跃迁至激发单线态，经系间窜跃到激发三线态，在其激发单线态或激发三线态时，分子结构呈不稳定状态，其中的弱键会发生断裂，产生初级活性自由基；夺氢型光引发自由基聚合是光引发剂分子吸收光能后，激发态的光引发剂分子从活性单体、低分子预聚物等氢原子给予体上夺取氢原子，使其成为活性自由基。

四、木制品用紫外光固化涂料的生产技术

紫外光固化涂料制备要比普通油漆简便，类似于清漆制造，不需要三辊筒研磨，主要是一个混合过程。即使是实色 UV 漆，也由于采用的是透明染料而非颜料，制备相对方便。紫外光固化涂料制备通常按低聚物、稀释剂、引发剂、助剂的顺序，在搅拌罐中边加入边搅拌，混合均匀即可。需要注意的是，紫外光固化涂料最忌紫外线，不宜存放在阳光直射的环境下；贮存温度一般为 16～28℃，温度过高易引起涂料自聚，温度过低则会使各组分分离。木制品紫外光固化涂料按漆膜功能性作用，主要分为木制品 UV 腻子、木制品 UV 底漆、木制品 UV 面漆和木制品特种 UV 涂料等。本章将重点介绍几种木制品紫外光固化涂料的制备和应用。

1. 木制品 UV 腻子

木制品 UV 腻子通常用于表面孔隙多、平滑度较差的木材，以及刨花板、纤维板等人造板材，其作用是填充基材孔隙及微细缺陷，密封基材表面，使涂料不会渗入木材微孔而导致表面不平整，减少了涂料的浪费，提高了产品表面涂装质量。使用木制品 UV 腻子时，先用砂光机或砂光设备对基材表面进行砂磨清洁，然后采用腻子机辊涂一层腻子后，经 UV 固化，再用砂纸或砂光机对材料表面进行打磨，而后进行 UV 底漆和面漆涂装工艺。

木制品 UV 腻子一般黏度较大，分为重型腻子和轻型腻子。早期的腻子多为重型腻子，主要考虑填充性，腻子的循环流动性比较差，现代化生产则以机械连续化生产的轻型腻子为主。木制品 UV 腻子除了含有低聚物、活性稀释剂、光引发剂等基本组成成分外，还有较高比例的无机填料。目前，市场上主要采用环氧丙烯酸酯低聚物，其性价比高，有时添加一些特殊的聚氨酯共聚丙烯酸酯以提高腻子在不同基材表面的附着力。活性稀释剂一般采用常规的三羟甲基丙烷三丙烯酸酯（TMPTA）、二缩三丙二醇二丙烯酸酯（TPGDA）等，这些活性稀释剂各项性能良好。光引发剂以 1173、184 等高效引发剂为主，对于少数含有二氧化钛的有色腻子，则需要用 TPO 或 819 类深层固化引发剂以保证腻子底层的完全固化。考虑到某些特殊需要，应加入不同的填料，该填料需对固化速度影响小、易打磨且填充性好。木制品 UV 腻子中常用的无机填料有滑石粉、透明粉、重质和轻质碳酸钙、重晶石粉、云母粉等。由于木制品 UV 腻子中通常含有大量无机填料（超过 30%），可产生不同程度的折射和反射，在一定程度上降低了 UV 的有效吸收，从而降低了固化速度。因此，在实际木制品 UV 腻子制备过程中，应选择合适的

光引发体系，确保固化完全。

表 4-8 为典型的木制品 UV 腻子配方（周烨，2017）。

表 4-8　木制品 UV 透明腻子配方

序号	成分	质量分数/%	用途
	A 组分　800～1000r/min 分散 10min		
1	低聚物	45	提供漆膜理化性能
2	活性稀释剂	20	调整黏度和漆膜性能
3	消泡剂	0.1	减少生产过程中产生的气泡
4	润湿分散剂	0.5	增加填料的亲液性和润湿性
	B 组分　800～1000r/min 分散 10min		
5	防沉剂	0.3	防止贮存填料沉淀
	C 组分　1000～1500r/min 分散 30min		
6	填料	30	提供填充性
	D 组分　800～1000r/min 分散 10min		
7	光引发剂	4	光引发进行紫外光反应
8	润湿剂	0.1	提高基材润湿性能

2. 木制品 UV 底漆

木制品 UV 底漆与 UV 腻子的使用场合和作用不同，木制品 UV 腻子常用于表面平整、光滑度较差的木材，而 UV 底漆则用于表面较为光滑平整的木材或人造板。UV 底漆与 UV 腻子相比所含无机填料较少，黏度较小。涂覆一层 UV 底漆后，小黏度的涂料可向木材细小开孔渗透，通过膜层的折射效果保留并强化木纹和孔粒结构的自然美感，紫外光照射固化后，经砂纸机械打磨，再用 UV 面漆罩光固化，获得平整、光滑、饱满的罩光效果。UV 底漆中所添加的无机填料与 UV 腻子中所加填料的品种和作用基本相同。UV 底漆中有时加入少量硬脂酸锌，起润滑作用，在打磨涂层表面时还可防止过多"白雾"产生。需注意硬脂酸的很多金属盐可产生较弱的亚光效果，所以选用无机填料时应考虑填料的折射率，折射率高的填料在紫外光入射湿膜时会发生多次折射及反射，填料妨碍光线直接穿透膜层，影响固化性能（魏杰和金养智，2013）。

表 4-9 中的环氧丙烯酸酯具有较好的固化速度、涂层性能和附着性能等；聚酯丙烯酸酯可改善固化膜的韧性和耐冲击性，对提高漆膜附着力有益。硬脂酸锌为半溶性粉体，浮于固化膜表层，打磨时起润滑作用，避免涂层产生较大损伤，也有较弱的亚光效果，该配方固化膜 60°折射率为 85%，属半光表面。而不含硬脂酸锌的配方几乎能够获得 100%的高光效果。表 4-9 的配方中因使用了较多的 TPGDA 活性稀释剂，涂料黏度较小，20℃时只有 400～500mPa·s，便于涂料向木材的微孔渗透，使固化后涂层与木质纤维的有效接触面积增大，附着力提高。

表 4-9　木制品 UV 底漆参考配方

原料名称	质量分数/%
Darocur 1173 或 Irgacure 184	1.5
二苯甲酮	5.0
叔胺	4.0
双酚 A 环氧丙烯酸酯（含 20%TPGDA）	33.5
聚酯丙烯酸酯	15.0
TPGDA	40.0
硬脂酸锌	0.5
流平剂	0.5

3. 木制品 UV 面漆

木制品 UV 面漆与木制品 UV 腻子、木制品 UV 底漆在成分上的主要区别在于，前者不含无机填料，如果要获得亚光或磨砂效果，也可以适当添加硅粉类消光剂。木制品 UV 面漆广泛用于天然木材或装饰薄木表面饰面，形成高光泽封闭效果。根据不同的用途可配制不同的木制品 UV 面漆，包括高光泽度与消光型涂料，有色和无色涂料，辊涂、淋涂、喷涂涂料，木家具、硬木地板或软木制品涂料等。一般较难配制使漆面完全无光的木制品 UV 面漆，常选粒径 25μm 的 SiO$_2$ 用作消光剂，也可以利用组合加工技术调节光泽度，一种是将电子束固化和 UV 固化组合使用，使涂层表面产生极细微皱褶而达到低光泽度的效果；另一种是采用不同类型 UV 光源进行双重固化，先用低压紫外线灯照射，再用高压汞灯二次固化，达到低光泽度的表面效果。

表 4-10～表 4-15 为不同涂装方法与涂装效果的木制品 UV 面漆配方。

表 4-10　木制品 UV 面漆参考配方 1（展辰新材料集团股份有限公司，辊涂）

原料名称	质量分数/%
二苯甲酮	3.0
N-甲基二乙醇胺	3.0
环氧丙烯酸酯	30.0
聚酯丙烯酸酯	30.0
TPGDA	24.0
N-乙烯基吡咯烷酮（NVP）	10.0

表 4-11　木制品 UV 面漆参考配方 2（低光泽度，淋涂）

原料名称	质量分数/%
Irgacure 651	2.0
二苯甲酮	3.0
N-甲基二乙醇胺	3.0
环氧丙烯酸酯	57.0
TPGDA	24.0
SiO$_2$ 消光剂	11.0

表 4-12 木制品 UV 面漆参考配方 3（木材清漆）

序号	成分	用量/g	原料名称
1	光固化聚氨酯分散体	100.0	Ucecoat DW 7770
2	消光剂	1.5	Acematt TS 100
3	蜡乳液	1.0	Aquamat 216
4	流平剂	0.5	BYK346
5	光引发剂	1.5	Irgacure 2959

工艺：按配方比例混合均匀，喷涂黏度（涂-4 杯）18～20s，淋涂黏度 10～15s
黏度调整：用增稠剂提高黏度或用水稀释降低黏度
施工方法：喷涂或淋涂。施工条件：水分闪蒸，30s/120℃；UV 固化：80W，5m/min
产品特性：干燥快，光固化前可达到不粘，光固化后涂膜的耐磨性、耐污渍性和耐化学药品性好，对木材的附着力相对较强，适用于工厂化地板或家具的表面涂装

表 4-13 木制品 UV 面漆参考配方 4（50%光泽木材涂层）

原料名称	质量分数/%
Darocur 1173	2.00
低黏度环氧丙烯酸酯	12.00
TPGDA	33.00
TMPTA	32.50
EO(EO)EA	7.00
SiO_2 消光剂	12.00
润湿剂	1.00
流平剂	0.50

表 4-14 木制品 UV 面漆参考配方 5（10%光泽木材涂层）

原料名称	质量分数/%
Darocur 1173	2.00
低黏度环氧丙烯酸酯	12.00
烷氧化脂肪族二丙烯酸酯	37.00
$TMP(EO)_6 TA$	28.50
EO(EO)EA	7.00
SiO_2 消光剂	12.00
润湿剂	1.00
流平剂	0.50

表 4-15 木制品 UV 面漆参考配方 6（耐磨面漆，淋涂或喷涂）

原料名称	质量分数/%
光引发剂	7.00
聚酯丙烯酸酯	45.00
脂肪族聚氨酯六丙烯酸酯	10.00
HDDA	15.00
TPGDA	10.00
耐磨粉	10.00
流平剂	0.10
润湿剂等	2.90

第二节 木制品用环保水性涂料

水性涂料以水作为溶剂或分散介质，主要成膜物质为水性树脂。一般来说，水性树脂分为溶于水和不溶于水两种，前者制成的水性涂料称为水溶型涂料，后者则以微粒状均匀分散在水中，所制成的水性涂料呈浑浊状态，通常不能用于家具表面涂装（常晓雅等，2016；朱庆红，2003；马洪芳和刘志宝，2001）。水性涂料起源于国外，由于其有机挥发物排放的优势，在环保要求非常严格的国外市场具有重要的地位。在欧美发达国家，木制品水性涂料使用的比例逐年增加，特别是在英国和德国，水性涂料在整个市场行业内占据 70%～80%的份额。国内对木制品水性涂料的研究自 20 世纪 90 年代以来逐步开展，特别是近两年国家对环保法规不断推进，木制品水性涂料逐渐成为木制品行业发展和科技转型研究的热点（李幕英等，2013）。

一、木制品用水性涂料的性能

1. 水性涂料的优点

水性涂料完全以水作为溶剂或分散剂，挥发过程中以水蒸气的形式进入空气，无毒无味，无甲苯、二甲苯等有害物质，不挥发有毒有害有机挥发物，无环境污染，施工卫生条件好；不同于溶剂型涂料的有机溶剂大部分来源于石油资源，资源消耗量大，木制品水性涂料只有树脂和部分助剂来源于石油，价格低廉，净化容易，可节约有机溶剂资源，减少了石油资源的应用，符合可持续发展要求；施工方便，涂料黏度大，可用水稀释，且由于水的潜热较大，挥发较慢，短期不会在容器内硬化，可长时间施工；施工工具、设备、容器等均可用水清洗，整个制备和应用过程的环保性能好；木制品水性涂料以水作为稀释剂，具有防火、防爆等特点，在运输和贮存过程中更为安全；溶剂型涂料的固化剂中含有甲苯二异氰酸酯（TDI），因此漆膜表面容易变黄，而木制品水性涂料性能稳定（常晓雅等，2016）。

2. 水性涂料的缺点

水性涂料中的水分容易被木材吸收而导致导管膨胀，出现"涨筋"现象，影响产品外观并有粗糙感，实际施工中，需采用适当的涂料、设备和砂光相结合的处理方法，使其表面涂装达到一个可接受的效果；抗粘连性相对低于溶剂型涂料（应稷青和方立顺，2004）。

3. 水性涂料和溶剂型涂料的差异

溶剂型涂料是以高分子成膜物质溶于有机溶剂介质中形成的均一体系，其综合性能相对较好，包含单组分和双组分溶剂型涂料，其室温干燥快，成膜性能好，对基材润湿附着力好，具有较好的耐磨性、耐溶剂性、耐水解性、抗粘连性、耐污渍性、柔韧性和耐冲击性等物理和化学性能。一般而言，其漆膜有较高的光泽度和丰满度，若要制成亚光漆，则溶剂型涂料的消光难度相对较大，消光粉用量多。溶剂型涂料的干燥主要是有机溶剂挥发和溶剂在聚合物分子中扩散的过程，即使在低温高湿的环境下也能成膜固化，所以溶剂型涂料不用考虑最低成膜温度（minimum filming temperature，MFT）。溶剂型涂料的干燥成膜是一个可逆过程。在这个过程中漆膜可以被再溶解，并且溶剂分子很容易通过漆膜发生渗透和扩散（朱万章和刘学英，2009）。

不同于溶剂型涂料，水性涂料是成膜物质以小颗粒形态分散在作为介质的水中构成的体系。小颗粒由许多聚合物分子聚集而成，成膜物质的分子量可高达数万道尔顿，远远高于溶剂型涂料中成膜物质的分子量，它们与水构成两相体系，微观上是非均相的、非分子级的。单组分水性涂料与溶剂型聚氨酯涂料相比，其对基材的润湿性、干燥速度、硬度、耐水解性、耐溶剂性及抗粘连性等都略有差异。但其最明显的优点在于其挥发性有机化合物（VOC）含量远低于溶剂型涂料。双组分水性涂料性能比单组分水性涂料更优，特别是在耐溶剂性、耐化学药品性、硬度和抗粘连性等方面都有较大的提高，有些甚至接近溶剂型涂料的水平。水性涂料的成膜是一个非均相、非分子级的不可逆过程，经历了乳液粒子的聚集、压缩和融合聚结阶段，为了形成高质量的膜，往往要借助于成膜助剂将粒子融合均匀，这个过程远不如溶剂型涂料靠溶剂挥发成膜好，因此水性涂料的成膜质量不如溶剂型涂料。加之水性涂料的成膜物质亲水性强，所以膜的耐水解性、耐溶剂性及其他性能常常不及溶剂型涂料。鉴于水性涂料的分散介质是水，水的固有性质使得水性涂料的制造与施工有一定难度。以水为介质的水性涂料的最大优点表现在，其不燃烧，更无爆炸的危险，无毒或低毒，VOC含量少甚至可做到零VOC，因而不会对人类和生态环境造成危害。水性涂料是环境友好型涂料，符合当今世界发展的潮流（朱万章和刘学英，2009）。

二、木制品用水性涂料的成膜机理

水乳型水性涂料的成膜经历了水分挥发、乳液粒子聚集、粒子压缩、在成膜助剂作用下融合聚结、最终形成漆膜的过程（朱万章，2004）。乳液粒子在成膜过程中经过压缩、融合阶段，形成蜂窝状六边形结构。可见成膜需要多个阶段，并且在微观上是非分子级的。任何阶段都有可能存在反应不充分、不完全等现象，特别是最后阶段，乳液粒子借助于成膜助剂形成均匀的连续相是水性涂料最终性能的根本保证（胡金生等，1987；何庆迪等，2006）。

1. 单组分水性涂料成膜机理

单组分水性涂料成膜过程为：水挥发，水分减少→离散的聚合物乳液粒子互相聚集，排列紧密→在毛细管压力和表面张力作用下挤压变形→在成膜助剂作用下相互聚结融合、扩散→最终形成漆膜，如图 4-2 所示。粒子堆积成膜是单组分水性涂料的重要特征。

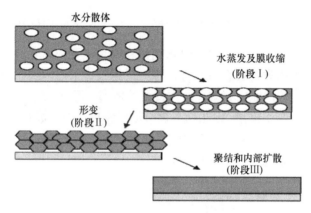

图 4-2 单组分水性涂料成膜过程

2. 双组分水性涂料成膜机理

双组分水性涂料是含羟基（—OH）基团的主剂组分和含异氰酸酯基（—NCO）基团的固化剂组分按一定比例混合后交联成膜的可用水稀释的涂料，相对于单组分水性涂料，其具有硬度高、光泽度高、耐化学药品性能优等优点。双组分水性涂料能有效弥补单组分水性涂料的性能缺点，如在单组分水性涂料的施工过程中经常会遇到漆膜硬度不高、光泽度不高、耐化学药品性能不好等问题。

双组分水性涂料包含两个组分，一者为含—OH 基团的水性羟基丙烯酸树脂或水性聚氨酯树脂，另一者为含—NCO 基团的水可分散或水可稀释的多异氰酸酯聚合物。两个组分混合后—OH 基团和—NCO 基团进行交联反应，生成分子量很大的聚氨酯甲酸酯聚合物，即水性漆膜。在双组分水性涂料的成膜过程中，要发生如下几种化学反应：首先是—OH 与—NCO 之间的反应，这也是该涂料最主要的反应方式；其次是—NCO 与水之间的反应，其是副反应，会放出 CO_2 气体造成漆膜起泡，因为水性涂料的主要溶剂是水，所以漆膜起泡几乎是无法避免的；再次是—NCO 与—COOH 基团的反应，该反应会放出 CO_2 气体，造成漆膜起泡；最后是内烯酸乳液或聚氨酯乳液的自交联或物理干燥成膜反应。

双组分水性涂料的—NCO、—OH 比例通常为 1～1.5：1，过大或过小的比例都是不利的。过多的—NCO（也就是固化剂）会使涂料的使用期缩短，成本增加；而太小的比例也达不到理想的理化性能。理论上—NCO、—OH 比例为 1：1 时，两基团刚好能完全反应，漆膜性能与溶剂型 PU 涂料相当。但实际上水和其他的羟基还要消耗掉一部分—NCO，所以一般要增大—NCO 与—OH 的比例为 1.2～1.5：1（朱万章和刘学英，2009）。

双组分水性涂料的反应机理如下。

$$R—NCO + R'OH \longrightarrow R'O—\overset{\displaystyle O}{\underset{\displaystyle \|}{C}}—\overset{\displaystyle H}{N}—R + CH_3CH_2OH$$

对于以水为介质的非均相聚合物水性涂料来说，要依靠乳液粒子变形融合而成膜，聚合物粒子越软，融合就越好，漆膜就越致密，但木制品涂料为了满足涂膜硬度、耐污渍性等性能的要求，通常树脂的玻璃化温度（T_g）设计得都比较高，最低成膜温度常常高于室温，因此为了调节涂膜物理性能和成膜性能之间的平衡，需要添加使高聚物粒子软化的成膜助剂，除此之外，水性体系还可添加流平剂以改善水性涂料的成膜性（巴顿，1988）。

三、木制品用水性涂料的种类

1. 水性聚氨酯涂料

水性聚氨酯涂料（WPUD）是目前市场上比较多的一类产品，目前商品化的聚氨酯树脂分为阴离子型、阳离子型及非离子型三大类型，最常见的是阴离子型。该类树脂靠树脂高分子中的亲水基团而分散在水中，其外观一般为半透明或微透明状，具有良好的硬度、柔韧性、附着力、耐冲击性、耐磨性等物理机械性能，采用异佛尔酮二异氰酸酯（IPDI）或六亚甲基二异氰酸酯（HDI）合成的树脂还具有优异的耐候性。但由于成膜过程没有交联或很少有交联，耐水解性和耐溶剂性稍差。水性聚氨酯涂料的综合性能相对优异，比较适合家庭装修。鉴于异氰酸酯和多元醇种类的多样性，得到的聚氨酯可以是从软到硬、从脆到韧、从高弹性到有一定刚性的各种形态的产品。根据制备聚氨酯所用的异氰酸酯类型，聚氨酯乳液和相应的漆可分为脂肪族型和芳香族型两大类。脂肪族的漆膜有优异的耐候性和耐黄变性，可用作户外装饰涂料；芳香族水性聚氨酯多用作室内装饰漆（张建新，2014）。

合成水性聚氨酯的过程中必须引入亲水基团或亲水链段。最常见的亲水基团是阴离子的羧酸基和磺酸基，大分子主链和侧链上也可以有季铵离子类的阳离子基团，还可以引入非离子的聚氧乙烯长链段和亲水基团羟甲基。按聚合得到的粒子大小有聚氨酯乳液和聚氨酯分散体（PUD）两类，后者通常有纳米级的粒径，外观半透明甚至完全透明，是目前最好的水性涂料基料之一，有人将其特别称为纳米乳液，以区别于外观呈白色的普通乳液。

就产品成品而言，木制品水性聚氨酯涂料有单包装和双包装两种。单包装水性聚氨酯为热塑性树脂，树脂分子量较高，涂料施工方便，成膜时不发生交联，涂膜性能较差，可通过交联或树脂复合改性来提高涂料性能；双包装水性聚氨酯涂料的 A 组分为低黏度、水可分散的多—NCO 交联剂，B 组分为含羟基的水性树脂，施工时二者混合均匀成为水分散涂料，涂膜水挥发后发生交联反应，交联膜性能良好。为了赋予 A 组分在水中的可分散能力，一般采用离子型、非离子型或二者结合的亲水组分作为内乳化剂，结果使固化剂的官能度降低，体系的亲水性增加，并在成膜时有较多的—NCO 与水反应，产生较多的气孔，最终降低涂膜的耐水解性。水性聚氨酯的 B 组分早先采用粒径为 $0.08\sim0.5\mu m$ 的乳液型羟基树脂，如乳液型羟基丙烯酸树脂。其特点为涂膜在室温下干燥快、成本低，但存在乳液的分散能力差、涂膜外观不理想等缺点。胶束分散型羟基树脂（粒径＜$0.08\mu m$）为第二代水性羟基树脂，品种有聚酯多羟基树脂、丙烯酸多羟基树脂和聚氨酯多羟基树脂等。

聚氨酯的耐水解性差，可用丙烯酸树脂接枝到聚酯分子链上制备聚氨酯共聚丙烯酸复合型分散多羟基树脂，提高酯链的耐水解性。水性聚氨酯成膜后具有优异的柔韧性，常常与相对刚性的丙烯酸乳液掺混制漆，得到的水性涂料兼具二者的优点，特别表现为可在较低的温度下成膜，且有较好的漆膜硬度。制备聚氨酯共聚丙烯酸酯水性涂料更好的方法是在制备聚氨酯分散体的过程中引入丙烯酸单体，制成聚丙烯酸酯为核、聚氨酯为壳的核壳结构粒子。这种聚氨酯共聚丙烯酸酯（PUA）分散体被认为是第四代聚氨酯分散体，其性能比丙烯酸乳液和聚氨酯分散体的掺混物更好，主要表现为配漆更稳定、低温成膜性更优、不返黏、硬度高、柔韧性好、附着力好等，得到了广泛应用。

2. 水性醇酸涂料

水性醇酸涂料（WAK）以水性醇酸树脂为主要成膜物质，主要包括水溶型醇酸涂料和乳液型醇酸涂料两种。通常在用传统方法制备醇酸树脂的过程中引入水溶性基团的组分就可以得到水溶性醇酸树脂。水性醇酸涂料的成膜机理与传统的溶剂型醇酸涂料相同，都是通过其组分中的不饱和脂肪酸氧化固化成膜。植物油经醇解后再与酸酐反应生成醇酸树脂，加大亲水基团的含量可制成水溶性或可水分散的树脂，水溶性醇酸涂料外观相当透明，但有颜色，而乳液型醇酸涂料呈棕黄色不透明状。醇酸树脂分子中的不饱和键是漆膜具有优良性能的基本保证。与溶剂型醇酸涂料一样，水性醇酸涂料可以通过油度长短来调节涂层的性能，油度短，漆膜干燥快、光泽度高、硬度大；油度长，漆膜的柔韧性好、耐冲击性好。醇酸树脂在木材上有良好的渗透性，特别适用于制造水性着色剂。水性醇酸涂料的另一大优点是可以利用空气中的氧气交联固化，所以漆膜的耐溶剂性大大优于其他单组分水性涂料。丙烯酸改性水性醇酸是在醇酸合成时在分子中接入丙烯酸单体，改性后的醇酸树脂保光性得到了显著提高。水性醇酸涂料的缺点是涂膜干燥速度慢、保光性和耐水解性差、硬度低，需要额外添加催干剂才能很好地干燥成膜。该类水性涂料由于硬度低、干性差，仅在一些户外 DIY（do it yourself，自己动手做）木制品中见到（刘持军，2012；弋天宝，2011）。

3. 水性丙烯酸酯涂料

水性丙烯酸酯涂料（WPA）以丙烯酸树脂作为主要成膜物质，适合作打磨底漆、亚光面漆或水性染色剂载体和要求不高的装饰性涂层，因其价格便宜、性能比较好而广受欢迎（文秀芳等，2004）。水性丙烯酸酯涂料具有一定的"呼吸性"，适合用作木制品涂料。水性丙烯酸酯涂料是热塑性涂料，存在成膜性差，漆膜耐磨性、耐化学药品性、丰满度和综合性能均一般，不耐溶剂及热黏冷脆等缺点和不足。由于该类产品的主要成膜物质是丙烯酸树脂，该类树脂成膜温度相对比较高，一般都需要添加成膜助剂才能在较低的温度下成膜，因此其 VOC 含量会受到一定的限制；且由于丙烯酸树脂是玻璃化温度相对较高的树脂，漆膜会相对较脆，柔韧性和耐冲击性会相对稍差。目前有大量关于水性丙烯酸酯涂料性能改性的研究。吴蔚等（2008）采用环氧脂肪酸酯对水性丙烯酸酯进行改性，随着环氧脂肪酸酯的引入，原有树脂涂膜的硬度、拉伸强度等机械性能得到了明显改善。Tonisvorst（2004）采用乳液聚合方法，将丙烯酸酯、丙烯酸和甲基丙烯酸全氟烷基酯进行共聚，合成了防水防油性能良好的含氟丙烯酸酯共聚物乳液。现代乳液型丙烯酸酯涂料通过改性，其性能提高了，主要是在丙烯酸树脂中引入可交联的基团，如氨基、乙酰乙氧基、双丙酮基等，赋予涂料自交联或可交联性，通过交联来提高涂膜的聚合物形态、耐高低温性能及耐化学药品性能。

4. 水性聚氨酯丙烯酸酯涂料

水性聚氨酯丙烯酸酯涂料（WPUA）是以丙烯酸和聚氨酯的合成物为主要成膜物质制备的木制品水性涂料。聚氨酯树脂具有突出的附着力、耐磨性及耐化学药品性，而丙烯酸树脂则具有优异的耐候性和较好的颜料润湿性，通过两者的有机结合，水性聚氨酯丙烯酸酯涂料可以兼具聚氨酯树脂和丙烯酸树脂的优良特性，是目前市场上很受欢迎的水性涂料（赵永生和朱万章，2004）。但是，聚氨酯树脂和丙烯酸树脂若简单采用物理共混方法进行水性聚氨酯丙烯酸酯涂料的制备，其漆膜性能改善并不显著。因此，20 世纪 80 年代末，有研究者利用核-壳聚合技术将丙烯酸接枝到芳香族聚氨酯链上合成了一种新的水性聚合物——丙烯酸-聚氨酯共聚树脂，其漆膜的机械性能超出共混体系而接近聚氨酯，且成本适中，市场应用性强。许海燕等（2012）利用氟的疏水性对水性羟基丙烯酸进行改性，将一系列合成的氟含量不同的水性羟基丙烯酸树脂与亲水性异氰酸酯固化剂及助剂混合，制成了水性聚氨酯丙烯酸酯涂料，其涂膜的耐水解性、耐溶剂性均有明显提升。也有采用植物油等改性提高涂膜性能的，如宗奕珊（2014）分别使用蓖麻油和环氧丙烯酸酯对聚氨酯丙烯酸酯复合乳液进行了改性，发现引入蓖麻油可增强复合乳液的热稳定性，而引入环氧丙烯酸酯则可提高涂膜的耐水解性、附着力、耐磨性等力学性能。行业专家和学者一直重视水性聚氨酯丙烯酸酯涂料研究的广度和深度，如有机硅氧烷改性、氟化物改性等，这些研究将推动该产品向更成熟、更适应工业化生产、表面性能更优的方向发展。

四、木制品用水性涂料的组成与典型配方

1. 木制品用水性涂料的组成

木制品水性涂料是指水作为分散介质、用于木质基材表面、起装饰与保护作用的涂料（李兴明，2004；程能林，2002）。木制品水性涂料由四大部分构成，分别是成膜物质（水性树脂、水性固化剂）、溶剂（成膜助剂、慢干剂、水）、颜料或填料（钛白粉、滑石粉、碳酸钙、消光粉等）和助剂（消泡剂、流平剂、基材润湿剂、pH 调节剂、杀菌防腐剂、分散剂、交联剂、增稠剂、流变剂等）。

成膜物质主要是水性树脂。成膜助剂一般是高沸点的醇醚类溶剂（沸点高于或远高于 100℃）；水挥发后，成膜助剂可使乳液或分散体微粒形成均匀致密的膜，并能改善低温条件下的成膜性（朱万章，2007）。抑泡剂和消泡剂主要抑制生产过程中漆液中产生的气泡，并使已产生的气泡逸出液面并破泡，水性涂料缩孔、走油很多是由消泡剂分散不到位引起的。流平剂用于改善涂料的施工性能，使涂层平整、光洁，并提高漆膜的表面滑爽性。基材润湿剂可提高涂料对基材的润湿性能，改进流平性，增加漆膜对基材的附着力。正常水的表面张力约为 72mN/m（25℃），而一般溶剂的表面张力为 20～30mN/m，所以水性涂料润湿性比溶剂型涂料要差，这就是水性涂料越稀越容易缩边的原因。遮味剂可使涂料具有令人愉快的气味。分散剂用于促进颜填料在涂料中的分散，阻止粉料沉底及调色漆产生浮色、发花、消色等问题。流变剂为涂料提供良好的流动性和流平性，改善涂料的抗立面施工、抗流挂性能。防腐剂用于防止涂料在贮存过程中霉变、发臭。填料主要在腻子、底漆和实色漆中应用，增加涂料的填充性、打磨性和遮盖力。pH 调节剂用于调整涂料的 pH，使涂料稳定，一般水性涂料的 pH 在 7～9 时最稳定。蜡乳液或蜡粉用于提高漆膜的抗划伤性和改善其手感，并提升其抗回粘性能，有助于施工。增稠剂用来提高涂料的黏度，提高一次涂装的湿膜厚度，并且使实色

漆有防沉淀和分层的作用。着色剂主要是针对色漆而言的，可使水性涂料产生所需颜色，着色剂包括颜料（色浆）和染料（色精）两大类，颜料用于实色漆（不显露木纹的涂装），染料用于透明色漆。

另外，根据产品特殊要求还需添加特殊助剂，如防锈剂（铁罐包装防止过早生锈）、增硬剂（提高漆膜硬度）、消光剂（降低光泽度）、抗划伤剂、增滑剂（改善漆膜手感）、抗粘连剂、交联剂（制成双组分漆，提高综合性能）、紫外线吸收剂（抗老化、防止黄变等）。此外，还要添加少量的去离子水（朱万章，2007，2003；Bouvy，2005；Huang and Waldman，2000）。

2. 木制品用水性涂料的典型配方

（1）木制品水性基材封固漆

木制品水性基材封固漆主要起基材封闭作用，故需要具备很好的渗透性。水性树脂配以其他助剂，得到基材封固底漆（朱万章和刘学英，2002）。配方见表4-16。首选耐水解性好、粒径小、经特殊改性的水性树脂，如帝斯曼（DSM）的NeoCryl XK-350；各种助剂使涂料具有较低的黏度，以利于涂料渗透进入基材毛细管，从而获得优异的封闭性。

基材封固底漆封闭效果的好坏与水性树脂有直接关系，若水性树脂本身的性能差，即使使用了较好的助剂，也很难提高封闭效果，性能不能满足要求。水性树脂的选择基于以下原则：①粒径越小越好，最好是纳米级；②经特殊改性；③耐水解性要好；④玻璃化温度适当。

（2）基材着色漆

基材着色漆（表4-17）可使基材整体着色均匀，对颜料/色精的相容性要求很高，且要求涂料干燥速度要快，树脂各项性能良好，帝斯曼（DSM）的 NeoCryl BT-24是常用树脂之一（高建东，2003）。

表 4-16　基材封固底漆的配方

成分	用量/g	用途
水性丙烯酸酯	76.5	渗入基材提供封闭性
去离子水	15.0	稀释作用
成膜助剂	6.0	提供成膜性能
润湿剂	0.5	提供基材润湿性
流平剂	0.5	提供流平性
消泡剂	0.5	减少或降低生产或施工过程中所产生的气泡
增稠剂	1.0	防止沉降，防流挂

（3）格丽斯

擦拭格丽斯是仿古涂装中重要的一个环节，可使木材样色有层次感（蔡炎儒，

2007；伍忠岳等，2006）。水性树脂可选用 DSM 的 NeoCryl BT-24，格丽斯配方见表 4-18。

表 4-17 基材着色漆的配方

成分	用量/g	用途
水性丙烯酸酯	10~20	提供固色作用
去离子水	20.0	稀释作用
成膜助剂	2.0	提供成膜性能
润湿剂	0.5	提供基材润湿性
乙醇	60	提供流平性、润湿性和快干性
色浆或色精	适量	调整颜色

表 4-18 格丽斯配方

成分	用量/g	用途
水性丙烯酸酯	40~50	提供固色颜料的润湿性和可擦拭性
去离子水	30~40	稀释作用
成膜助剂	3.0	提供成膜性能
润湿剂	0.5	提供基材润湿性
慢干剂	5~8	提供可擦拭性
增稠剂	1.0	防沉降，防流挂

（4）底漆

木制品水性底漆的打磨性是很难与溶剂型涂料相抗衡的，这是由木制品水性底漆的配方决定的。所以，必须另外寻求打磨助剂来改善，通常用的打磨助剂是硬脂酸锌粉体或浆料物质。从生产工艺方面来考虑，建议添加硬脂酸锌浆料，这有利于分散且方便操作，一般添加量为涂料总量的 2%~5%，当然，还要考虑体系的透明度、附着力、重涂性及应用的基材等。

木制品水性底漆的配方见表 4-19。其中苯丙乳液的玻璃化温度为 40~50℃。高玻璃化温度的树脂硬度高、耐水解性好。但是高玻璃化温度树脂的成膜温度高，常温下无法成膜，必须加入较多的成膜助剂。填料可以提高一次性涂膜的厚度和打磨性能，是高固含量、木制品高透明水性底漆的重要成分。流平剂能促使涂料在干燥成膜过程中形成一层平整、光滑、均匀的膜，而且能很有效地提高涂膜的抗刮耐磨性。根据生产线的施工和干燥条件，可以通过配方调整（表 4-19），达到快干、易打磨和下线即可堆叠的性能与生产要求。

（5）修色漆

为保证水性涂膜外观能达到最终色板的要求，在上面漆之前还需上一道修色漆。修色漆要求能溶于乙醇、可保持清澈的外观、有长久的贮存稳定性。常用的水性树脂有 DSM 的 NeoCryl XK-98，修色漆的配方见表 4-20。

表 4-19　木制品水性底漆的配方

成分	用量/g	用途
苯丙乳液	65～75	提供封闭性和膜层丰满度
去离子水	15.0	稀释作用
成膜助剂	6.0	提供成膜性能
润湿剂	0.5	提供基材润湿性
流平剂	0.5	提供流平性
消泡剂	0.5	减少或降低生产或施工过程中所产生的气泡
填料	8～10	提供填充性和打磨性
增稠剂	1.0	防沉降，防流挂

表 4-20　修色漆的配方

成分	用量/g	用途
水性丙烯酸树脂	10～30	提供固色性
去离子水	15.0	稀释作用
成膜助剂	2.0	提供成膜性能
润湿剂	0.5	使基材润湿
流平剂	0.5	提供流平性
乙醇	55～65	使涂膜快干和色精溶解
色精	适量	提供修色所需的颜色

（6）面漆

面漆又称罩面漆，是木制品表面涂装效果的最直观体现。面漆从光泽上可粗分为亮光型（60°光泽度≥80）、半亚光型（60°光泽度为30～60）和全亚光型（60°光泽度<30）。水性涂料涂装的效果主要由面漆决定，挑选面漆时，除注重装饰效果外，还要关注手感、耐烫性、耐水解性、耐污渍性、耐化学药品性、硬度等性能。实际工艺中可以选用单组分的面漆，也可以选用双组分的面漆。

单组分水性丙烯酸树脂面漆最好选用自交联型丙烯酸乳液，以保证涂料具有良好的机械性能和基本性能。单组分水性丙烯酸树脂漆的配方见表 4-21。

表 4-21　单组分水性丙烯酸树脂面漆的配方

成分	用量/g	用途
水性丙烯酸树脂	75.0	提供漆膜的光泽度和耐老化性等
去离子水	10.0	稀释作用
成膜助剂	6.0	提供成膜性能
润湿剂	0.5	使基材润湿
流平剂	0.5	提供流平性

续表

成分	用量/g	用途
消泡剂	0.5	降低或减少生产过程中所产生的气泡
消光剂	1～2	降低光泽度
手感剂	3～5	使漆膜爽滑、耐刮擦和抗粘连性
增稠剂	1.0	防沉降，防流挂

与单组分水性涂料相比，双组分水性涂料的综合性能相对更稳定，双组分水性丙烯酸树脂面漆的配方见表 4-22。通常添加交联固化剂使成膜聚合物发生化学反应，形成网状结构，从而大大提高漆膜的耐水解性、耐化学药品性、耐污渍性、抗粘连性、抗划伤性、耐烫性、耐磨性等性能。多数情况下还能提高漆膜的硬度和附着力。水性涂料可用的室温交联固化剂有多异氰酸酯型、氮丙啶型、环氧型等多种类型。非室温固化条件下水性涂料的交联方法有：在加温固化的情况下采用氨基树脂、利用空气中的氧气使成膜物质交联聚合。

表 4-22　双组分水性丙烯酸树脂面漆的配方

组分类型	成分	用量/g	用途
A 组分	水性羟基丙烯酸树脂	45.69	提供漆膜的光泽度和耐老化性等
	钛白粉	27.44	提供漆膜颜色
	润湿剂	0.90	提供基材润湿性
	分散剂	1.34	缩短分散时间，提高着色力和遮盖力，防止浮色发花，防止絮凝，防止沉降
	增稠剂	0.01	防沉降，防流挂
	润湿流平消泡剂	0.24	减少生产过程中所产生的气泡、提供流平性
	10% NaOH 溶液	0.49	提供油漆互溶性和成膜性能
	去离子水	5.25	稀释作用
B 组分	异氰酸酯固化剂	15.14	促进漆膜固化成膜
	芳烃助溶剂	3.50	提高漆膜互溶性和均匀度

五、木制品用水性涂料的制备工艺

木制品水性涂料的制备过程包括加料、分散、研磨、过滤和包装，涉及的设备有高速分散机、砂磨机、过滤器、包装设备等；制备色浆时会用到三辊机或球磨机。水性涂料的制备过程为间歇方式。

木制品水性涂料必须过滤，任何细小的尘粒、纤维、线头和乳液因接触空气而形成的结皮碎块和小凝胶粒等颗粒都会严重影响水性涂料的涂刷质量（耿耀宗和赵风清，2004）。

木制品水性涂料的生产工艺流程如图 4-3 所示。

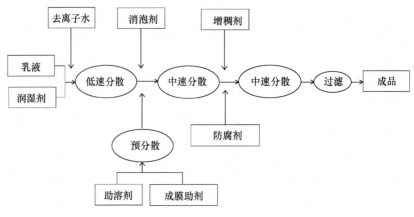

图 4-3　木制品水性涂料生产工艺流程图

整个生产工艺流程大体如下。①在清洗干净的混料釜中加入配方规定量的树脂乳液或分散体和润湿剂，开动搅拌器，以不超过 300r/min 的低速缓慢搅拌，分散均匀。②将配方中扣除预先配制助剂所需的水后剩余的水缓慢加入混合容器中，加完后搅拌 5～10min，低速分散。③将成膜助剂与助溶剂预分散均匀，直接加入混合容器中，同时加入消泡剂，加完后转速提高到 500～800r/min，中速搅拌 10～20min。④预先用 3～10 倍的水稀释防腐剂，防腐剂稀释得越稀越好，向混合容器中缓慢加入稀释后的防腐剂，边加边搅拌，可适当提高搅拌器的转速，加快分散过程，搅拌 5～10min。⑤加入润湿剂、表面改性剂等其他助剂，在 300～500r/min 转速下搅拌 5～10min。⑥加入增稠剂，增稠剂预先用水或者成膜助剂稀释，添加速度要慢，否则容易出现结块、长期搅拌不开现象，搅拌 10～15min。⑦如果前面有部分消泡剂未加，最后将其加入，做最后的消泡。⑧全部物料加完后最后再搅拌 10～15min，其间搅拌速度由 300～500r/min 逐渐降至 100r/min 即得成品。⑨过滤，将搅拌均匀的物料通过过滤器进行下一步过滤。⑩取样检验，包括木制品水性涂料的外观检视、黏度测定、固含量测定，涂刷样板观察涂料的流平性，流挂性，有无缩孔、气泡和胀边现象，留样进行 50℃ 热稳定性试验及观察有无其他异常现象，合格后过滤包装。

第三节　木制品用环保水性 UV 涂料

木制品水性 UV 涂料是通过紫外光（UV）进行干燥固化的一种水性涂料，结合了传统 UV 涂料和水性涂料的特点，与普通水性涂料相比，水性 UV 涂料经紫外光固化后，能够获得优异的涂膜性能，且大大提升了涂膜干燥速度。与传统 UV 涂料相比，水性 UV 涂料使用水而非活性稀释剂调节黏度，使用水而非溶剂清洗涂装设备和容器，环保健康、安全无刺激；不会产生活性稀释剂固化后体积收缩问题；将黏度控制在需要的范围内，因此可适用于各种涂装设备；解决了传统 UV 亚光喷涂面漆光泽不均匀的问题，其抗刮伤性、硬度、柔韧性、耐温变性、抗回粘性、手感等性能与溶剂型涂料基本没有差异；解决了传统 UV 涂料存在单体中含有害物质的问题，且不易燃烧、安全性好、固化速度快、节省能源、黏度易调节，具有环保、健康、高效、高性能的特点。此外，水性 UV 涂料用树脂的黏度与其高分子的相对分子量无关，而只与固含量有关系，因此可解决传统 UV 涂料在硬度和柔韧性之间的矛盾（Odeberg et al.，1996；Schwalm et al.，1997）。水性 UV 涂料综合了水性涂料和传统 UV 涂料的优点，极具开发和应用前景（沈明月等，2016；王坚等，2004；Gerlitz and Awad，2001）。

一、木制品用水性 UV 涂料的性能

水性 UV 涂料一般由低聚物、光引发剂、稀释剂（水）和其他助剂组成。水性 UV 涂料不含单体，仅以水作稀释剂，因此基体树脂的结构决定光固化膜的基本性能。光引发剂对光固化过程起着重要作用，也影响着固化膜的最终性能。一般而言，紫外光固化涂料的漆膜容易硬脆，耐冲击性能差，耐老化性能下降，且喷涂施工时稀释剂可形成危险的气溶胶，不仅对施工人员的身体健康有害，还会污染环境，并且容易引起火灾。水性 UV 涂料具有 UV 涂料的优点。

1. 水性 UV 涂料的优点

水性 UV 涂料作为环保型涂料的典型代表之一，其主要优点为：①黏度小，可以实现超薄型固化膜，成本降低；②可以通过添加水和增稠剂来调节体系的流变性能和黏度，黏度更方便调节，可实现无单体配方，可适用于各种涂装方式，如辊涂、淋涂、喷涂等；③以水为稀释剂、不含活性稀释剂单体，可以避免由活性稀释剂引起的固化收缩，有利于提高涂膜对基材的附着力；④不含挥发性有机物，且不同于传统 UV 涂料有一定闪点，水性 UV 涂料不易燃爆，安全性好，特别适合喷涂；⑤涂布设备和装置可用水进行清洗，操作方便简单，有利于保护环境；⑥减少活性稀释剂的使用，使其毒性和刺激性大大降低，与传统 UV 涂料相比，对人体有刺激性及其他不利影响的丙烯酸酯类活性组分含量大大降低；⑦由于水性 UV 涂料的收缩率低、润湿性好，其对于不耐有机溶剂的基材也有良好的附着力；⑧可使用相对分子量高的预聚物，解决了传统紫外光固化涂料不能兼顾高硬度和高柔韧性的问题。

2. 水性 UV 涂料的缺点

①水性 UV 涂料体系中存在水，固化前大多需进行干燥除水，而水的高蒸发热导致能耗增加，干燥除水时，温度过低会使生产时间延长，生产效率降低，并可能因水分残留而延长固化时间，引起漆膜弊病，温度过高则会造成漆膜表面出现缩孔等弊病。②水的表面张力大，不易浸润基材，易引起涂布不均，且对颜料润湿性差，影响颜料分散。③固化膜的光泽度较低，耐水解性和耐洗涤性较差。④水性 UV 涂料的原材料价格较贵，导致其最终价格也比较贵。⑤体系的稳定性较差，对 pH 较为敏感。⑥水的凝固点较高（0℃），在运输和贮存过程中需添加防冻剂。⑦水性体系容易滋生霉菌，需用防霉剂，使配方复杂化。

二、木制品用水性 UV 涂料的成膜机理

木制品水性 UV 涂料在紫外光照射下，光引发剂吸收辐射能后分裂成自由基，引发预聚物发生聚合、交联接枝反应，在很短的时间内固化成三维网状高分子聚合物，其典型的固化过程如下：光源→光引发剂→自由基不饱和单体及预聚物→高分子固化膜。

水性 UV 涂料施工后，和一般水性涂料同理，先要经过水分挥发这个物理干燥过程，当水分充分挥发后，要经过化学反应才可以完成最终成膜，这个化学变化从光引发剂开始，当光引发剂接收到其吸收范围的紫外光照射后，会分解为自由基，自由基活性非常高，会主动进攻成膜物质中的不饱和键（如 C=C），被激发活性的成膜物质再经过链增长、链转移、链终止几个过程，最终交联成膜，致密性极高，具体如图 4-4。

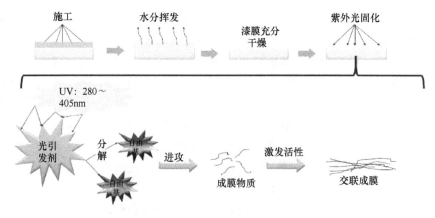

图 4-4 水性 UV 涂料的成膜过程

三、木制品用水性 UV 涂料的种类

1. 水性聚酯丙烯酸酯 UV 涂料

水性聚酯丙烯酸酯（UP）树脂是指在传统不饱和聚酯的分子链上引入离子型结构单元后制成的离子型共聚酯。水性聚酯丙烯酸酯容易制得，并且水性聚酯丙烯酸酯 UV 涂料价格低廉，漆膜丰满度高、光泽度好、柔韧性好，但是耐黄变性差。

2. 水性聚氨酯共聚丙烯酸酯 UV 涂料

水性聚氨酯共聚丙烯酸酯（PUA）树脂的涂层具有耐磨性好、柔韧性佳、耐冲击性和拉伸强度相对较高、耐化学药品性优和黏附性好等特点，已广泛应用于水性 UV 固化的低聚物体系。将综合性能优异、价格昂贵的聚氨酯与丙烯酸酯共聚后，制得的聚氨酯共聚丙烯酸酯树脂兼具两者的优点，是目前比较常见的水性 UV 涂料种类。

3. 水性聚丙烯酸酯 UV 涂料

水性聚丙烯酸酯 UV 涂料价格低廉，耐黄变性好，对各种基材的附着力都很好，但是机械强度和漆膜硬度低，耐酸碱性能较差，适合做一些水性 UV 固化底漆。

4. 水性环氧聚丙烯酸酯 UV 涂料

水性环氧聚丙烯酸酯（EA）是由环氧树脂（EP）和丙烯酸酯（PA）反应而成的，具有价格低、表面光泽度高、硬度大、黏结黏结力佳、耐化学药品性优和耐热性好等诸多优点，但是耐黄变性和柔韧性差，目前在涂料上应用不多。目前，还有一种低能量固化涂料，其是水性 UV 涂料的升级产品，采用发光二极管（LED）光固化，不需要高能量的紫外光，节省了电能，而且可以手持固化，是一种新型产品，但是由于价格昂贵，目前市场上很少见。以上常见的四种水性 UV 涂料中，以前三种为主，故下节主要介绍此三类水性 UV 涂料的组成与配方。

四、木制品用水性 UV 涂料的组成与典型配方

水性 UV 涂料主要由水性 UV 树脂、光引发剂、助剂和水组成。其中，水性 UV 树脂是木制品水性 UV 涂料最重要的组分，决定着固化膜的硬度、柔韧性、强度、黏结性、耐磨性、耐化学药品性等物理力学性能，也影响光固化速度。光引发剂是任何 UV 固化体系都需要的主要成分，它对体系的光固化速度起决定作用，也影响着材料的最终性能。水性 UV 涂料黏度调节很方便，加水即可，用水

调节黏度不会改变漆膜的性能，也可直接用水清洗。

1. 木制品用水性 UV 涂料的组成

（1）低聚物

水性 UV 树脂（低聚物）是水性 UV 涂料最重要的组成部分，它决定固化膜的物理力学性能，如硬度、柔韧性、耐磨性、耐化学药品性等，也影响紫外光固化速度。水性低聚物在结构上要有参与 UV 固化反应的不饱和基团，如丙烯酰氧基、乙烯基等，丙烯酰氧基反应活性高，固化速度快，在各类丙烯酸树脂产品中应用较多；另外，分子链上需含有一定数量的亲水基团，如羧基、羟基、氨基、磺酸基等。按低聚物的化学结构，目前最常用的水性 UV 树脂主要包括环氧丙烯酸酯（EA）、聚氨酯共聚丙烯酸酯（PUA）、聚丙烯酸酯（polyacrylate）和聚酯丙烯酸酯（PEA）。表 4-23 列出了这些常用水性 UV 涂料低聚物的性能。

表 4-23　常用水性 UV 涂料低聚物的性能

低聚物	固化速度	耐黄变性	硬度
环氧丙烯酸酯	快	中	高
聚氨酯共聚丙烯酸酯	可调	可调	可调
聚酯丙烯酸酯	可调	差	中
聚丙烯酸酯	慢	好	低

A. 水溶性树脂

紫外光可固化的水性 UV 树脂必须具备两个基本条件：一是分子链中有亲水结构或基团，如聚氧乙烯链、羧基、碳酸基、季铵盐、酰氨基等；二是分子结构中有活性不饱和键，如乙烯基、烯丙基、（甲基）丙烯酰氧基等，其中（甲基）丙烯酰氧基活性最高，固化速度很快，是最常用的结构。水性光固化树脂的研发紧跟水性树脂的进展。每当一种新的水性树脂（包括水乳液和水分散体）诞生后不久，引入不饱和结构就成了新型水性光固化树脂。水性光固化树脂有水溶性和水分散型两大类，后者包括水乳型的树脂。水溶性树脂中有高浓度的亲水基团，使得树脂能溶于水中，形成的水溶液的黏度强烈地依赖于树脂的分子量和浓度。由于存在大量的亲水基团，固化后的漆膜综合性能差，特别是耐水解性相对较差。

B. 水乳和水分散体

水乳和水分散体的分子可以做得很大，相对分子量 2000～100 000，水分散体中树脂的粒径为纳米级，外观为半透明或透明液体，水乳乳液的粒径在 500nm 以下，成膜后漆膜性能好，再经光固化交联，涂层的最终性能可超过同类型的溶剂型涂料。按聚合物结构的不同，现有的光固化树脂有以下几大类，其中较好的是丙烯酸聚氨酯分散体和环氧丙烯酸乳液。

　　聚氨酯共聚丙烯酸酯的分子中含有丙烯酸官能团和氨基甲酸酯键，固化后具有聚氨酯的高耐磨性、高附着力、高柔韧性、高剥离强度和优良的耐低温性能，以及聚丙烯酸酯卓越的光学性能和耐候性，是一种综合性能优良的辐射固化材料。PUA 作为预聚物制备的高分子固化材料具有以下特点：PUA 具有氨酯键，其特点是高聚物分子链间能形成多个氢键，使得聚氨酯膜具有优异的机械耐磨性和柔韧性，断裂伸长率高；涂膜具有优良的耐化学药品性和耐高低温性；涂膜对难以黏结的基材，如塑料，有较佳的附着力；PUA 的组成和化学性质比环氧树脂有更大的调整余地，可合成多种具有不同官能度、不同特性的 PUA 预聚物。目前，PUA 已成为防水涂料领域应用非常重要的一类低聚物，鉴于 PUA 固化速度较慢、价格相对较高，在常规涂料配方中较少以其为主体低聚物，而往往作为辅助性功能树脂使用，多数情况下，配方中使用 PUA 主要是为了增加涂层的柔韧性、降低应力收缩、改善附着力。

　　环氧丙烯酸酯是一种广泛使用的低聚物，原料价格便宜，机械性能优良。环氧树脂分子链上的羟基赋予了它良好的极性，促使其对基材表面的黏附力良好。并且环氧树脂聚合物含有稳定的 C—C 键和醚键，这使得它耐化学药品性优良。环氧丙烯酸酯一般先通过环氧树脂的环氧基团与丙烯酸单体反应引入双键，使其具有 UV 固化活性；再利用树脂中的羟基与马来酸酐反应引入羧基，最后用碱中和。普通环氧丙烯酸酯黏度大，漆膜脆性高、柔韧性不佳。

　　（2）光引发剂

　　水性 UV 涂料的光引发剂需要符合以下条件：①光引发剂的量子效率高；②吸收光谱的范围与照射光源相匹配；③热稳定性好；④与水性树脂体系有较好的相容性；⑤光固化的漆膜无黄变或变色；⑥安全、经济。用于水性体系的光引发剂可分为水溶性和水分散型两大类。大多数常规光引发剂是油溶性的，不溶或难溶于水，不适用于水性光固化体系。在油溶性光引发剂中引入亲水基团，如引入阳离子、阴离子或亲水的非离子基团，可提高引发剂的亲水作用，将引发剂变成水溶性的，就可用于水性体系。某些油溶性引发剂可制成水分散体或水乳，也可用于水性光固化体系。还可将引发剂溶于树脂中，然后将树脂制成水分散体进一步配成光固化涂料。目前，市场上的水性光固化涂料所用的引发剂从结构上可分为二苯甲酮类、硫杂蒽酮（TX）类、羟烷基苯基酮、二苯基乙二酮类、双苯甲酰基苯基氧化膦（BAPO）类、大分子 α-羟基酮类、油溶性引发剂等（臧阳陵和徐伟箭，2002）。

　　为了提高光引发剂的引发效率，得到最佳的光固化产品，常常要将几种引发剂配合使用，如自由基光引发剂和离子型光引发剂合用。有时这种合用会产生协同效应，大大提升光固化的生产效率。对于紫外光固化聚氨酯分散体（PUD）推荐用的混合光引发剂及其用量见表 4-24。

表 4-24 PUD 用混合光引发剂及其用量

紫外光固化 PUD	Irgacure 819 DW+Irgacure 500 用量/%
PUD 清漆	0.5+1.0
PUD 色漆	（0.5~1.0）+（1.0~2.0）

以 55%~65% 的丙烯酸酯乳液、1.0%~1.5% 的光引发剂、10%~15% 的填料、2.0%~3.0% 的增稠剂、2%~5% 的助剂、8%~10% 的异丙醇、10%~15% 的去离子水为水性光固化涂料的制备原料，制备时，先将去离子水、异丙醇、1/3 的丙烯酸酯乳液加到搅拌釜中，然后加消泡剂、润湿剂、流平剂、分散剂及用去离子水稀释的增稠剂，调至适当黏度时，在高速搅拌下缓慢添加粉料和滴加光引发剂，在 1000r/min 下高速分散 30min 以上，然后在 600r/min 下将剩余的乳液加入釜中，加入剩余的增稠剂调节体系黏度。

（3）功能助剂

在涂料的实际应用中，为达到应用要求，还需加入助溶剂、润湿剂、分散剂、消泡剂、成膜助剂等各种功能助剂。助剂可以改变涂料的某些性能，但在使用时不能破坏涂料的稳定性和耐水解性，要控制其用量以达到性能平衡和低 VOC 的目的。近年来，由于纳米无机粒子独特的表面界面效应，纳米复合材料呈现出许多新颖特点，成为紫外光固化涂料的一个研究热点。

2. 木制品用水性 UV 涂料的典型配方

木制品水性 UV 涂料只用于工业木制品生产，由于固化装置所限，一般不适用于家庭装修。UV 涂料的基料分子中含有不饱和键，在紫外光作用下，光引发剂分解成自由基，引发基料分子的加成聚合，形成交联结构。木制品水性 UV 涂料前期施工性能与一般的水性涂料基本相同，往往在紫外光照射之前涂料就已经达到表干，涂料的流动、流平、消泡等要求与普通的木制品水性涂料一样严格。表 4-25、表 4-26 为木制品水性 UV 涂料的典型配方。

表 4-25 水性 UV 固化清漆（质量份）配方

序号	组成	质量份	原料名称
1	光固化乳液	92.6	LUX 308（Alberdingk）
2	消泡剂	0.4	Foamex 822（Tego）
3	消泡剂	0.4	BYK 024
4	表面助剂	0.3	Dow Corning 67
5	成膜助剂	3.0	二丙二醇甲醚
6	水	3.0	水
7	流变剂	0.3	DSX 1514
8	光引发剂	1.0	Trgacure 500（外加）

表 4-26　水性 UV 固化有光白漆（质量份）配方

序号	组成	质量份	原料名称
1	丙烯酸自交联乳液	60.0	NeoCryl XK-12
2	水	9.0	水
3	pH 调节剂	0.1	AMP-95
4	成膜助剂	1.0	乙二醇丁醚
5	成膜助剂	2.0	Filmer C40
6	流平剂	0.8	Hydropalat 100
7	防霉剂	0.1	Dehygant LFM
8	润湿剂	0.1	PE-100
9	金红石型钛白粉	25.0	R-706
10	消泡剂	0.85	Dehydran 1293
11	消泡剂	0.65	Dehydran 1620
12	增稠剂	0.4	DSX 3075

工艺：先加入丙烯酸自交联乳液和水搅匀，一次加入 3～8，混合均匀后加入 9，在 1000～1200r/min 转速下分散至细度<30μm，在 500r/min 转速下加入 10 和 11，最后用 12 增稠处理
漆膜特点：由此制得的白色实色漆，表干时间为 15min，硬度可达 HB 至 1H，附着力 1 级，光泽度（60°）为 75
以 NeoCryl XK-12 为基料的漆耐黄变性能好，适合制作白色漆

五、木制品用水性 UV 涂料的研究和发展方向

1. 开发不需要预加热，直接用紫外光固化的水性涂料

水性 UV 涂料在紫外光固化前，一般需要进行烘烤，加速水分蒸发，即使是紫外光固化电泳涂料，也需要一个"闪蒸"的过程，以除去多余水分，这使水性涂料的整个固化过程冗长，能耗增大。另外，水性 UV 涂料经过红外线干燥后，光引发剂已经被固定在涂膜中，这时经过紫外光照射，进一步反应交联，会产生内应力，使涂膜性能变坏。最新的研究采用先光固化，再热固化的方法，使内应力消散，制得热稳定性相对较高、涂膜性能相对较好的涂层。

然而，涂层本身是热的不良导体，聚合反应所放出的热量会使其温度升高，而且一般所用的紫外光源都有大量的红外辐射，完全可以利用这些热能使水分蒸发和反应固化同时进行。因此，可开发不需要预加热直接用紫外光固化的水性涂料：一种方法是提高固含量，减少水分含量；另一种方法是引入超支化聚合物（hyperbranched polymer），使反应更加迅速，缩短固化成膜时间，超支化聚合物有破乳作用，破乳后水分和乳化剂会浮到树脂的表面，相当于加快了水分的蒸发。对于形状复杂的工件，在紫外光直射不到的地方很难固化，需进一步研制相应的设备和工艺，以改善木制品水性 UV 涂料的表面涂装物理力学性能。

2. 合成含有多官能团的高分子低聚物

传统的无溶剂型 UV 涂料难以兼具高硬度和高柔韧性的特点，而水性 UV 涂料则可以使用高分子的水性分散体系（其黏度与高分子水性分散体系的相对分子量无关），从根本上解决了光固化涂料高硬度与高柔韧性的矛盾。交联型乳液比不带官能团的乳液在耐水解性、耐碱性、耐水煮性、耐湿性等方面都有所提高，反应型乳液与水溶性高分子组合并用，以制备性能良好的水性 UV 涂料是工业涂料的一个方向。但是由于高分子是被乳化剂包裹着的，因此在相对分子量为上百万的高分子乳液中引入多官能团存在很多困难。Odeberg 等初步合成了含不饱和官能团的乳胶大分子，使紫外光固化成膜时不需要加入其他多官能团单体。有关研究在乳液聚合过程中引入官能团，反应成膜后，得到具有交联结构的涂膜。

3. 有机-无机复合体系：引入纳米颜料和填料

紫外光（UV）固化涂料一般以清漆为主，因为颜料和填料对紫外光有反射作用，易使膜的深层固化受到阻碍，但是在有些情况下，颜色又是必需的。纳米级的颜料和填料对光的透过性一般比较好，可考虑将其应用于水性 UV 涂料中。艾照全等（2005）研究了在胶乳合成中引入纳米二氧化钛。陈士昆和储昭荣（2006）将纳米碳化硅引入 UV 树脂，纳米材料和基体树脂之间存在相互作用力并且均匀分散在基体树脂中。纳米复合树脂与基体树脂相比，物理性能更好。

4. 醇溶性紫外光固化涂料

完全以乙醇代替水作溶剂的紫外光固化涂料目前也是光固化涂料的一个研究方向，多数情况下，乙醇作为助溶剂，汪存东和王久芬（2005）使用了水/乙醇（体积比 80∶20）的混合溶剂制备了紫外光固化涂料，结果使紫外光固化环氧丙烯酸酯膜的柔韧性得到了很大的改善，而对其他性能的影响较小。水溶性紫外光固化涂料制备过程中需要进行水性树脂的制备，而无溶剂型紫外光固化涂料分子量不可能制备得太高，否则相对分子量达 10 万以上时，树脂已经成为固体。醇溶性紫外光固化涂料综合了两者的优点，而且乙醇作溶剂本身也很环保，由于乙醇表面张力比水小，对基材的润湿性较强，对基材上的油污有溶解作用，因此能得到附着力较好的涂膜，今后可对此展开深入研究。

第五章 木制品环保涂装工艺与设备

木制品涂装质量不仅与涂料的质量有关,而且与涂装工艺和设备有很大关系,涂装方法的选择直接影响涂料涂装的质量和效率。选择涂装工艺与设备应考虑涂料性能、基材状况和生产形式等因素。此外,还应考虑所选用涂装工艺与方法的涂装质量、涂装效率,设备的复杂程度、操作维护的方便性,涂装方法对涂料及被涂装表面的适应性和安全卫生条件等。木制品环保涂装方法很多,但基本上可分为手工涂装和机械化涂装两大类。随着工业技术的发展,我国木制品表面涂装技术与设备经历了由手工到机械设备到自动生产线的发展过程,涂装工艺流程一般为:前处理、打磨→涂装→流平→干燥或固化→三废处理。涂装设备就是完成这些涂装工艺过程所使用的机械设备。木制家具、工艺品、地板、墙板等木制品涂装设备主要包括底漆砂光机、滚涂机、自动喷漆线、静电涂装线、UV漆滚涂线、正压无尘房、无尘烤漆房、水帘喷漆台、吸尘打磨台、粉尘清除机等。本章将从涂装工艺与设备的角度,分别阐述木制品表面紫外光固化涂料、水性涂料及水性UV涂料三类绿色环保涂料的涂装,并进一步延伸木制品表面饰面与涂装的相关工艺内容。

第一节 传统手工涂装工艺与设备

手工涂装是使用刷子、棉团、刮刀等手工工具将涂料涂装在木制品或木质工件上的一种传统涂装方法,主要用于环保水性涂料在木制品表面的涂装,也可根据特别需求,考虑使用UV涂料、水性UV涂料手工涂装后,进行紫外光固化成膜。其特点是工具简单、方法灵活方便、能适应涂装对象的不同形状和大小,依靠个人熟练的操作技巧,可获得良好的涂装质量,至今在一些中、小型企业中仍有一定应用。但手工涂装劳动强度大、生产效率低、施工环境与卫生条件相对较差,目前已逐步被机械化涂装所取代。在木制品表面水性涂料、紫外光固化涂料和水性UV涂料涂装中,有较小一部分会使用到手工涂装。手工涂装根据所用的工具不同分为刷涂法、刮涂法和擦涂法(张志刚,2012)。

一、刷涂工艺与工具

刷涂法就是使用各种刷子蘸漆,在被涂装表面形成漆膜的方法,是最普遍的手工涂装方法。刷涂法工具简单，使用方便，可涂装任何形状的表面，水性涂料可采用刷涂法进行表面涂装。刷涂法的缺点是劳动强度大，效率低，涂装质量在很大程度上取决于操作者的技术、经验与态度，稳定性差。刷具种类很多，按形状可分为扁形、圆形、歪把形等。按照制造材料可分为硬毛刷和软毛刷，前者常用猪鬃、马毛制作，后者常用羊毛制作。市场上通常出售的有扁鬃刷、圆刷、板刷、歪脖刷、羊毛排笔、底纹笔和天然漆刷等，如图 5-1 所示，木制品涂装使用最多的是扁鬃刷、羊毛排笔和羊毛板刷。

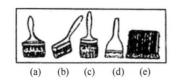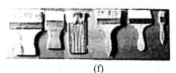

(a)　(b)　(c)　(d)　(e)　　　　　　　(f)

图 5-1　几种常用的刷涂工具图

（a）扁鬃刷；（b）歪脖刷；（c）圆刷；（d）底纹笔；（e）排笔；（f）羊毛板刷

使用刷子时，要用 3 个手指握住鬃刷的木柄，大拇指在一面，另一面用食指和中指，不允许刷子在手中松动。用刷子蘸漆时，浸入涂料的深度不宜超过毛长的 2/3，刷毛根部避免接触涂料。蘸漆后刷子应轻靠容器边缘，以调整漆刷的含漆量，挤出多余的漆，以免到处滴洒。刷涂时要握紧漆刷不要松动，必要时应移动身体与手配合。刷涂时先按需要的用漆量在木材表面上顺木纹刷涂几个长条，每条之间保持一定距离，然后漆刷不再蘸漆，将已涂的长条横向或斜向展开并涂刷均匀，最后漆刷上残留的多余涂料在漆桶边挤擦干净后，再顺纤维方向均匀刷平，以消除刷痕，从而形成平滑而均匀的涂层。

排笔是用细竹管和羊毛制成的，每排有 4～20 管，一般由被涂装表面的宽度决定，8～16 管的应用较多。排笔刷毛软且有弹性，适于涂装黏度小的涂料，对水性涂料涂刷尤为适用。使用排笔时，用手握牢排笔上角，如图 5-2 所示，一面用大拇指，另一面用 4 个手指。涂刷时，排笔蘸漆量要适中，下笔要稳准，起笔落笔要轻快，运笔途中可稍重，绝不可中途停顿，刷完一个长条后，再刷下一个长条，两长条中间搭接不可过多。始终都要顺纤维方向涂刷，刷涂时用力均匀，避免出现刷痕、颜色不均匀或刷花、流挂等缺陷。

二、刮涂工艺与工具

刮涂使用的工具有嵌刀、铲刀、牛角刮刀、橡皮刮刀和钢板刮刀等多种（图 5-3）。

图 5-2　排笔及其握法

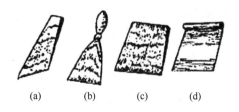

图 5-3 刮涂工具

(a) 牛角刮刀；(b) 铲刀；(c) 橡皮刮刀；(d) 钢板刮刀

嵌刀又称脚刀，是一种两端有刀刃的钢刀，一端为斜口，另一端为平口。嵌刀用于把腻子嵌补在木材表面的钉眼、虫眼、缝隙等处。牛角刮刀由牛角或羊角制成，其特点是韧性好，刮腻子时不会在木材表面留下刮痕。小规格的牛角刮刀刀口宽度在 4cm 以下，中等的在 4~10cm，大刮刀的刀口在 10cm 以上。铲刀又称油灰刀、腻子刀，是由钢板镶在木柄内构成的，规格有 1 寸[①]、2 寸以至 4 寸等，多用于刮涂小件家具或大表面家具。橡皮刮刀是用耐油、耐溶剂性能好，胶质细，含胶量大的橡皮，夹在较硬的木柄内制成的，多为操作者自制。钢板刮刀是用弹性好的薄钢板或轻质铝合金板镶嵌在木柄内制成的，其刀口圆钝，常用于刮涂腻子。

刮涂操作主要有两种：局部嵌补与全面满刮，前者是将木材表面上的虫眼、钉眼、裂缝等局部缺陷用腻子补平，后者是用填孔着色剂或填平漆全面刮涂在整个基材表面。透明涂装工艺中粗孔材表面的填孔工序及不透明涂装工艺对木材表面进行底层全面填平工序的目的和要求不同，前者是用填孔剂填满木材表面被切割的管孔，表面上下不允许浮有多余的填孔剂；后者则要求在整个表面铺垫上薄层的填平漆。

三、擦涂工艺与工具

擦涂法又称揩涂法或拖涂法，是用棉球蘸取低浓度挥发性漆，多次擦涂表面形成漆膜的方法。这种方法只适用于低浓度挥发性漆。此法操作烦琐，但可获得韧性好、表面平整光滑、木材纹理清晰、花纹图案极富立体感且极具装饰性的透明漆膜，但同时木材表面的各种缺陷如斑点、条痕等微小擦伤部位会明显暴露。擦涂法所要求的木材表面应是比较完美的。中高级木制品用此法涂装水性着色漆等，在过去曾是主要的涂装方法。目前，内销家具应用较少，部分出口家具应用较多。

擦涂所用的工具是棉球，棉球内的材料应是在涂料溶剂作用下不致失去弹性

---

① 1 寸≈3.33cm

的细纤维，过去多用脱脂棉、羊毛、旧绒线或尼龙丝等，现多用旧绒线或尼龙丝。外包布通常用棉布、亚麻布或细麻布等，棉球的制作过程如图 5-4 所示。先将大小合适的脱脂棉放置于外包布中心[图 5-4（a）]，用手将外包布其中一对角端部捏起[图 5-4（b）]，然后将另外两个角端与之并入抓于大拇指与四指间，此时脱脂棉包裹于棉布中心，以备擦拭使用[图 5-4（c）、（d）]。

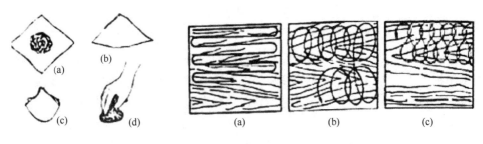

图 5-4　棉球制作过程

图 5-5　擦涂方式
（a）直涂；（b）圈涂 ；（c）"8"字涂

擦涂时蘸漆不宜过多，只要轻轻拼压时有适量的漆从内渗出即可。擦涂时用力要均匀，棉球不能捏得过紧，动作要轻快，棉球初接触表面或离开表面应呈滑动姿势，不应垂直起落，整个擦涂过程中，棉球移动要有规律有顺序。擦涂的方式有直涂、圈涂、"8"字涂、横涂和斜涂，如图 5-5 所示。具体擦涂时，一般先在表面上顺木纹擦涂几遍，接着进行圈涂，圈涂要有一定规律。棉球在表面上一边转圈一边顺纤维方向以匀速移动，从表面的一头擦涂到另一头。圈涂几遍后，圆圈直径也增大，可由小圈、中圈到大圈。除圈涂外，也可以呈波浪形、"8"字形擦涂等。圈涂进行几十遍，这时可能留下曲形涂痕，因此还要采用横涂、斜涂数遍后，再顺木纹直涂的方法，以求漆膜表面平整。之后表面经过一段时间的静置（12h 以上），再进行第二次擦涂。最后经过漆膜修整，完成涂装过程（张志刚，2012）。

第二节　紫外光固化涂料涂装工艺与设备

一、紫外光固化涂料涂装工艺

随着我国国民经济的高速发展，人民生活水平的不断提高，室内装饰业的兴起和人们环保意识的增强，目前，紫外光固化涂料已大量应用于板式家具大平面板件、实木地板及薄木贴面板的涂装，采用辊涂、淋涂及喷涂等流水线生产工艺。其中，底漆一般主要采用辊涂工艺，面漆则以淋涂为佳。紫外光固化涂料不需要添加稀释剂，一般出厂漆均针对具体施工方法调好黏度，将流水线的工艺条件调整适宜便可使用。

1. 家具部件紫外光固化涂料涂装工艺

以薄木贴面本色填孔涂装工艺为例。①表面处理：用 UV 腻子腻平缺陷，干燥后用 240#砂纸打磨平滑，清除磨屑。②涂底漆：辊涂 UV 底漆，涂装量为 40～50g/m^2。③紫外光固化：传送带速度为 5m/min，采用双灯紫外光固化装置进行底漆紫外光固化固化处理。④砂光：用 320#砂纸对干燥后的 UV 底漆进行机械砂光，除尘。⑤涂底漆：同②～④工序。⑥涂面漆：采用淋涂机在合适作业环境条件下，对砂光后的 UV 底漆淋涂 UV 面漆，涂漆量为 110～150g/m^2。⑦紫外光固化：用三灯紫外光固化装置进行面漆固化，传送带速度约为 5m/min。

2. 地板紫外光固化涂料涂装工艺

地板紫外光固化涂料涂装工艺主要包括以下几步。①基材砂光：用 150～240#砂带将木地板基材在宽带砂光机上进行机械砂光，除尘。②涂底漆：采用 UV 辊涂机在木地板基材表面辊涂 UV 清底漆，涂布量为 20～30g/m^2。③紫外光固化：用 80W/cm 的中压汞灯紫外光固化设备，对紫外光固化底漆进行固化，进料速度约为 7m/min。④砂光：用 320#砂纸的宽带砂光机进行底漆砂光、除尘。⑤涂底漆：同工序②～④。⑥涂面漆：将涂装两道紫外光固化底漆的木地板表面砂光后辊涂或淋涂有色 UV 面漆，涂漆量为 120～150g/m^2。⑦紫外光固化：用 80W/cm 的中压汞灯紫外光固化设备对紫外光固化面漆进行固化，固化速度为 10m/min。

二、紫外光固化涂料涂装设备

目前市场上使用的木制品紫外光固化涂料涂装设备主要包括辊涂设备、淋涂设备和喷涂设备，且不同涂装部件、种类及工艺条件下，所选用的涂装设备不同。根据涂装部位，辊涂设备主要包含平面辊涂设备和侧边辊涂设备；喷涂设备主要包括静电喷涂设备、往复式喷涂设备、五轴喷涂设备和真空喷涂设备等。一般而言，辊涂设备主要适用于全平板工件或简单沟槽平板件的涂装；淋涂设备主要适用于全平板工件的涂装；静电喷涂设备主要适用于狭长工件（如餐桌腿、椅腿、楼梯扶手等）的涂装；往复式喷涂设备主要适用于平板件和平板异形件的涂装；五轴喷涂设备主要适用于木门、办公台面及木制品大型平面表面的涂装；真空喷涂设备主要适用于线条和门套线的底漆涂装。

（一）UV 辊涂机

1. UV 辊涂机的分类

UV 辊涂机又称 UV 全精密辊涂机，是辊涂生产线中重要的涂装设备之一，其生产效率高、油漆损耗低，通常可进行家具板材、PVC 扣板、木质门面板等平面板材上漆及修色、着色，可保证涂布表面平整、均匀、无横向条纹等。根据涂布功能，UV 辊涂设备可分为平面辊涂设备、腻子填补机和侧边辊涂设备。

　　平面辊涂设备按胶辊数量可分为单辊涂布机、双辊涂布机、三辊涂布机。其中，双辊涂布机多为双顺辊涂布机和正逆辊涂布机。辊涂机主要由涂布轮（胶轮）、计量轮（钢轮）、刮刀、隔膜泵和油管、铸铁机架、输送皮带、控制面板、调节杆、电机等部件组成。异形辊涂机与普通辊涂机的区别在于涂布轮（胶轮）硬度不同，一般异形辊涂机的胶辊硬度为 10°以下，普通辊涂机的胶辊硬度为 35°～40°。侧边辊涂设备主要应用于木制品平板部件的侧边辊涂，如木门、木家具等侧边，其辊涂原理与平面辊涂设备的一样。

　　全精密单辊涂布机（图 5-6）只含有一组涂布轮与计量轮，在涂装过程中一般用于涂布底漆、面漆或者修色等。其涂布量较小，一般单辊也可在淋涂机前作为一个淋前辊，对板材和工件淋涂前起除尘和润湿作用。

　　全精密双辊涂布机（图 5-7）可分为双顺辊涂布机和正逆辊涂布机。其中，双顺辊涂布机带有两组涂布轮与计量轮，涂布辊可选择双普通涂布轮（胶轮）、一普通胶辊+一个镭射辊或双镭射辊等，具体选择时需考虑加工工件和施工工艺；正逆辊涂布机的计量轮（钢轮）一前一后分别进行顺时针和逆时针旋转，正逆辊涂布机相对于前者涂装效果更好，漆层饱满，但有"堆头"现象。

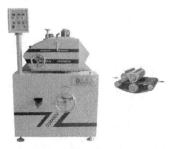

图 5-6　全精密单辊涂布机
摄于重庆星星套装门（集团）有限责任公司

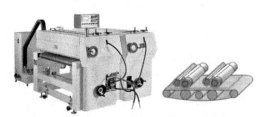

图 5-7　全精密双辊涂布机
广东博硕涂装技术有限公司供图

　　腻子填补机是在基材进入生产线后，对基材表面木纹、木眼起填充作用。轻型腻子填补机（图 5-8）有一个涂布轮和一个计量轮，在涂布轮之后安置了一个大型的钢轮作为刮补轮，将板材凹进去的毛孔填平，达到平滑的效果，并将多余的油漆刮走回收利用，能完全免去手工填补，从而大大地提高了生产效率。轻型腻子填补机适用于木纹较浅的基材填充。

图 5-8 轻型腻子填补机（昆山卡尔弗机械公司设备）

重型腻子填补机由两组计量轮和涂布轮组成，主要对导管较深的基材进行腻子填充，如图 5-9。在涂布轮后面有一个刮补轮，可以在填充腻子之后起到整平的作用，并刮去多余腻子回收循环使用。重型腻子填补机适用于木纹较深的基材填充。

侧边辊涂设备主要用于木制品基材直边侧边的 UV 涂料涂装。与平面辊涂设备和腻子填补机不同，侧边辊涂设备是集腻子辊涂、底漆辊涂、UV 固化和砂光于一体的辊涂设备，如图 5-10。

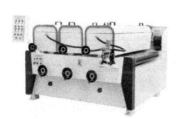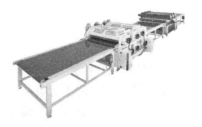

图 5-9 重型腻子填补机 　　　　　图 5-10 侧边辊涂设备
（佛山泰上机械有限公司设备图）

2. UV 辊涂机的工作原理

UV 辊涂机的主要涂装组件是涂布轮和计量轮。涂布轮与计量轮的间隙采用变频器单独控制，使油漆厚度调节更易控制。设备通电开机后，油泵将油漆泵入涂布轮与计量轮上，油漆均匀地流到涂布轮与计量轮之间并分流到两端，将涂布轮上的油漆均匀、平整地转涂到工件上，达到涂布油漆的效果。

UV 辊涂机可分为两大类，双顺辊涂布机和正逆辊涂布机，它们都是通过转涂的方式来对工件进行涂装的。工件的油漆漆膜厚度，可以通过涂布轮与计量轮间的间隙、计量轮的转速来调节。工件的涂布效果可以通过调节传送皮带的传送速度与涂布轮的转速等来调节，图 5-11 为双顺辊涂布机工作原理示意图，图 5-12 为正逆辊涂布机工作原理示意图（周烨，2017）。

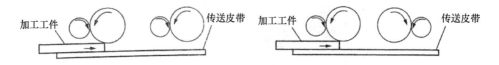

图 5-11　双顺辊涂布机工作原理示意图　　　图 5-12　正逆辊涂布机工作原理示意图

3. UV 辊涂机的适用范围

UV 辊涂设备主要针对实木板、装饰单板、中密度纤维板、水泥纤维板等各种材料，家具、地板、橱柜等表面进行涂装。一般加工工件厚度大于 3mm，但控制在 80mm 以内，长度不短于 40cm。工件表面造型简单的可使用硬度较小的软辊进行辊涂，以达到填充或涂装效果。

4. UV 辊涂布线流程

木制品 UV 辊涂是紫外光固化涂料较常用的涂装工艺，首先将待涂布部件置于输送机上，采用轻型腻子填补机将表面辊涂 UV 腻子后，利用双灯 UV 干燥机对辊涂的 UV 腻子进行干燥；利用输送机将辊好腻子的试件送入全精密双辊涂布机中，进行 UV 底漆的辊涂处理（双回流槽）；将辊涂 UV 底漆后的试件经过双灯 UV 干燥机进行漆膜的固化干燥；经输送机将试件进行第二次、第三次底漆辊涂，提高流平性；然后通过三灯 UV 干燥机进行底漆干燥，一般第一个干燥灯为镓灯，可有效提高实色漆的固化程度；之后对其底漆表面进行砂光处理（带抛光轮）后，经输送设备再进入下一道工序处理，其布线流程如图 5-13 所示。

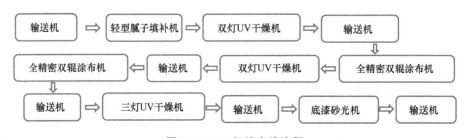

图 5-13　UV 辊涂布线流程

（二）UV 淋涂机

UV 淋涂机涂装效率高，由于漆幕下被涂装工件只能以较高速度通过，传送带速度通常为 70～90m/min，因此，淋涂在各种涂装方法中效率最高；由于没有喷涂的漆雾，未淋到工件表面上的涂料可循环再用，涂料利用率高。因此，除了涂料循环过程中有少量溶剂蒸发外，没有其他损失。与喷涂法相比，可节省涂料30%～40%；涂装质量好，能获得厚度均匀、平滑的漆膜，没有刷痕或喷涂不均匀现象，在大平面上淋涂，漆膜厚度误差可控制在 1～2μm；设备简单，对工件形状的适应性强，操作维护方便；施工卫生条件好；可淋涂较高黏度的涂料，既能淋涂单组分涂料，又能淋涂多组分涂料。但只适于淋涂平表面板件。

1. UV 淋涂机的分类

UV 淋涂机（UV 淋幕机或 UV 淋漆机）的涂装循环系统一般采用具有消泡作用的消泡泵来循环，同时在输送管中装入消泡装置（过滤芯），使淋漆的涂料均匀、无气泡。根据淋幕产生原理可将淋涂机分为重力式淋涂机和压力式淋涂机，前者由于涂料自身的重力流动而产生油漆幕布，如图 5-14；后者则是由于泵浦的压力而生成油漆幕布，如图 5-15。

图 5-14　重力式淋涂机

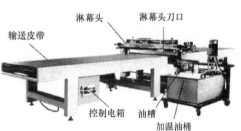

图 5-15　压力式淋涂机

2. UV 淋涂机的工作原理

在淋涂作业中，涂层厚度的控制与漆膜两面的均匀性是影响涂装质量的关键因素。淋涂法中，涂料自上而下流动覆盖于木制品被涂件表面，易形成上薄下厚的涂层外观效果，且涂料需由涂料泵辅助循环，涂料的流动及相互撞击均会产生大量气泡，易造成涂膜缺陷。为避免此类现象发生，需主要考虑淋涂漆膜效果与涂料黏度、输送皮带速度、底缝宽度、涂料输送量等的关系。

通常 UV 淋涂机在工件淋涂之前有一个淋前辊涂设备，以去除加工工件杂质、增加材料表面润湿性和附着力。在设备运行时，油漆一般由气泵或叶轮泵从加温油桶中抽入淋幕头内，然后依靠重力或者压力将油漆从淋幕头刀口淋出，用引流胶条将其引流，然后呈淋幕状流下。此时，加工工件通过输送皮带快速经过油漆淋幕，由此在工件表面形成一层致密、均匀的油漆涂层。如图 5-16 所示，涂料箱中的涂料，由涂料泵通过调节阀，经过滤器过滤后，送入淋涂机头，从淋涂机头流出的是均匀的漆幕，淋在由输送皮带送来的工件上形成漆膜。多余的涂料落入涂料承接槽中，再回到贮漆槽循环使用（刘平等，2014；张志刚，2012）。压力计和溢流阀可控制泵压式喷淋压力和喷嘴工作情况。

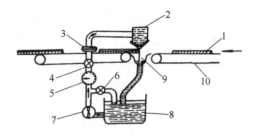

图 5-16 UV 淋涂机的工作原理

1. 工件；2. 淋涂机头；3. 过滤器；4. 调节阀；5. 压力计；6. 溢流阀；7. 涂料泵；8. 涂料箱；9. 涂料承接槽；
10. 传送带

3. UV 淋涂布线流程

UV 淋涂是木制品表面涂装的一种技术手段，为了提高生产效率，通常可将 UV 淋涂以生产线的形式实现，其所对应的设备排布为：工件定厚砂光机→除尘机→输送机→腻子填补机→UV 固化机→除尘机→双辊涂布机→3m 红外线流平机→UV 固化机→除尘机→底漆砂光机→除尘机→双辊涂布机→UV 固化机→平辊+激光辊→3m 红外线流平机→UV 固化机→除尘机→底漆砂光机→除尘机→双辊涂布机→UV 固化机→淋幕机→6m 红外线流平机→UV 固化机→除尘机→下线，具体如图 5-17。

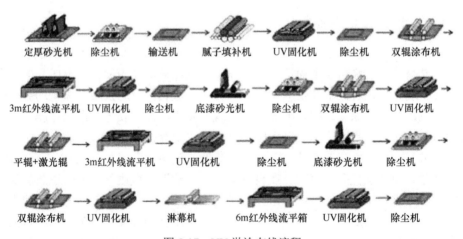

图 5-17 UV 淋涂布线流程

UV 淋涂生产线的涂装效率高，可一次性完成涂装；淋涂漆膜外观平整丰满；在工艺参数稳定时，淋涂作业可操作性好；UV 淋涂时，UV 漆可循环使用，油漆利用率高，接近 100%；与 UV 辊涂设备组成一条完整的生产线，可以快速地完成底面漆涂装。

4. UV 淋涂机组成

UV 淋涂机主要由四大部分组成:淋涂机头、贮漆槽、涂料循环装置和传送带。

淋涂机头是淋涂机的主要部件,根据成幕方式(图 5-18)的不同可分为如下几种形式。①底缝成幕式,如图 5-18(a)所示,底缝由两把刀片构成,一把刀片是固定的,另一把可移动,用于调节底缝宽度。一般底缝宽度为 0.5～5mm,这种机头性能完善、应用广泛,缺点是沿整个底缝保持漆幕厚度不变很困难、清洗不方便。②斜板成幕式,如图 5-18(b)所示,涂料从倾斜的板面上流下而形成漆幕,涂层厚度靠改变涂料供给量和工件移动速度来调节。此种机头结构简单、制造方便、涂装质量较好。但是,倾斜板是敞开的,溶剂挥发量大,淋涂过程中涂料的黏度会很快增大。③溢流成幕式,机头侧方有开口,涂料从中溢流而出形成漆幕,如图 5-18(c)所示。淋涂量可以通过改变单位时间内注入机头的涂料量来调节,此种机头结构简单、维护方便、工件的进给速度较低,适合聚酯漆的淋涂。④斜板溢流成幕式,如图 5-18(d)所示,涂料首先经过溢流落到斜板上,再从斜板流下形成漆幕。它的优点是能很好地消除涂料中的气泡,并适用于各种涂料。⑤挤压成幕式,上述几种成幕方式中,涂料都是靠自重流下成幕的,而图 5-19所示的挤压成幕式机头,涂料由泵压入机头,在压力下从底缝中被压出而形成漆幕。底缝由两把刀片对合而成,用螺钉紧固,涂料通过泵由上部或端部压入均压腔内,经节流缝、贮漆腔、淋漆刀缝而挤出成幕。节流缝的作用是保持均压腔内断面的压力均匀一致。缝隙宽度根据涂料黏度而定,可选择 0.6～1mm(黏度小,取小值;黏度大,取大值)。淋漆刀缝为 0.1～0.12mm,刀口内壁的高度约为 20mm。此种机头的优点在于能形成较薄而均匀的漆幕,从而能够采用较低的工件进给速度。

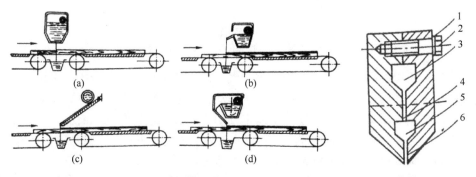

图 5-18 淋涂机头形成漆雾的方式
(a)底缝成幕式;(b)斜板成幕式;
(c)溢流成幕式;(d)斜板溢流成幕式

图 5-19 挤压成幕式机头断面图
1. 垫圈;2. 螺钉;3. 均压腔;
4. 节流缝;5. 贮漆腔;6. 淋漆刀缝

传送带设在漆幕两侧,以相同的速度运行,要求平稳、等高。为保证获得薄的涂层,要求工件进给速度快,通常为 40～150m/min,作业过程可以实现无级调速。

贮漆槽为双层结构，内部是贮漆筒，要求能除去涂料循环中产生的气泡。夹层内通冷水或热水，以保持涂料的温度恒定。贮漆槽中的涂料用循环泵，经过滤器、压力表流入淋涂机头，流在工件以外的涂料落到受漆槽中，再流回贮漆槽，供循环使用。

淋涂机按机头数量又可分为单头淋涂机和双头淋涂机。双头淋涂机可用于淋涂双组分涂料，两个组分分别在两套系统内循环，形成两个漆幕，在被淋涂表面上混合形成涂层。按功能淋涂机又可分为平面淋涂机、方料淋涂机和封边淋涂机，可分别淋涂平面、方料和侧边。

（三）UV 往复式喷涂机

1. UV 往复式喷涂机的组成

UV 往复式喷涂机，即高压无空气喷涂机，其主要由高压泵、蓄压过滤器、高压软管及喷枪等组成，如图 5-20。

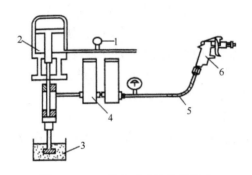

图 5-20　UV 往复式喷涂机的组成
1. 动力源；2. 高压泵；3. 涂料容器；4. 蓄压过滤器；5. 涂料输送管道；6. 喷枪

涂料加压用的高压泵动力源有压缩空气、油压和电源三种。一般多采用压缩空气作动力，其操作简便、安全；以油压作动力的油压高压泵与以电源作动力的电动高压泵比气动高压泵开发晚。压缩空气动力源装置包括空气压缩机、压缩空气输送管、阀门和油水分离器等；油压动力源装置包括油压泵、过滤器和油槽等；电源动力源装置包括电源线路及有关的控制装置。

高压泵是高压无空气喷涂的关键设备，无空气喷涂高压泵可分为气动、油压和电动三种。电动隔膜泵由电动机驱动，包含液压泵和涂料泵两部分，电动机通过联轴器带动一偏心轴高速旋转，偏心轴上的连杆驱动柱塞在油缸内做直线往复运动，将油箱中的液压油吸上来并使它变为脉动高压油，推动一个高强度隔膜，隔膜的另一面接触涂料，隔膜向下时为吸入冲程，打开吸入阀吸入涂料到涂料泵；

隔膜向上时为压力冲程，此时吸入阀关闭，输出阀打开，并以高压将涂料经高压软管输送至喷枪，压力可在 0～25MPa 任意调节。气动活塞泵的使用最广泛，以压缩空气为动力，使用的压缩空气压力一般为 0.4～0.6MPa，最高可达 0.7MPa。气动活塞泵的上部是气缸，内有空气换向机构使活塞做上下运动，从而带动下部柱塞缸内的柱塞上下往复运动，使涂料排出或吸入。因为活塞面积比柱塞有效面积大而实现增压。此处的有效面积之比根据所需的涂料出口压力而确定，通常柱塞缸内的涂料压力与进入气缸的压缩空气压力之比为（20～35）∶1。如果所用压缩空气压力为 0.5MPa，则涂料就可以增压到 10～17MPa 的高压。

　　蓄压器是一个简单的圆柱形压力容器，上下各有一个封头，涂料从底部进入，在涂料进口处装有一个滚珠单向阀。蓄压器用于稳定涂料压力，减少喷涂时的压力波动，以保证喷涂质量。无气喷枪的喷嘴孔很小，很容易因涂料不干净而被堵塞，因此，在实际喷涂中涂料必须经过严格过滤。无空气喷涂设备有三个不同形式的过滤器：一是装在涂料吸入口的盘形过滤器，主要用于除去涂料中的杂质和污染物；二是装在蓄压器与截止阀之间的过滤器，主要用于滤清上次喷涂清洗后仍残留在柱塞缸及蓄压器内结块的涂料；三是装在无气喷枪接头处的小型管状过滤器，用于防止高压软管内有杂物混入喷枪。由于往复式活塞泵在循环过程中对涂料施加的压力是变化的，在液流活塞上升冲程开始阶段，涂料承受的压力会迅速上升至最大并被压入喷涂系统，而后出现一段压力稳定的时间，在上升冲程将要结束时，由于液流活塞的运动方向要改变，涂料承压有一个暂时的下降，喷枪喷嘴处的液压也会随之下降，结果造成喷嘴压力出现脉动。喷嘴压力出现脉动现象会造成涂层不均匀的问题。因此需在往复式活塞泵的输液系统使用蓄压过滤器。蓄压过滤器中的涂料压力与每个冲程中平稳状态的压力相当，所以当管路中液压暂时下降时，贮存在缓冲器里的涂料就被压入管路中，以补偿管路中短暂的液压下降，减少脉动的发生。

　　高压软管通常用尼龙或聚四氟乙烯外面包不锈钢丝网制成，主要用于将高压泵输出的高压涂料送至喷枪。高压软管需耐高压（能耐 20MPa），耐油，耐涂料中苯、酮、酯类强溶剂腐蚀，且应轻便、柔软，便于操作。

　　高压无气喷枪由枪身、喷嘴、过滤网和接头等组成。与空气喷涂常用的喷枪不同之处在于其内部只有涂料通道，要求密封性强，不泄漏高压涂料。枪身要开闭灵活，能瞬时实现涂料的切断或喷出。喷嘴是高压无气喷枪的重要零件，种类也较多。喷嘴孔的形状、大小及表面粗糙度对于涂料分散程度、喷出涂料量及喷涂质量都有直接影响。喷嘴常用硬质合金、蓝宝石制成，可减小高压涂料喷射的磨损。

2. UV 往复式喷涂机的工作原理

UV 往复式喷涂机的工作原理是在高压泵的上部有气动推进器或油压推进器的加压活塞、推动泵下部的涂料活塞，利用高压泵在密闭容器内对涂料施加高压（通常为 11~25MPa），使涂料从喷嘴喷出，当涂料经过喷枪离开喷嘴的瞬间，随着冲击空气和高压的急速下降，涂料内溶剂急剧挥发，体积骤然膨胀，涂料以高达 100m/s 左右的速度与空气发生激烈的冲撞，即分散成极微细的颗粒，在涂料粒子的速度未衰减前，涂料粒子继续向前与空气不断多次冲撞，涂料粒子不断被粉碎，涂料雾化，并均匀黏附在木制品表面。一般而言，加压活塞面积和涂料活塞面积之比越大，所产生的涂料压力也就越大，如图 5-21。高压无空气喷涂机的高压涂料罐分单动式和复动式两种，气动的喷涂机多采用复动式高压涂料罐，其工作原理如图 5-22；电动高压无空气喷涂机一般采用单动式高压涂料罐，其工作原理如图 5-23。

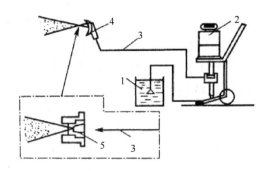

图 5-21　高压无空气喷涂机的工作原理

1. 涂料容器；2. 高压泵；3. 高压涂料输送管；4. 喷枪；5. 喷嘴

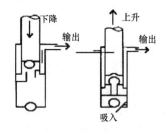

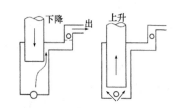

图 5-22　复动式高压涂料罐工作原理　　图 5-23　单动式高压涂料罐工作原理

3. UV 往复式喷涂机的工作方法

如图 5-24 所示，UV 往复式喷涂机是对木制品工件进行 4 个侧边一个正面一次成型的喷涂设备，可单独使用，也可与除尘机、流平机、固化机和传送工作台等设备组合使用组成一条自动喷漆线，生产效率高，作业时间短。UV 往复式喷涂机进样和出样两侧各装有一条活动导轨，活动导轨上都装有喷枪架，中间用连轴杆连接，可使得两个机械手臂同时在活动导轨上移动。每个喷枪架上都装有 4 把喷枪，木制品加工工件从进样口进入后，设备光幕感应工件大小，然后以固定速度运行喷枪，以确保漆膜厚度和喷漆效果。两侧机械手臂会在垂直于进样方向上快速移动，喷枪同时对加工工件的 5 个面（除背面以外）进行喷涂。

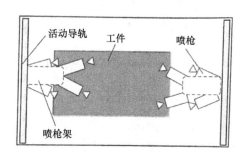

图 5-24　UV 往复式喷涂机工作方法

4. UV 往复式喷涂机的适用范围

UV 往复式喷涂机作为木制品表面 UV 喷涂专用设备，主要用于家具板材、建筑板材、木门、卫浴、橱柜、金属板材等平面板材表面的喷涂作业。采用往复式喷枪移动方式，可一次性完成面漆喷涂作业，工件喷涂加工厚度可控制在 4cm 以内，可有效提高生产效率及产品质量，如图 5-25。UV 往复式喷涂机的工作环境应该避免潮湿，水性涂料和 UV 涂料在喷漆过程中也会产生小量的易燃气体，因此也需要注意防火、防静电火花，严禁吸烟。工作环境周围应通风，工作区域应保证良好的照明，且所有照明灯应为防爆灯。

图 5-25　UV 往复式喷涂机

5. UV 往复式喷涂机喷涂工艺

涂料黏度应与涂料压力相匹配，涂料黏度小，应采用较低的涂料压力；涂料黏度大，要使用较高的涂料压力。但涂料压力过高，会出现涂料流淌或流挂等现象；涂料压力过低，则喷涂出的漆形不正常，影响涂料成膜的表面效果。

一般涂料压力与涂料喷涂量成正比，并对喷涂出的漆形影响较大。提高涂料压力可以增加涂料喷涂量，但涂料压力要控制适当，过分依靠提高涂料压力来增加涂料喷涂量是不可取的，通常条件下，涂料压力提高44%，涂料喷涂量只增加20%左右，且过度提高涂料压力，涂膜可能会产生流淌或流挂现象，设备易产生早期磨损，影响产品喷涂质量和设备使用寿命；涂料压力过低，则容易出现不正常漆形（如尾漆形）。若想提高涂料喷涂量可考虑更换喷嘴，而不应单纯提高涂料压力。

喷涂作业时，喷枪移动速度决定涂层厚度与均匀性，一般以 50～80cm/s 为宜。其选择应依据喷嘴口径大小、涂料黏度与压力、喷涂距离与涂料喷涂量等喷涂条件而定。喷枪的喷涂角度应与工件表面垂直，室内风速一般控制在 0.3m/s。

由于高压无空气喷涂时涂料压力大、流速快，比空气喷涂时的喷涂距离要稍大一些，一般在 250～500mm，且整个喷涂过程中喷涂距离应保持不变。喷涂距离太大，可能使漆雾不能完全落到工件表面，上漆率下降而损耗涂料，且漆面粗糙；喷涂距离太小，则可能产生流挂和涂层不均匀现象。另外，高压无空气喷涂时，每一次喷涂行程，喷枪的喷涂位置应该有一定的搭接，这是形成均匀涂层的关键。由于高压无空气喷涂喷嘴喷漆压力较大，喷涂扇面内的涂料流量及涂料压力比较均匀，因此喷雾图形内涂膜的厚度比较均匀，喷雾图形之间的搭接量可以比空气喷涂的小一些，但一定要搭接上。UV 往复式喷涂机的涂装效率高，每小时可以喷涂 500～1000m^2，油漆利用率高，可达 70%～80%，膜厚均匀，涂装效果稳定。VOC 排放可控，生产环境好，污染小。

6. UV 往复式喷涂布线流程

首先将待喷涂部件置于输送机输送带上，将表面辊涂腻子后，分别对其表面进行平面或异形表面的砂光处理；然后采用除尘机对处理后的表面粉尘进行清理；利用输送机输送带将腻子打磨好后的试件送入往复式喷涂设备中，进行 UV 底漆的喷涂处理，可采用双回流槽形式；将喷涂 UV 底漆后的试件经过红外线流平隧道进行表面涂膜的流平处理，保证漆膜平整、光滑，无针孔、橘皮等缺陷；然后将流平后的试件继续经过三灯 UV 干燥机进行漆膜的固化干燥，一般第一个干燥灯为镓灯，可有效提高实色漆的固化程度；之后对其表面进行砂光处理，经输送设备再进入下一道底漆处理，具体流程布线如图 5-26。

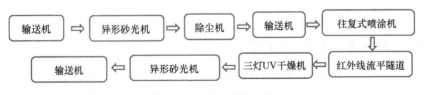

图 5-26　UV 往复式喷涂布线流程

（四）UV 静电喷涂

1. UV 静电喷涂的工作原理

UV 静电喷涂实质是利用电晕放电现象，使涂料与被涂装表面分别带正负电荷而相互吸引，从而在被涂装表面上形成漆膜的喷涂方法。其基本原理是把被涂工件和流水线接地作正极（阴极），把油料雾化器（即静电喷杯或喷盘）接高频高压静电发生器作负极（阳极）。工作时，在涂料中加入一定量的导电剂，静电喷头与被涂工件之间有很大的电场力，由负极（高频高压静电发生器）产生高压电，形成高压电场，并在其作用下产生电晕放电，使喷具喷出的涂料被分散成带负电颗粒；带负电的涂料微粒在电场力、机械力的共同作用下，沿着电场线方向移动，并被吸附到喷涂件表面，最终经固化形成漆膜。喷涂现场漆膜利用率高，漆膜液滴可吸附到喷涂件表面，且喷涂现场附近地面的油漆溅落大为降低。

2. UV 静电喷涂工艺

UV 静电喷涂主要用于木制品平面或异形表面。其使用环境应尽量避免静电、粉尘的产生，操作车间应干净整洁。每次使用设备前都需要检查是否安全接地，设备是否破损，以避免产生高压静电。静电喷涂工艺主要涉及以下几方面。

（1）电场强度

高压静电是将 220V 交流电经过增压变压器转变成 6 万～10 万 V 高压电后，再通过一个整流装置把它变成直流电。把直流电极的负极与喷枪相连，正极与地相连，并把工件与地相连，就形成了一个高压电场。电场强度是 UV 静电喷涂的动力，它的强弱直接影响 UV 静电喷涂的效果。在一定电场强度范围内，高压静电电场中电场强度越大，涂料静电雾化与静电吸引的效果越好，涂装效率越高；反之，电场强度越小，电场中电晕放电现象越弱，漆滴荷电量越小，静电雾化和涂装效果就越差。由于空气电晕放电的电阻很高，因此高压放电时的电流实际很小，一般为 100μA～5mA，对人体来说是很安全的。

高压是 UV 静电喷涂十分重要的参数，虽然高压有利于涂料带电荷，使涂料在工件上的漆膜附着力提高，涂装效率和质量明显提升，但是电场强度过大，会出现火花放电，当喷涂室内通风不足时，容易引起火灾和爆炸。电场强度过大还可能造成反电晕，也就是在正极附近的空气强烈电离，空气中负离子浓度增大，有可能聚集在被涂装表面凸出部位，将会排斥带有负电荷的涂料微粒，反而使这些地方的表面涂不上涂料。木材表面 UV 静电喷涂常用的电压为 60～130kV，电极到被涂装表面之间的距离为 20～30cm。若极距小于 20cm，则会产生火花放电的危险，而当极距大于 40cm 时，涂装效率可能非常低。

（2）涂料与溶剂

与其他涂装方法相比，UV 静电喷涂法对所用涂料与溶剂的特殊要求就是导电性，即适于 UV 静电喷涂的涂料，应能在高压静电场中容易获得电荷，易于带电。被喷散雾化的涂料能均匀地沉降到工件表面上，并能在表面上均匀流布。这些性能多与涂料电阻率、介电常数、表面张力及黏度有关。其中，介电常数、表面张力等难以测定与控制，因而影响较明显的是涂料的电阻率与黏度。

电阻率一般表示涂料的介电性能。涂料的介电性能直接影响涂料在 UV 静电喷涂时的荷电性能、静电雾化性能与涂装效率。涂料电阻率过大，涂料微粒荷电困难，不易带电，静电雾化与涂装效率变差；涂料电阻率过小，则在高压静电场中易产生漏电现象，电荷消失太快，静电压上不去，影响表面涂装效果。适宜的电阻率应通过工艺试验或测定涂料的静电雾化性能来确定。静电喷涂应选用易带电的涂料，一般电阻率在 5～50MΩ·cm 较合适。调整涂料电阻率的方法有两种。一种是通过溶剂调节，涂料电阻率高，可添加电阻率低的极性溶剂，极性溶剂能降低涂料电阻，使其容易带电，因而在涂料中添加高极性溶剂（酮、醇、酯类，如二丙酮醇、乙二醇乙醚等），有利于涂料的带电和雾化；电阻率低的涂料中可添加非极性或弱极性溶剂，如矿物溶剂油、石脑油、脂肪烃等烃类溶剂。另一种是在设计涂料配方时添加有关助剂。在木材涂装中，酸固化氨基醇酸涂料、硝基涂料、醇酸涂料、聚氨酯涂料、丙烯酸水性 UV 涂料、UV 涂料等均可用于静电喷涂。

UV 静电喷涂所用涂料黏度较一般空气喷涂所用涂料的黏度要低些。涂料黏度高，雾化效果差，若降低黏度，则涂料表面张力减小，雾化效果好。一般用沸点高、挥发慢、溶解力强的溶剂调节黏度。国内一般将黏度控制在 15～30s（涂-4 杯），且底漆和面漆的黏度通常不同。

UV 静电喷涂宜用高沸点、高极性与高闪点的溶剂。UV 静电喷涂与 UV 空气喷涂相比，雾化过程中涂料微粒的扩散效果好，UV 静电喷涂射流断面一般要比空气喷涂大，因而涂料粒子群的密度小，溶剂蒸发较快。例如，涂料中含低沸点溶剂多，则蒸发快，可能涂料在沉降到工件表面时，大量溶剂已经跑光，所剩溶剂不能使涂料在工件表面流平，造成漆膜表面局部出现橘皮等缺陷，因此 UV 静电喷涂多使用挥发慢的高沸点溶剂。由于高压静电场中有可能发生火花放电，因此使用闪点低的溶剂容易引起火灾，所用溶剂的闪点宜在 20℃ 以上。

（3）木材性质

木材是电的不良导体，干燥木材中的自由电子数很少，绝干木材的电阻率极大，所以对木制品进行 UV 静电喷涂是比较困难的，但是经过处理的木材也能正常进行 UV 静电喷涂。木材的表面湿度对木材的导电性影响较大。当木材表面含水率低于 8% 时，涂料微粒在其表面的沉降效果很差，当木材表面含水率在 8% 以上时，其导电性已能满足 UV 静电喷涂的需要。根据有关工厂的实验资料，表面含水率在 10%以上的木材，电压为 80kV，喷涂效果很好；表面含水率在 15%以上的木材最适宜。当对木材表面直接进行 UV 静电喷涂时，如果木材表面含水率较低，则需适当提高。使木材表面增湿的方法很多，可以在涂漆前将被涂装制品或工件在比较潮湿（相对湿度高于 70%）的房间放置 24h；或用蒸汽处理，房间内设置水雾、蒸汽喷雾或用加湿器喷水等。经过调湿处理的木制品在喷涂时，UV 静电喷涂室内的温度不宜过高，否则不利于木材表面吸附水膜的保持，一般相对湿度在 60%～70%、温度在(25±5)℃较为适宜。木材涂装过程中的许多工序实际上也能不同程度地提高木材的导电性。一般用酸类、盐类化学药品处理过的木材，其导电性能有所提高。木材表面 UV 静电喷涂的质量与基材的表面处理有关，对白坯木材表面的粗糙度要求极低。

3. UV 静电喷涂方法

UV 静电喷涂方法主要包含旋转式静电喷涂、固定旋杯式静电喷涂、手提空气雾化式静电喷涂、枪式（旋风式喷枪）静电喷涂。旋转式静电喷涂的喷枪结构简单，不易阻塞，容易清洗；由于它属于机械离心式电雾化，对于涂料和溶剂的导电性要求低（当然导电性也要好）；喷涂有效面积大，吸附效率高，使涂层均匀性大为改善；雾化后涂料细致，表面平整、光滑。适用于形状简单的工件。它的缺陷是喷出的涂层有中心孔，对于形状较复杂的工件喷涂较困难，涂层不均匀或凹坑部位喷涂不上，且在旋转式静电喷涂中，由于各种颜料的带电特性不同，喷涂多种颜料配成的涂料时会出现颜色不均匀的现象。旋风式喷枪和手提式静电喷枪都属于空气雾化，它们都是借助于压缩空气和静电力的作用使涂料雾化，所以能够喷涂形状较复杂或面积较大的物体。旋风式喷枪上的三个蛇形嘴可以调节，变更涂层直径较为方便，能减少甚至消除涂层中心孔现象，容易得到比较均匀的涂层。但由于空气雾化过程中溶剂易挥发、涂膜易产生橘皮等弊病，因此对溶液的要求非常高，如要求黏度小、固含量高、遮盖力好、溶剂挥发速度慢、流动性能好等。另外，空气雾化时压力增加使带电的漆粒冲出了静电吸引力范围，这些漆粒就不可能涂覆在工件上，因而增大了涂料的流失量。

固定旋杯式静电喷涂是应用一个具有锐利边缘高速旋转的金属杯，并在旋杯上带负高压静电，于是在杯口边缘产生充分的电晕放电。当油漆被送到旋杯的内壁时，由于油漆受高速离心力的作用，油漆向四周扩散甩出而呈均匀的薄膜状态，沿旋杯口切线方向运动，此时油漆又受到强电场力的分裂作用，进一步雾化为油漆微粒。与此同时，油漆微粒亦获得了电荷，成为负离子微粒，在电场力与离心力的作用下，漆液粒子呈弧状迅速向正电极工件表面吸附，从而使油漆均匀牢固地吸附在工件表面。不同被涂工件应选择不同口径的旋杯，并进行工艺调试，才能达到良好的表面涂装效果。涂漆装置工作过程是：喷具是旋杯，作负极，旋杯中空无底，安装在以一定速度旋转的传动轴上，涂料用泵或放在高处的漆桶中借重力送到旋杯的内表面，在离心力的作用下，流到旋杯的尖削部分并被甩出，在高压电场作用下，产生电晕放电，电场力也使涂料分散成很细的带负电微粒，带负电微粒被吸附、沉积到被涂装物表面，如图 5-27 所示。

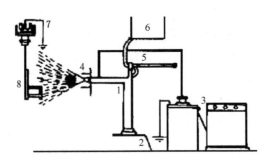

图 5-27　旋杯式静电涂漆装置图

1. 支柱；2. 电动机；3. 高压整流装置；4. 旋杯；5. 油漆供给量调节装置；6. 油漆贮槽；7. 运输带；8. 木制品

4. UV 静电喷涂设备

以 UV 旋杯式静电喷涂设备为例，其主要由供漆装置、静电喷涂室、喷具及其支架、高压静电发生器、输漆系统、涂料增压箱、涂料电阻测试器、高压放电棒等部件组成。

（1）高压静电发生器

高压静电发生器是高压直流电源，一般小型设备中要求电压为 60～90kV，大型设备中要求电压为 80～160kV。高压静电发生器常由升压变压器、整流回路、安全回路等组成。应用较多的是工频或高频电源，采用多级倍压整流以获得高压直流电。高压系统高频振荡系统均组装在同一配电盘内，因此其操作灵活方便。

（2）喷具（静电喷枪）

静电喷涂时涂料经过喷具喷出雾化并喷向木材表面，多数情况下喷具既是放电电极又是涂料雾化器，其不仅能使涂料分散雾化，还能使漆滴充分带电荷。喷具种类很多，结构也不一样，按其雾化方式的不同，可分为机械静电雾化式、空气雾化式、液压雾化式、静电雾化式与静电振荡雾化式等 5 种，生产中常用的是前 3 种。

机械雾化喷具是靠高速旋转的机械力（离心力）与高压静场的电场力（静电引力）使涂料雾化。此类喷具按其形状与结构又可分为杯状、圆盘状与蘑菇状等。杯状喷具喷头呈杯形，多用铝合金制作，其电晕边缘（杯口）直径有 50mm、100mm、

150mm 等多种规格，一般用电动机驱动，转速为 900～3600r/min。此种喷具作用于漆滴上的离心力与静电引力不在同一方向上，带电漆滴沿两者合力方向被吸往木材表面，喷涂射流呈中空环形。圆盘状喷具常为铝合金或不锈钢制的圆盘，圆盘的直径有 100～300mm 多种。驱动圆盘转动的动力有电动与风动两种，转速为 3600～4000r/min。盘面可朝上或向下，供漆方式有内输漆或外供漆。此种喷具电场力的方向与圆盘回转的离心力方向一致，便于涂料在木材表面的沉积。与杯状喷具相比，圆盘状喷具的涂料飞散少，涂装效率非常高。圆盘状喷具可以沿轴向做定期的升降运动和沿圆盘的水平方向摆动，以适应制品的形状进行喷涂。圆盘状喷具还可用于喷涂双组分涂料，这时涂料的两组分分别输送到圆盘的两面，随着喷具的旋转，两种组分就在圆盘的边缘混合并喷出。

静电喷涂的吸附性、涂装效率、雾化均匀度等，除了与静电电压高低、油漆的导电性及静电喷漆助剂性能等有关外，还在较大程度上与喷嘴形状、尺寸和制造精度等有关。圆形喷嘴内有喷嘴芯、带电雾化漆粒经内环形喷道，呈圆锥体状喷向工件表面，特点是雾化空气离开喷嘴呈旋转形，不仅能得到良好的雾化效果，还能减少压缩空气对漆雾的冲击，降低油漆微粒的初始速度，而且由于空气是旋转的，有缓冲作用，因此静电环包吸附效果较好。扁形喷嘴无喷嘴芯，相对于圆形喷嘴而言，扁形喷嘴的罩壳上下两处各增加一条旁气路，使带电雾化漆粒呈扁椭圆锥体状喷向工件表面。特点是雾漆冲出喷口时呈直线方向，并向四周散开，使油漆在喷口处能有较好的雾化效果。由于扁形喷嘴气环结构、形状与圆形喷嘴不同，而且增加了 2 条旁气路，其经典环包吸附效果相对较差。侧面喷嘴是将扁形喷嘴的 2 条旁气路去掉一半，打开旁气路，使喷出的漆粒倾斜一个角度，其特点是喷出的漆雾侧向一边，适用于侧封边等的处理。

（3）供漆装置

供漆装置的作用是向静电喷具提供均匀、连续、稳定的漆流，常用自流式、气压式和泵压式 3 种形式的供漆装置。

自流式供漆装置将涂料注入吊桶内，借助涂料自身的重力供漆。这种供漆装置的优点是设备简单，适于大量喷涂；缺点是供漆不稳，随喷嘴与所涂工件距离而改变，喷具必须低于吊桶，不同涂料必须更换不同吊桶，且清洗困难。气压式供漆装置将涂料注入密封的漆桶内，通以压缩空气，利用空气对涂料的压力，将涂料送入喷具喷涂。这种供漆装置的优点是设备简单、压力可调、供漆稳定；缺点是漆在桶内易产生沉淀。泵压式供漆装置利用输漆泵将漆输送至喷具处，这种供漆装置的优点是能够同时给多处喷具供漆；缺点是设备造价高，维修困难。

（4）静电喷涂室

静电喷涂室由室体、通风装置、安全装置等组成。其作用和空气喷涂室一样，是将多余的漆雾及溶剂蒸汽排走。室体是静电喷涂室的主体，分为敞开式、死端式、通过式或 Ω 形，根据工件大小、形状及生产批量规模来确定选择哪种室体。室体大部分采用钢结构，为了容易清理室壁，可用塑料布遮盖室壁或用硬质塑料如聚丙烯铺面，也可用瓷砖、塑料板等，在内壁涂上脱漆剂或贴上蜡纸。通风装置是将室内的有机溶剂及时排出室外，随着对环境保护要求的提高，应对排放进行治理，可采用水帘式、文氏管式或水旋式等漆雾处理技术，通风风速根据不同雾化方式而定。室体内应设置安全装置，一旦产生过流导致火花放电，应立即自动切断静电喷涂室内总电源，并有灭火装置，防止火灾发生。另外，室内应设置防爆型灯具。

5. UV 静电喷涂的应用

UV 涂料是一种无溶剂或溶剂极少的高固体分速干型涂料，静电喷涂木制品紫外光固化涂料具有自动化程度高、耗漆量小、效率极高的特点，UV 静电透明底漆具有低黏度、流平性佳、附着力优异的特点，在大型木门厂推广应用，能取得较好的经济效益。以木门门扇为例，其 UV 静电涂装工艺为：素材砂光→刮涂着色腻子→喷涂底漆（第一遍）→砂光→喷涂底漆（第二遍）至填平导管，图 5-28～图 5-30 为 UV 静电喷涂在木门生产制造中的实际应用。

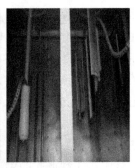

图 5-28　UV 静电喷涂实例（摄于广东润成创展木业有限公司）

图 5-29　涂装生产线　　　　图 5-30　已涂装底漆的门扇进入 UV 室

（五）真空喷涂

真空喷涂机是在真空状态下，将涂料分散成雾状喷涂于被涂物表面的一种涂装设备。其主要由真空箱体、机架和输送部分组成。真空箱体内壁采用不锈钢板制作而成，耐磨性、耐腐蚀性好，适用于对家具线条、相框、窗框、门套线、地角线及各种线形材复杂的产品进行 UV 和水性油漆的喷涂处理。加工工件直径应小于 60mm，长度应大于 400mm。真空喷涂布线流程如图 5-31 所示。

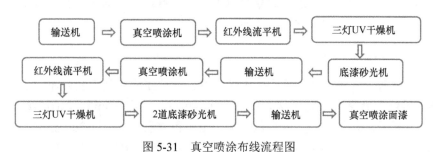

图 5-31　真空喷涂布线流程图

第三节　水性涂料涂装工艺与设备

水性涂料是所有涂料中对温度和湿度最为敏感的品种之一，其常用的涂装工艺有刷涂法、喷涂法和擦涂法，工业上还可用浸涂法和淋涂法。

一、水性涂料涂装工艺

（一）水性涂料涂装前的准备

木制品表面进行涂装前必须进行表面砂光处理，不得有积尘、飞灰和杂乱物品，且满足一定的表面粗糙度。需要准备打磨用的砂布（纸），从 200# 到 1000# 都会用到，根据不同底面漆，配套使用不同目数的砂纸。水性涂料涂装环境的最佳状态是室温（23℃左右）恒定，相对湿度在 70% 以下，通风效果良好。此条件下可保证水分快速蒸发，减少或消除木纹起颗粒、长毛刺等现象。涂装环境温度低于 15℃或高于 30℃都会影响涂装效果。喷涂施工前必须将不需上漆处遮盖严实，以免漆雾沾染。

若采用刷涂法进行水性涂料涂装，需先准备刷涂工具。刷涂一般用软毛刷，要求毛刷不掉毛、柔软、吸水性强，使用前先捋净固定不牢的毛，并用清水洗净，甩干水后再用。毛刷蘸漆之前一定要预先用水润湿，但不得有滴水，否则漆刷很快固化报废，或者漆刷中的漆变干起渣，影响木制品表面涂装效果。

喷涂可用普通空压机或空气辅助式无气喷涂机。喷枪口径为 1.0～1.2mm，漆液输出量可调。因为水性树脂及涂料中的添加剂可能含有可与铝及铝合金反应的物质，这些化合物会导致铝材产生点状锈蚀、粉化，以及漆液污染、变色，所以喷涂设备中一切与漆液接触的部件都不得用铝制件，一般用不锈钢制造，或者用聚四氟乙烯衬里保护。

若采用擦涂法进行水性涂料涂装，其所用丝棉团不得掉纤维，使用前必须先用水浸湿并挤干水分。此外，为保证涂漆质量，水性涂料用前必须过滤，清漆用300目以上滤网过滤，色漆用200目以上滤网过滤，工厂涂装用相应目数的纸芯过滤器过滤（朱万章和刘学英，2009）。

（二）水性涂料涂装工艺流程

水性涂料一般涂装工艺流程（水性底漆、水性面漆涂装工艺）如图5-32。基材180#砂纸打磨修整→刷（喷涂）水性封闭底漆，干燥30min→240#砂纸打磨→刮涂水性腻子，干燥1h→240#砂纸打磨→水性色浆着色，干燥30min→刷（喷涂）水性涂装，干燥40min→400#砂纸干打磨→刷（喷涂）水性清漆（或水性面漆），干燥2h→600#、800#水磨砂纸打磨修整。

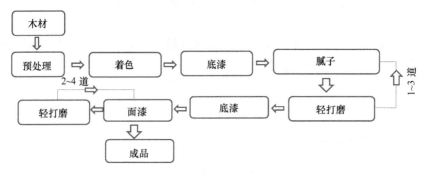

图 5-32　水性涂料涂装工艺流程图

1. 基材预处理

基材预处理包括打磨、去毛刺和密封三个步骤。

待涂装的木材表面应先用200#砂纸初步打磨后再用400#砂纸打磨，使其平整光滑。对于细木工件可直接用400#砂纸打磨。细砂纸打磨会使木纹紧密，减少木材起粒现象。

木材着水后，水分沿木纹和导管中的微隙渗入木材内部，使其膨胀变大而突出木材表面，干后不能复原。所以木材涂水性涂料后会出现木纹突起、起颗粒、生毛刺等现象。消除或减少涂第一道水性涂料后出现起颗粒和生毛刺现象一般可通过以下方法实现。①用可挤出水的湿布揩擦待涂木材表面，使其充分润湿，晾干后用细砂纸打磨掉形成的毛刺和颗粒。然后涂一道底漆，干后用400#砂纸轻轻打磨。对多孔木材要涂两道底漆后再打磨，此时头道底漆应加 5%～10%的水稀释后再用。②用无蜡虫胶漆封闭木材表面。此方法不仅可防止水性漆膜表面起颗粒、长毛刺，还可增加木材的层次感。但是，由于虫胶本身有颜色，木材会带上淡淡的琥珀色，因此一般用于旧漆面和已被油脂、脱模剂、有机硅化合物污染的木材表面。

水性腻子可对木材等基材表面的细孔、微细裂纹、凹坑、接缝和小瑕疵进行填充找补，降低表面粗糙度，增加平整性。水性腻子要求附着力和填充性要好、易打磨、透明度好、不影响下层漆的涂装。木制品表面涂装时漆液会将空气封堵在微孔中，干燥过程中环境温度的微小升高使得气泡膨胀，从而容易使漆面产生明显的气泡。水性腻子则可将木材表面的微孔封固，减少涂装过程中气泡的生成，同时可增加漆膜的丰满度。一般而言，开放式涂装通常要求显露木纹和微孔的涂装效果，因此不得使用腻子封底。

腻子使用前需搅匀，多采用刷涂法将其涂覆于各种形状的木制品表面。视木材表面粗糙度不同可刷 1～3 道腻子（一般情况下刷两道即可，每道间隔至少0.5h），特别不平整的表面可多刷。腻子打磨时只需轻轻磨去极不平整处再涂下一道腻子。腻子完工后放置至少 2h，用 1000#水磨砂纸打磨平滑，水磨后冲洗干净，擦干、晾干后才能进行下一步涂装。但是，对有可能因水而发生木材翘曲、变形、开胶的场合，不得进行水磨。大多数水性腻子固含量都很低，对木材上的大缝隙和凹坑难以填实，这时应该采用高固含量腻子或油性腻子处理。

2. 木材的着色

木材着色分实色和透明色两种。实色漆加有各种颜料，遮盖力强，涂装后不显露木纹，一旦上漆后就呈现漆的本色。透明色是用加有染料或透明颜料的着色剂先对木材上色，再罩清漆，由于着色剂是透明的，着色后能显露木纹。木制品表面最终颜色取决于着色剂、清漆和木材的本色，同一种颜色的着色剂在不同木材上着色后呈现的颜色不尽相同，在浅色木材上着色比在暗色木材上着色的色调明显且亮度高。

木制品水性涂料用水溶性或醇溶性染料着色最为方便。许多公司生产水性涂料染料的基本色，由这些基本色可复配出各种各样的装饰色并可添加乳液和助剂制成各种着色剂。透明氧化铁是一种着色性、溶色性、显木纹性良好的着色颜料，其耐光性也大大优于染料，可用于户外木材着色。透明氧化铁配以超细填料，如2～5μm 的碳酸钙、滑石粉、沉淀硫酸钡等制成的底着色材料具有优异的填充性、展色性、显木纹性和抗泛白性。一般在透明性要求高的场合填料的用量不宜太多。不同种类木材吸收的着色剂也不同，木材的纹路和天然色会影响最终的着色效果。一般而言，高密度木材和硬木的孔隙少，吸色和吸收液体的能力弱，应选深色的着色剂或采用多次着色的方法才能获得所需要的颜色。木材经过加压、防腐、蒸煮等预处理后，其吸色能力可能会受影响。需要注意的是，打磨程度和选用的面漆都会影响木制品表面最终的颜色。此外，醇溶性着色剂和油性着色剂也可以用于水性涂料涂装工艺中。各种着色方法的比较见表5-1。

表5-1　木材用基材着色剂着色方法的比较

着色法	着色剂类型	组成	施工法	特点	缺点
染料系	水性	水溶性染料/水	喷、刷、擦、浸涂	施工性好，不渗色，易调色，安全	木材膨胀，易起毛刺，耐水解性、耐光性差
	醇溶性	醇溶性染料/乙醇	喷、刷、擦涂	快干，渗透性好	有渗色，耐光性差，起毛刺，着色均匀性差
	酸性	酸性染料/纯碱（乙二醇乙酯、二乙二醇乙醚等）	喷、擦涂	快干，不起毛刺，着色强，不渗色，渗透性好	不宜刷涂，价格贵
	油溶性	油溶性染料/松香水	喷、刷、擦涂	不起毛刺，透明性好	可能渗色，耐热性、耐光性差
颜料系	透明颜料	透明颜料/助剂/水	喷、刷、擦涂	耐光性好，有填隙性	影响附着力
	颜料	颜料/树脂/稀释剂	喷、刷、擦涂	着色力强，耐光性好，有填隙性	干燥慢，透明性差，影响附着力
	填料	填料/颜料/树脂	喷、刷、擦涂	同时填孔隙和着色	透明性差，影响附着力

（1）着色前的表面处理

未上漆前木材的抗污能力很差，水渍、茶、咖啡、油垢很容易污染木材表面，一定要很好地清洁和防护。着色前要用400#砂纸顺木纹打磨木材表面（可湿磨），木材经打磨后表面形成微小的磨痕，有利于着色剂吸附于磨痕里，使颜色更加明显。打磨后需清除干净打磨粉尘并干燥木材，过高的含水量不仅会影响着色效果，还会使木材干燥后产生开裂。着色剂用前需充分搅匀，并且要随用随搅，防止上下不均匀使着色产生色差。

（2）单色着色

着色颜色可以是基本色，也可以用基本色复配而成。配色时要反复在小木片上试涂，与样板比较，确定配方比例。某些厂家推荐的配方及色样可做参考。BASF公司的6种基本色配成的几种色样和参考配方（质量份）如下。

1）浅栎木：去离子水，99.024；黑X82，0.476；黄215，0.334；红311，0.166。

2）深栎木：去离子水，96.000；黑X82，1.368；黄215，2.210；红311，0.422。

3）天然栎木：去离子水，99.764；黑X82，0.032；黄215，0.188；红311，0.016。

4）中胡桃木：去离子水，97.000；黑X82，1.000；黄215，1.300；红311，0.700。

5）胡桃木：去离子水，95.000；棕269，3.000；黄215，0.800；橙红273，1.200。

6）红桦木：去离子水，99.738；棕269，0.016；黄215，0.242；枣红415，0.004。

刷涂着色前先将刷子浸入水中，捋去固定不牢的刷毛，甩干水后再蘸着色剂。平面施工时要保持湿边，以免形成搭接痕迹，但不得有堆积和刷痕，否则干后色深。着色剂充分干燥后上第二道色或罩面漆，可用柔软、干净、不掉纤维的布进行多道擦色，用布擦色薄而均匀。实木木材着色沿木纹进行，中密度纤维板上着色要沿一个相对平整均匀的方向进行。多道着色会使木材或中密度纤维板表面颜色加深并会降低着色剂的透明性。

（3）多色着色

水性着色剂可分层着上多种颜色，其表面效果更逼真。在木材上先上一层均匀的基色，干燥后再薄而均匀地上一层别的颜色，全干后再罩透明面漆。因为第二种颜色透明性高，使底色能够充分显现，两种颜色结合起来可创造出一种奇特的复合效应，所以此方法得到的漆膜表面颜色更真实自然。选色时用两种相近的颜色配合使用效果最好，也可上两道以上不同的颜色。多色着色的实际效果要先在小木板上试涂观察后才能确定。一般木制品着色后应该干燥24h再涂面漆，地板漆最好干燥48h以上再涂面漆。

（4）特种着色

仿古作旧：在新家具上人为地作旧而形成古旧的外观，是美式家具涂装常见的涂装方法。作旧的方法有多种：一是在木材上着两道颜色相近但不同的颜色，干燥后用400#砂纸不规则地轻轻打去上面一层颜色，露出底层颜色，将边角处和人易接触部位打去底色露出木材原色，处理后罩上面漆得到仿古效果；另一种方法相对复杂，木制品着色后用200#砂纸在边角、把手、腿脚处打去色痕，模仿磨损、撞击、扯裂的样子，更有甚者用榔头敲击形成凹坑，用锉刀锉削露出木色，制造龟裂纹，敲打钉子人工做出虫蛀痕，喷上深色漆做出霉点，或用黑色着色剂点上细小黑点等，再罩清漆。

特殊花纹：木材表面先整体着一道色，干燥后用刷子局部上第二道色，呈补丁状，或用刷子、橡胶片将第二种颜色画在底色上，形成各种图案。还可在底色上厚涂第二道色，趁其未干前用刷子把或其他钝器在色层上划出不规则的纹路。

水性美式涂装：水性美式涂装的工艺流程如图5-33，根据要求不同可采用全部或部分作旧手法。家具成形后首先人工破坏形成各种各样的仿古痕迹，以彰显年代久远的效果。

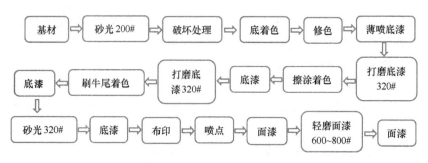

图 5-33　水性美式涂装工艺流程

　　水性美式涂装采用喷涂法将水性染料着底色，修成与色样一致的颜色。将水性底漆稀释成固含量 10%～15%、黏度 8～10s 后薄喷一道，使漆渗入木材的微孔和细隙中并封闭细孔，保护底色，防止下一道工序破坏底色效果。底漆干后用 300～400#砂纸轻轻打去因水性涂料膨胀木材导管而形成的颗粒、毛刺和纤维。然后用水性颜料着色剂（格丽斯）对木材着色。根据色样配色，用布蘸着色剂在木材上做转圈运动将色料均匀擦涂在木材上，再顺木纹擦拭，使色料挤入木材微孔与缝隙中。用干净的布擦去多余的着色剂。参考色样用钢丝绒顺纤维方向局部擦除一些着色剂，呈现出颜色深浅不同的对比效果。最后用刷子作部分修饰。

　　着色完成后上透明底漆，干后轻轻打磨平整。按要求在底漆干后模仿布印、牛尾、霉点、苍蝇屎等部分作旧效果。布印以染料型着色剂配成，可做出明亮层次，增强木纹条理，提升立体感，以软布蘸着色剂在木材上轻拭和拍打，使颜色加深，明暗对比，层次凸显。牛尾是用刷笔或棉线蘸着色剂轻轻甩画出的，呈丝状迹，通常在浅色处和边缘处多画一些，起装饰效果。苍蝇屎是用深色着色剂点喷大小不一的小点而做出来的。

　　作旧完成后采用全面喷涂和局部加强修补相结合的方法，上底漆修色，使之与标准色样颜色相同。染料着色剂或颜料着色剂与底漆混合均匀喷涂。染料着色剂清晰透明，颜料着色剂的效果较为朦胧。最后上几道面漆，达到所需的丰满度、光泽度与手感为止。

3. 水性底、面漆的涂装

（1）水性底、面漆的刷涂

　　水性底漆喷涂常见的工艺及应用场合：一般在涂装水性腻子之前先涂一道水性封闭底漆以提高漆对木材的浸润性，此时要求软毛刷使用前先在清水中充分浸湿，甩去多余的水分，漆刷蘸漆至刷毛长度的一半。涂刷时漆液可加入 5%～30%的水兑稀，涂刷要尽可能快，轻轻地、平稳地顺木纹涂刷，使漆液容易进入木材毛细孔内，这样有利于增加漆膜的附着力。待第一道封闭底漆固化后（视温度和相对湿度而定，自然干燥下需 2～8h），用 400～600#砂纸将木材表面竖起的毛刺打磨除去，使表面基本光滑，然后进行腻子封底。将水性腻子干燥后的木材表面打磨、清洁后再进行多道底漆涂装，每道底漆涂装 2h 后轻轻打磨再涂下一道，一般底漆要涂 2～5 道，涂装次数越多，漆膜越厚，丰满度越好。

多道底漆涂装完后，对涂装效果要求不高的场合，底漆也可用来作面漆，即所谓底面合一型水性涂料。而对涂装效果要求较高时，可在底漆上刷涂亮光漆或有一定亚光度的亚光漆 1～3 道。涂面漆之前底漆至少要自然干燥一天，涂每一道面漆前必须用 800# 以上的砂纸轻轻打磨前一道罩面漆，以增大涂层间的附着力，这一点对水性聚氨酯面漆特别重要。需注意的是，最后一道面漆最好加 5%～10% 的水将原漆稀释后再用。

水性涂料的色漆可分为实色漆和透明色漆两类。实色漆由红、黄、蓝、白、黑各种颜色的颜料浆与清漆调配制成，具有足够的遮盖力，也可制成亚光型，施工方法与清漆相同。一般涂装 2～3 道即可达到满意的效果。透明色漆既可采用透明颜料（或染料）加入清漆中，调配制成透明色漆再施工，实现木制品表面透明色漆涂装；也可用底着色法，先用水性或油性色浆对木材擦色，打磨后再上清漆，多次处理直至达到令人满意的着色效果和漆膜丰满度。开放式涂装宜使用透明色漆，且涂装道数不可过多。

（2）水性涂料的喷涂

水性涂料可用普通喷涂机或高压无空气喷涂机进行喷涂施工。普通喷涂机采用传统空气隔膜泵喷涂、加装压力桶和混气喷涂，其中混气喷涂的涂装成本低、涂料利用率高、涂膜雾化好、喷涂量大，喷涂一道膜厚可达 20～50μm，是一种很适宜水性涂料喷涂的作业方法。一般而言，喷涂施工的漆膜比刷涂漆膜更平整。喷涂用水性涂料应在原漆的基础上加 5%～30% 的自来水兑稀后再用，对于黏度大的漆兑水量还应增大，保证水性涂料黏度（涂-4 杯）为 18～20s。将兑稀搅匀后的水性涂料静置至少 20min，待气泡基本消失再涂装。喷涂前漆液必须先经 200 目以上的滤网过滤，以免带入的微小杂质影响漆膜质量。

水性涂料在喷涂过程中既要防止雾化过细，又要保证雾化均匀适度；既不可出漆太多，又不可喷得太厚，湿膜厚度在 50μm 左右为好，否则容易产生流挂、橘皮等弊病。水性涂料喷涂不可一道施工太厚，宜采用多次喷涂法增大漆膜厚度。在垂直面上喷涂时，喷枪与施工面要稍有一角度，不宜垂直喷射。两道漆之间一定要用 400# 以上的砂纸打磨，压缩空气吹去磨尘并用湿布擦干净，这样可增加两道漆膜之间的附着力。

（3）水性涂料的擦涂

水性涂料也可用擦涂法施工。擦涂时在木材表面留下的漆很薄，擦涂挤压力大，使得木纹和微孔中的空气容易被赶出且不会留下过多油漆，其操作方法简便，涂装速度快，可消除刷涂法常见的气泡和刷痕等弊病。

水性涂料大多太黏稠，不适宜直接擦涂，要加入 10%～30%的自来水稀释后用。为了避免木纹因水胀起和起毛刺，最好先涂脱蜡虫胶漆封底，经 600#以上的砂纸打磨平整后再擦涂水性涂料。擦涂用的丝绵团要求吸液能力大、柔软、不掉纤维，团成一团后先用清水泡湿，挤去多余的水分后才能蘸漆施工。擦涂时要戴橡胶手套，从待涂木制品的一边开始整行擦涂至另一边。起初用力要轻，不可过度挤压，以免丝绵团两边挤出的涂料太多，涂层太厚。每一行擦到另一边时也要稍稍减少施压力。擦涂一行一行进行，边角处可将丝绵团挤成相应的形状擦涂。正常情况下半小时后就可擦涂第二道漆，冬季可延长到 2h 以上。每道漆之间都要用 600#以上砂纸打磨并用湿抹布除尘。色漆的擦涂方法相同，只是两行漆的搭接面要尽可能小，否则搭接处颜色偏深。色漆上好后最好罩几道清漆加以保护。

4. 水性涂料静电喷涂工艺及应用

水性涂料静电喷涂以静电喷枪为阴极，以接地的被涂木制品为阳极，接通负高电压，在正负两极之间形成高压静电场，在阴极形成电晕放电，让喷出的水性涂料带电荷，并进行雾化，根据同性相斥、异性相吸的原理，在静电场的作用下，带电的水性涂料沿着电场线的方向高效吸附在木制品表面。喷枪通常采用内部加电的方式，由于水性涂料自身具有良好的导电性能，在进行喷涂过程中会导致供漆系统导电，影响喷枪的正常运行，一般可利用静电涂装电压越高，涂装效率越高的原则，通过提高静电涂装电压，有效解决这种问题。为了满足水性涂料静电涂装的使用要求，通常需对供气管、供油管等管道进行绝缘处理，特别是供油系统，水性涂料在供油管内流动会使整个供油系统形成一个导体，因此必须对供漆系统进行绝缘处理，绝缘的安全距离应该超过 500mm。水性静电涂装喷涂工艺要点主要有以下几方面。

（1）环境相对湿度的控制与调节

由于水性涂料静电喷涂是在自然条件下进行的，如果环境相对湿度超过 90%，将会导致高压超电流报警的问题。可能是由于环境湿度过高，水雾凝结在供漆系统的绝缘材料表面，从而产生放电现象。因此，水性涂料静电喷涂的喷漆室需保证供漆系统和喷枪能够在恒温恒湿的环境中运行，因为喷漆室的排风量、送风量约为 40 000m³/h，在恒温恒湿条件下运行费用太高，所以关键是要解决供漆系统与喷枪绝缘材料表面的水雾凝结问题。目前是将齿轮泵、换色阀、隔膜泵、涂料桶等都放在调漆室，对调漆室进行除湿处理，由于调漆室为密封环境，且空间相对较小，仅需要安装制冷功率为 1600～1950W 的空调就能满足除湿要求。

（2）温度的调节与控制

水性涂料需要用水进行调配，由于环境温度对水性涂料的黏度影响很大，在喷漆施工过程中，涂料应该采用称量的调配方法，以保证涂料中的固含量保持不变。环境温度越高，相同固含量涂料的黏度也相对越低，而涂料黏度大小直接影响喷涂的施工效果。因此，在调配涂料时，应根据现场喷涂湿膜表面的具体情况确定相应的调配参数，并在喷涂过程中保证无漏底、无流挂等现象，涂层均匀，表面润湿性好。当环境温度低于10℃时，应先对面漆进行表干加热，然后进行喷涂罩光漆，加热的温度应控制在60～80℃，时间在2～5min。

（3）水性涂料黏度的要求

水性涂料的黏度受到剪切力的影响而变化较大。剪切力小，水性涂料的黏度相应较大；剪切力增大时，涂料黏度则会明显降低。因此，为了确定水性涂料的黏度，需采用旋转黏度计等检测水性涂料的黏度，以保证其能提供良好的漆膜涂装效果。为了保证最佳的水性涂料施工黏度，在正常生产条件下，贮漆桶、调漆桶等都应该采用低剪切力的搅拌器进行搅拌，以保证喷涂工位枪嘴喷出漆膜的均匀性。

（4）喷涂后应快速用清水冲洗

当水性涂料喷涂后，应尽快清洗供油系统及喷枪，如果停放时间过长，就会使水性涂料表干而造成难以清洗的问题。此外，由于水性涂料具有导电性，喷枪枪针与涂料接触之后，电流会沿着供漆管传递至供漆桶，因此在实际施工时，在添加水性涂料时应该将高压装置关闭，否则容易导致电机事故。

以上凡是涉及水性涂料喷涂工艺与设备的，都应有相应的喷房设计，以保证作业环境清洁、涂膜质量稳定。水性涂料喷房主要有脉冲式、干式和传统水帘幕式三种，如图5-34。

脉冲式　　　　　　　　　干式　　　　　　　　传统水帘幕式

图5-34　水性涂料涂装常见喷房

5. 涂装工艺自动化

自动涂装通过自动化、机械化喷涂设备实现。涂装工艺除了必须控制喷具的运动轨迹外，还必须控制漆液的雾化质量、雾幅大小、液体黏度、液体流量、换色、工件识别与跟踪及全系统的计算机。涂装自动化，自动换色一般仅需15～20s完成，生产线不需停工，自动识别、自动跟踪不同型号产品、生产线，可连续工作；每个产品的生产时间可缩短，大大提高了生产效率。自动涂装设备实现了立体自动跟踪和自动换色，可在同一木制品生产线上对各类木质部件或木制品进行混合施工，自动识别、自动跟踪、自动换色，生产出各种不同涂装效果与风格的产品；采用计算机控制停喷、少喷、喷涂面积缩小，保证高效喷涂和减少污染，而且可利用计算机记忆和重复最佳喷涂因素，保证漆膜质量，避免因工人疲劳和换人而引起质量下降，适于多品种、小批量生产，可满足市场对产品式样、尺寸、色彩的复杂要求。自动涂装可大幅度提高漆雾附着效率（75%～95%），减少废气排放，减小喷涂室内的空气流速和废气处理量，减小能耗。涂装工艺自动化的控制因素较多，影响涂膜质量的因素及其控制见表5-2。

表5-2　影响自动化涂装涂膜质量的因素及其控制

	影响涂膜质量的因素	对影响因素的控制
喷漆环境	空气的温度、湿度与洁净度	控制高洁净度的恒温恒湿喷漆房
涂料黏度	溶剂量	控制涂料黏度
	温度	控制及补偿涂料温度
涂膜厚度	喷涂量	控制涂料流量
	雾幅大小	控制雾化空气压力
	喷涂距离、喷涂速度	采用工件识别、形状跟踪等调控喷涂距离和速度
漆膜色彩	配色	采用电脑配色仪实现精准配色
	换色	采用自动换色系统进行控制
漆膜鲜映性	漆粒雾化粒度	采用高质量雾化器控制
	漆膜厚度均匀性、光亮性（或平滑性）	提高工件立体跟踪精度，实现漆膜厚度均匀和表面光洁平整
	漆膜厚化	采用高黏度涂料和喷漆设备进行喷涂
计算机控制	喷漆轨迹、膜厚预测、工件形状识别、生产管理与报告	各种软件编写与修改

（三）水性涂料施工影响因素与注意事项

影响水性涂料涂装施工的因素主要有温度、相对湿度、漆膜厚度、涂装工具及环境、基材处理等。在施工过程中需要注意施工工具、干燥处理、产品性能、综合成本、涂装效率等几个关键点。水性涂料施工的影响因素和注意事项如下。

1. 水性涂料涂装的施工环境

水性涂料的施工温度为15～35℃，温度过低（如冬天施工温度低于5℃），水分挥发慢，成膜性不好，易产生咬底和起皱现象，可用暖气或太阳灯将室内温度提高到10℃；夏天温度较高时，易产生气泡，且干燥加快易产生流平性差的问题，施工时可加入10%～20%水，以避免由温度高、水分挥发快所导致的气泡来不及聚集而变大破裂的现象。

湿度对水性涂料的干燥影响较大，过高或过低的湿度都可能导致涂装效果不良，如出现流挂、回粘、起痱子、橘皮、气泡等弊病，一般相对湿度为 50%～80%（最佳条件是 23℃左右，相对湿度不超过 70%）。由于水性涂料主要以水为溶剂，水的蒸发潜热本身较大，若湿度过大，则涂料被饱和水蒸气笼罩，水性涂料成膜时挥发就很难，造成干燥速度很慢。相对湿度低于 50%时，需采用加湿器进行加湿处理；相对湿度大于 80%时，需采用空气除湿机降低湿度。

水性涂料待干环境需保持干净、无粉尘，并要有温和的通风条件，避免在密闭空间待干，同时未表干的漆膜要避免在风口处干燥，以免因风大而导致漆膜开裂。

2. 木制品水性涂装对基材的要求

涂装时，木材或贴装饰薄木板材的含水率应控制在 10%～14%，不能过于潮湿；对密度板施工时，首先要采取专用水性封闭底漆，防止白色涂装中单宁酸上浮，导致黄变的发生；对贴木皮板材，需用防水胶黏剂形成致密的防水层，确保水性涂料不会渗入基材里去；基材处理时，基材表面需先用 300～400#砂纸打磨平整，去掉木屑，确保无油污、灰层；对于涂面漆前的木材表面，需要用 600#砂纸轻磨，使其表面细腻平整，保持清晰的木纹。

3. 施工及待干过程控制

①为确保产品品质及提高生产效率，要求施工现场安装控温控湿设备。②水性涂料常规涂装一般以开放效果为主，选用口径 1.5～2.0mm 的喷枪，喷涂一个"十"字（湿膜厚度小于 150μm）即可。③待干时间及漆膜养护要求（温度为 20～30℃，相对湿度为 50%～60%）：单组分底漆待干时间为 4～6h，全封闭涂装时底漆待干时间需延长至 12h 以上；双组分底漆待干时间为 6～8h，双组分封闭底漆建议待干时间 12h 以上；单/双组分面漆待干时间需 24～48h，同时需用珍珠棉隔开，控制码放高度，防止漆膜粘连破损。④水性涂料的基本展现一般需要 7 天以上，一般养护 15 天以上可以达到优良性能。⑤涂装工具与环境：单组分水性涂料大多用于室内装修，因此一般采用刷涂或喷涂的方法。刷子尽量采用软的羊毛刷，先浸入漆中再在桶边沥干，但要充满漆进行涂刷。两刷之间搭上 1/3 的面积，并顺纤维方向刷涂，以减少气泡的产生。喷涂时，喷枪口径不宜过大，以 1.5mm 为宜；气压以 0.4MPa 左右为宜。喷涂或刷涂的环境尽量清洁干净，以免灰尘颗粒落入漆膜中。施工的基材和水性涂料需在推荐施工温度条件下预先养护。

4. 木制品水性涂装注意事项

①水性涂料和待涂面的温度要一致，不得在冷木材上涂漆。水性涂料可在阳光下施工和干燥，但是要避免在热表面上涂漆。②在垂直面上涂装时，应将漆液加 5%～30%的清水稀释后喷涂或刷涂，喷涂要薄，刷涂时蘸漆量宜少，也要薄涂，

以免流挂。不可指望一次厚涂完活，应多道薄层施工。③如果漆液太稠，可适当兑入清水调到黏度合适再施工。总之，加水量要以涂装效果最佳为准。④水性涂料的施工，一般一次不宜太厚，以薄涂多次为宜。如果一次漆膜太厚，会造成干燥慢、易起皱、难消泡、泛白、漆膜开裂等现象，如果立面涂刷，还易产生流挂现象，这与水性涂料的成膜机理有很大关系。⑤涂装道数取决于要求达到的质量和效果，通常涂 3～4 道即可达到良好的效果。要求高丰满度时，涂装道数还应增加，每道之间不仅要打磨，还应适当延长干燥时间，4h 以上为好。⑥涂漆前必须确认所用的水性涂料和底漆或着色剂（特别是油性着色剂）的相容性。油性体系至少要干燥 24h 再上水性涂料，上漆前要充分打磨和清理干净。⑦尽管水性涂料表干快，但是漆膜中的水分完全逸出需要较长时间，通常干燥 7 天才能达到最终强度（冬天时间还应适当延长），此阶段不得叠压、覆盖、碰撞已涂装的木制品，以免造成漆膜弊病。

二、水性涂料涂装设备

（一）毛刷

毛刷作为涂刷用具，是利用毛的纤维吸收性来涂刷作业物，通常采用手工握刷、挥动进行涂装。由于科技发展及涂装设备的普及，毛刷在木制品家具涂装中的使用日益减少，只用于一般室内或建筑装潢、墙壁缝隙与壁橱等，生产家具的企业也只在不易喷涂的部位使用。

1）毛刷使用的纤维种类是决定刷子性能的重要条件，有马毛、牛毛、猪毛、羊毛、尼龙毛（化纤）等。

2）毛刷的尺寸以刷柄扎毛根部分的尺寸为标准，一般以寸或厘米为单位。

3）毛刷的形状依使用纤维种类而定。马毛应用较多，质量大，羊毛比马毛利用得相对较少，猪毛较粗，质硬，适合高黏度涂装之用，尼龙毛为合成化纤，近似猪毛，但本体基质坚硬度不够，由于自然毛取用困难，合成纤维毛目前仍被广泛使用。

（二）调理板（刮刀）

调理板用来刮涂木材导管孔、接缝、凹陷，其基材一般有木材、钢材、铝板等，依刮涂需要，宽度约 15cm，也有达到 30cm 以上的，一般对平面板全面刮涂的，常选用橡胶刮刀。

（三）空气喷枪

空气喷枪是利用压缩空气的急速膨胀与扩散作用，将涂料雾化形成喷雾形态的喷漆工具，其包括外部混合式和内部混合式。空气喷枪的喷嘴调节装置，可将涂料喷出形状从圆形调整为椭圆形；涂料喷涂量调节装置，按照涂装物体的变化，可调节涂料喷涂量的大小；空气量喷出装置，可与涂料喷涂量调节装置配合，调节空气量大小，如图 5-35。

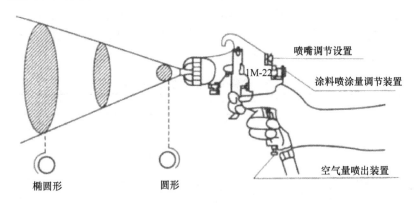

图 5-35　空气喷枪的调节装置

空气喷枪的本体部由本体、开关及空气阀等构成。本体是人工设计的，开关通常是两段式的，把手拉开则空气阀先开，压缩空气即从空气帽各孔喷射，使涂料喷嘴前端部形成真空状态，再拉开针阀，喷出涂料。空气喷枪依涂料流出的喷嘴口径及供给方式而有不同规格，涂料通过重力式与吸上式进入喷枪涂料坯内，其容积通常为 130~1000mL，适合少量喷涂工作。更大量的喷涂则需采用分离式涂料桶，将压缩涂料输入喷枪进行操作。

（四）无空气喷涂装置

无空气喷涂是把液体喷雾化，仅依靠重压，强制涂料经过非常细小的锐孔，达到雾化的目的，适用于水性涂料大面积及快速涂装。涂料雾化的飞散损耗较少，故涂装效率为刷涂的 10 倍以上，与空气喷涂法相比，其作业性亦高出数倍。无气喷枪类似空气喷枪，但没有空气帽及喷幅调整阀，无法调整宽幅，需视作业物的大小来换装喷嘴。无空气喷涂装置产生高压的泵浦，分别有空气动力型、电力型及汽油引擎动力型三种，水性涂装采用空气动力型。

水性涂料无空气喷涂除了保持与被涂物表面距离为 30~36cm 外，其他步骤与空气喷涂法类似；因为喷涂损耗较少，所以涂布重叠部分可少于 50%；无空气喷涂机具有非常高的压力，作业时不可朝人体喷射，冲洗喷枪时不能任意拆除喷雾装置，以免造成危险。

（五）空气辅助式无气喷涂装置

空气辅助式无气喷涂装置主要由无气喷枪的涂料喷嘴和空气喷枪的空气帽所

组成，其喷嘴具备无气喷枪的功能，且用低压将涂料雾化成扇形，喷嘴可调节雾化宽幅大小。

涂料压力低于无空气喷涂，更易于控制流量及涂布量，而且涂料压力经喷嘴后流速低，从而增加了喷嘴和泵浦的使用年限。空气消耗量与空气压力低于空气喷枪，逸喷减少，雾化均匀。空气辅助式无气喷涂比空气喷涂减少涂料耗损25%～30%，具体对比如表5-3所示。

表 5-3　涂料雾化喷涂方式对比表

特性	空气雾化式	无空气雾化式	空气辅助无气式
空气压力/（kgt/m²）	2～6	—	0.7～2
涂料压力/（kgt/m²）	1.5～3	70～350	70
输送管	2 条	1 条	2 条
直接驱动装置	无	有	无
涂料稀释性	需要稀释	少	少
涂料飞散污染空气	容易	不易	稍易
喷涂速度（每30cm所需秒数）	30	3	2
涂料吐出量/（g/min）	2～70	70～140	14～140
喷嘴堵塞	无	有	稍有
边缘的涂布性	尚可	良好	良好
涂料损耗	很高	极低	很低
设备费用	低	高	高
清洗安全性	极优	差	尚可

（六）薄膜流涂法（帘幕式）

薄膜流涂法是水性涂料边流边涂制成薄膜状，而涂布于被涂物表面的方法，制成一定宽度的帷幕状水性涂料，不断地从上方流下来，在其下方，则由带状运输机对被涂物进行涂装。其特点为：因为水性涂料供应是循环式的，所以涂料的损耗很少；可以高速涂装，带式运输机速度为60～100m/min；作业效率高；适于平板式涂装。

（七）辊筒涂装机

辊筒涂装机是液体涂料经过辊筒中介而被均匀辊压，从而供给至被涂物表面而完成涂装的涂装机。辊筒涂装机可实现水性涂料的薄涂或厚涂等工艺；适合平面状态的被涂物涂装；适合水性涂料底面漆及着色剂的涂装；涂布速度快，作业效率高，无需熟练技术，可操作性好；涂布均匀，涂膜厚薄可随机调整。根据涂料向辊筒的给料方法，辊筒涂装机可分为底部供料与顶部供料两种，也可以两面同时供给。机器使用完后，应彻底清洗。

（八）混气喷涂涂装机

如图 5-36 所示，混气喷涂涂装机由柱塞泵和混气喷枪组成。柱塞泵可以给涂料加压，提高水性涂料的输送效率；混气喷枪把压缩空气送到空气帽，经过特殊设计的孔道喷出。对涂料进行雾化，使涂料变得更细、分布更均匀，并在涂料扇形漆雾流的周围形成风幕，限制漆雾流向四周散逸，约束其向工件涂敷。混气喷涂涂装效率高，油漆利用率高，可达 40%～60%，涂装效果稳定，雾化效果好，但相对于普通空气喷涂，成本高。

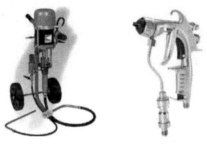

图 5-36　混气喷涂涂装机

（九）水性涂装自动化生产系统与设备

自动涂装生产线是可完成涂装前处理、底漆涂装、中涂、面漆涂装、后处理等整个表面涂装工序的生产线。在这种生产线上，当完成一道工序后，工件被输送装置自动输送到下一工位，进行下一道工序。自动涂装生产线涉及的机械设备较多，主要有地面运输链、升降机、转运车、转台、悬链、自动翻转设备等。同时，还需要砂光机等前处理设备、漆膜流平设备、漆液输送喷涂设备及电、气等相关设备。水性自动化涂装生产中，需着重考虑自动换色、喷涂形状与流量控制、自动线喷枪与喷架系统控制等。

1. 工件形状识别系统

工件形状识别系统是自动涂装生产线最重要的组成部分，可控制喷枪仅在工件实体上喷涂，从而减少了空喷，保证了工件上各处漆膜的均匀性，在提高喷涂质量的同时减少了材料消耗；能使喷涂设备喷涂不同形状和大小的工件，该系统亦称为柔性系统。柔性系统能适应市场变化，进行小批量、多品种、多色彩、高质量的生产，可增强工厂在品种和质量上的竞争力。工件形状识别系统大致可分为 5 部分：电眼、工件位置传感器、喷枪位置传感器、控制喷漆元件、电气控制单元。

根据电眼的发展形势，工件形状识别系统大体上经过了 4 个阶段：单光电管识别涂装系统→多光电管识别涂装系统→摄像识别涂装系统→自动跟踪涂装系统。

（1）单光电管识别涂装系统

单光电管识别涂装系统能识别一个坐标数据，即识别在运输机运动时，光电管位置上工件有无情况，适用于工件的长、宽、高基本不变，且悬挂方式相同的喷涂生产线，与往复式喷涂机配合，在工件漏挂和工件间距较大时，控制喷枪停喷以节约涂料，如图 5-37。

（2）多光电管识别涂装系统

多光电管识别涂装系统的基本组成如图 5-38 所示。多光电管识别涂装系统将多个（根据识别最大高度而变）光电管排成一列，对光电管方向上的工件表面进行"有""无"识别，配合输送机速度识别而形成"平面"识别。如果在与输送机方向垂直的截面内的两垂直方向进行识别，则可完成"立体"识别。其中纵向每格宽 30mm，为单支光电管识别范围，横向为一个脉冲宽度，宽 30mm，脉冲的时间与输送机速度相关。

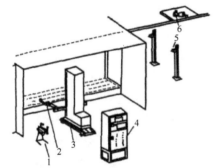

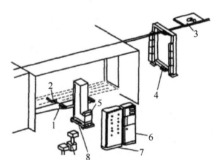

图 5-37　单光电管识别涂装系统
1. 涂料泵；2. 喷枪；3. 往复机构；4. 控制柜；
5. 光电管；6. 输送机速度传感器

图 5-38　多光电管识别涂装系统
1. 进退装置；2. 喷枪；3. 脉冲发生器；4. 复合光电管；
5. 换色阀；6、7. 控制柜；8. 往复喷漆机

（3）摄像识别涂装系统

摄像识别涂装系统使用图像摄影机接受投光器投出的图像，利用电子技术将摄影机内感光元素分割成图素进行控制，其图像信号分割转化为电信号，由电子信号"1"和"0"分别代表工件的"有"和"无"。摄像识别涂装系统识别控制精度高、系统可靠性高、计算机控制简单。

（4）自动跟踪涂装系统

自动跟踪涂装系统通过识别装置，识别由连续输送机送来的物件的形状，计算机控制装置控制多轴自动喷涂机运动，使喷枪或喷杯到制品表面保持一定距离，保证喷涂精度，并通过多轴自动喷涂机喷枪或喷杯的摆动和升降，完成木制品表

面的自动喷涂。自动跟踪涂装系统除识别系统外，关键部件还有多轴自动喷涂机，其喷头可以摆动，在保证完成立体喷涂的基础上，可实现喷枪最佳喷涂方向。采用自动跟踪涂装系统，可保证漆膜厚度均匀，涂装效率高。

2. 水平往复自动喷涂机

水平往复自动喷涂机的喷枪与工件的被涂表面保持垂直，可喷涂由传送带传送的工件。水平往复自动喷涂机与传送带的运动轨迹相结合，形成一系列的"W"形喷涂轨迹。为得到均匀的涂层，由单光电管组成的识别涂装系统可对涂装进行自动控制。识别涂装形成系统与水平传送机相配合即可组成自动喷涂生产线。传送带的前进速度应与水平往复自动喷涂机的行程相配合，使喷枪的两个相邻行程之间的涂层保持有一个重叠区域。所以如果喷枪的喷雾宽度是 15cm，那么喷枪每走一个单相行程，工件应前进 7.5cm，而且喷涂时当喷枪离开工件边缘 15cm 时，释放喷枪，而当开始下一个行程前，喷枪离开工件边缘还有 15cm 时开始触发枪机，由于采用了变频技术和数字控制技术，可以做到往复运动速度可调，往复行程的回程点可调，根据工件的长短，往复距离可调，而且行程中可分段设置运行速度，最大限度地保证了喷涂质量。

3. 垂直往复自动喷涂机

垂直往复自动喷涂机可产生垂直的喷涂行程，它通常与吊悬式传送链配合使用，由于采用了变频技术和数字控制技术，使用性能可大大提高。垂直往复行程距离一般可在 650~2050mm 调节，往复运行的速度可在 15~60m/min 调节。对喷涂宽度的控制是通过设置行程信号和对喷枪的自动控制来完成的。由于可将行程起点、终点分别控制，因此实现了喷涂宽度的调节，既节省了涂料，又减轻了对环境的污染。

4. 涂装机器人

涂装机器人是由计算机控制，可进行自动喷漆，在喷涂生产线上使用的能模仿人的手、手腕和手臂复杂动作的喷涂机，主要由执行操作系统机器人本体（手部、腕部、臂部、机身和行走机构）、计算机驱动系统、检测装置、控制系统和防爆系统组成。涂装机器人一般为采用五六个自由度的关节式结构，能喷涂空间的任意位置和方向，灵活性较大，但通常结构相对复杂。涂装机器人的动作是由电气或液压驱动完成的，其在危险场合可代替工人并完成重复性工作，可减轻人的劳动负担，且喷涂工作精确，涂装质量高。喷涂机器人可以喷涂异形工件，效率是人工的 2 倍以上，可离线编程，也可以扫描后根据工件形状自动编程喷漆，主要用于整装家具、异形工件等的表面喷涂。

涂装机器人最常见的性能为示教功能、示教记录修正功能、数据插补功能、故障诊断功能和节能省地功能等，且其具有完善的防爆措施、丰富的涂装机器人控制软件和庞大的示范记忆容量。较早的涂装机器人多用于空气喷涂，目前采用的涂装机器人则多用于静电喷涂。涂装机器人的软件功能非常重要，主要包括记录功能、再生功能、编辑功能等。其中，记录功能室将教示的轨迹、各点的速度、喷枪开闭等数据存在存储器内，教示方法有手动模拟和遥控教示两种。再生功能是将教示的轨迹、速度以连续的合成或一步步的方式正向或逆向运行。

5. 自动换色系统

实现自动换色对保证涂装生产线高效运转具有重要影响。实际涂装作业中，自动涂装系统可与可编程式逻辑控制器（programmable logic controller，PLC）配合进行换色，即通过 PLC 将喷涂的颜色等传递给涂装机器人，涂装机器人将现在喷涂的颜色与 PLC 传递的颜色进行比较后进行换色或修色处理。自动换色装置能显著缩短因换色而停止生产线运转的时间，其主要的结构为换色阀，包括横接型和集成型。前者的中部是涂料的出口通道，根据调色数量来装配换色阀；后者是一个集成块上对装 2 个可循环供漆的单阀，利用堆积套色完成多种换色或修色。换色阀及控制喷涂流量元件（如计量泵、流量计）与喷具的距离越近越好，这样可以减少换色时涂料的损耗量。控制喷涂流量元件一般安装在涂装机器人第三轴手臂的最前端。

此外，用于控制喷涂工具（如旋杯、空气喷枪）的气动元件与喷具的距离也不应过远，否则会导致气动元件排气延时而影响喷涂质量。一般较好的方案是将气、电元件安装在涂装机器人第二轴手臂内，其电气控制通过总线来实现，这样可大大减少电气布线，同时也极大地降低了气动管路的长度，缩短了气路控制响应时间，同时使机器人手臂活动更灵活。

6. 自动线喷枪和枪架系统

自动化喷涂设备上使用的一般都是气动标准型自动化喷枪，包括空气雾化大负荷、高上漆率喷枪，高流量、低压力、大负荷的连续生产喷枪，高压无气喷枪，空气雾化静电喷枪和高速旋转杯静电雾化喷枪等，可根据实际情况选用并根据自动化生产线实际需要决定数量。喷枪的控制机构有自动化和半自动化两类，自动化系统由计算机控制，半自动化系统由传感器操纵，可对工件大小和外形进行判定并开展喷涂作业，而在传送机上无工件时不进行喷涂。空气喷涂的自动喷枪是借助空气压力操纵扳机，通常在针阀的尾部安装有气动活塞，借助压力进行远距离操纵。利用这种控制方法可同时操纵数把喷枪喷涂量调节装置，适用于涂装生产线的自动喷涂。

涂装生产线上的自动喷枪可以在一定位置上，也可以安装在可运动的机械装置上，这些可运动的机械装置都是根据生产的特殊需要进行设计的。它们的共同特点是可使喷枪在一个或多个平面内运动，喷涂的面积比喷枪运动区域大，从而可减少喷涂时所需的喷枪数目。控制喷枪运动装置有振荡器、往复器、多轴机械等。其中，振荡器是通过机械方法来控制喷枪运动的，与其他运动装置不同，其有固定的行程和速度，虽然这些设计参数可以调整，但是在机械运行时是不能调整的。往复器是利用各种电子元件的作用控制喷枪的行程和速度，当电机和喷枪之间靠机械联动方式结合时，要在运动过程中改变喷枪的行程或速度，只能通过改变电机运动来进行，有的是在装置上进行调整。选用何种方法控制喷枪的运行速度，则要根据所用电机类型决定。一般而言，直流电机通过改变电机的电压来调控运行速度，交流电机则通过对其可变速度控制回路进行调节实现运行速度的改变。往复器在使用过程中可根据需要灵活调整喷枪的行程和运行速度，所以更能满足涂覆不同工件的需要，使用往复器比振荡器更方便。另外，由于振荡器或往复器都只能在一个平面上运动，因此喷涂范围受到限制，而使用多轴机械后，喷枪的运动范围会增大很多，使涂装更具灵活性，能更好地满足自动化涂装的要求。多轴机械实际上由两个或三个往复器组成，从而使喷枪可在两个或三个相互垂直的平面上运动。多轴机械调控喷枪的运行速度和行程的方向与往复器相同，由于必须跟踪沿传送带运动的工件，因此需要在控制电路中增加一个可编程的逻辑控制器。

图 5-39～图 5-50 是梦天木门集团有限公司（原浙江华悦木业有限公司）木门自动涂装生产线工艺及流程。

图 5-39　自动喷涂线

图 5-40　自动线自动供漆系统

图 5-41　自动线快速翻转系统

图 5-42　自动线定宽测量光栅系统

图 5-43　自动线喷枪和枪架系统　　图 5-44　自动线往复喷涂 X 轴系统

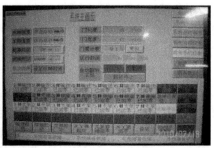

图 5-45　自动线往复喷涂 Y 轴系统　　图 5-46　自动线主操作界面系统

图 5-47　自动线上料工位　　　　　图 5-48　自动修色工位

图 5-49　自动线面漆工位　　　　　图 5-50　检测工位

第四节　水性 UV 涂料涂装工艺

1. 基材处理

任何涂装都应在木工活结束后进行。涂装环境的最佳状态是室温（23℃左右），并且温度恒定，相对湿度在 70% 以下，伴有柔和的通风。在这种条件下可保证水分快速蒸发，减少或消除木纹起颗粒、长毛刺等现象。涂装环境温度低于 15℃ 或高于 30℃ 都会影响涂装效果。涂装宜选晴好天气进行。喷涂施工前必须将不需上漆处遮盖严实，以免漆雾沾染。

同水性涂料一样，水性 UV 涂料涂装需先进行基材处理，主要包括打磨、去毛刺和密封三个步骤。先用 200# 砂纸初步打磨待涂装的一般木材表面，再用 400# 砂纸打磨，使其平整光滑。细木工件可直接用 400# 砂纸打磨。细砂纸打磨会使木纹紧密，减少木纹起颗粒现象。

木材着水后，水沿木纤维管和木纹中的微隙渗入，使其膨胀变大，突出木材表面，干后不能复原。所以木材涂水性 UV 涂料后会出现木纹突起、起颗粒、生毛刺等现象。可通过以下方法缓解或消除。①用可挤出水的湿布揩擦待涂木面，使木材表面充分润湿，晾干后用细砂纸打磨掉形成的毛刺和颗粒。然后涂一道底漆，干后用 400# 左右的砂纸轻轻打磨。对多孔木材要涂两道底漆后再打磨，这时第一道底漆加 5%～10% 的水稀释后再用。②用无蜡虫胶漆封闭木材表面。这种方法比水湿法好，除了可防止涂水性涂料木材表面起颗粒、长毛刺外，还可增加木材的层次感。但是，由于虫胶本身有颜色，木材往往会带上淡淡的琥珀色。虫胶漆封底对旧漆面和可能已被油脂、脱模剂、有机硅化合物污染的木材表面十分有用，可防止涂水性涂料木材表面产生缩孔、鱼眼等施工弊病。

水性 UV 涂料涂装前，通常需采用水性腻子对木材等基材表面微小的细孔、微细裂纹、凹坑、接缝和瑕疵等进行填充找补，降低表面粗糙度，增加平整性。水性腻子多为单组分，腻子将木材表面的微孔封固后不仅可以增加漆膜的丰满度，还可以减少涂装过程中产生气泡，一般多适用于厚膜涂装和色漆涂装。开放式涂装要求显露木纹和微孔的涂装效果，不得使用腻子封底。大多数水性腻子固含量都很低，对木材上的大缝隙和凹坑难以填实，这时应该采用高固含量腻子或油性腻子处理。通常水性 UV 涂料也可用于油性腻子处理过的木材的涂装，需要注意的是，油性腻子一定要充分干透，对于有疑问的油性腻子一定要先进行试验，没有问题才可大规模施工。

2. 涂装工艺方法

木制品水性 UV 涂料主要采用辊涂、喷涂、真空涂和淋涂的涂装工艺（朱万章和刘学英，2009）。

（1）水性 UV 涂料辊涂

辊涂是水性 UV 涂料最常用的涂装方法，已有 40 年的历史。辊涂法具有涂装效率高、可连续化生产、漆膜外观质量好、膜厚容易控制等优点。其不足的地方是设备投资大，只适用于板材，不能用于三维立体涂装。

辊涂装置主要由涂漆辊、刮漆辊、背撑辊和集料盘组成，漆料在辊子间传送。涂漆辊表面覆橡皮，橡皮的软硬取决于施工要求，涂漆辊将涂料转移至基材上。刮漆辊帮助控制涂漆辊上的涂料量，利用两个辊子之间的间隙来调节漆的流量。也有不用背撑辊而把木板直接放在传送带上涂装的。

辊涂法只适用于地板这样的平面涂装，每道漆的漆膜不能太厚，最大约 25μm，否则会产生条纹状波纹，涂层不均匀。辊涂法适宜的涂料黏度为 40～150s（涂-4杯）。此外，还可通过调整涂漆辊转速或涂漆辊与被涂物之间的距离来控制涂层厚度：涂漆辊转速快，则涂层薄，转速慢，则漆膜厚；涂漆辊与板材的间距大，则涂层厚，间距小，则涂层薄。对于流平性好的涂料也可用在辊上开槽的方法增加涂膜厚度，适用于对厚度要求高的情况。辊涂的线速度通常为 10～30m/min。

水性 UV 涂料的涂装工艺中，在紫外光照射前通常有一个闪干（flash dry）过程促使水分快速蒸发。闪干可采用空气干燥法，但常常采用红外线烘道来缩短干燥时间，好的水性 UV 涂料在闪干后不再发黏，降低了黏尘的可能性，提高了处理的方便性。水性 UV 涂料也可用于浅色的色漆涂装，图 5-51 为一个有烘道的厚涂白色水性 UV 涂料多道辊涂工艺。

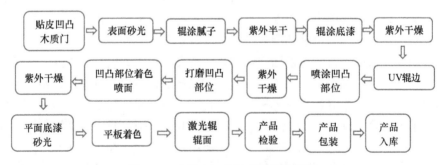

图 5-51　水性 UV 涂料多道辊涂工艺

（2）水性 UV 涂料喷涂

水性 UV 涂料的喷涂法主要有空气喷涂、高压无空气喷涂，可用于任何三维形状的物品，但是施工过程中涂料损失相对较大。喷涂法的主要设备有喷枪、空气压缩机、贮气罐等。贮气罐用来贮存压缩空气，通过压力控制阀调节贮气罐的压力并消除压力波动。空气压缩机产生的压缩空气快速流动带出水性 UV 涂料并使之雾化。喷枪上的盛漆罐一般在喷嘴下方，为吸上式供料方式喷枪，如果盛漆罐在喷嘴上方，则漆液可以靠重力流向喷嘴，称为重力式喷枪。吸上式喷枪的雾化状况要好于重力式喷枪，在水性 UV 涂料涂装中应用更加广泛。

喷涂室的涂料黏度一般为 16~60s（涂-4 杯），一道膜厚可达 10~250μm，喷涂很难做到漆膜十分均匀。水性 UV 涂料喷涂喷嘴口径通常为 1.0~1.5mm。喷嘴离被涂物的距离与膜厚和涂装效率有较大关系，对于小型手提式喷枪，距离以 15~20cm 为好；大型喷枪的喷涂距离要增大到 20~30cm。涂装时喷枪的移动速度要尽可能均匀，以免膜厚出现大的波动。喷涂的水性 UV 涂料利用率低，如果涂料可回收，则最高利用率接近 85%。

高压无空气喷涂采用高压柱塞泵，高压柱塞泵对涂料加压时，高压液体通过喷嘴后急速释放压力，漆液急剧膨胀而雾化。高压无空气喷涂的喷嘴口径比空气喷涂的要小得多，一般水性 UV 涂料高压无空气喷涂时喷嘴口径为 0.30~0.45mm。涂料黏度与喷涂压力的参考关系为：涂料黏度为 50mPa·s 左右时，喷涂压力为 4MPa，黏度为 700mPa·s 左右时，喷涂压力为 8MPa，黏度达 1100mPa·s 时，喷涂压力为 10MPa。喷涂的枪距以 25~35cm 为好。

（3）水性 UV 涂料真空涂

早在 20 世纪 70 年代后期国外就已采用水性涂料真空涂装涂布相框，以后逐渐用来涂布定型家具组件。真空涂不适用于溶剂型涂料，因为真空气流会将溶剂从涂料中抽出，使涂料黏度迅速增大，导致涂布不均匀。

涂料从贮罐流出，通过一个液体过滤器被泵送到真空涂布室。真空涂布室进出两面为模板，开有略大于材料截面形状的孔，被涂材料通过模板进入真空涂布室，真空泵将系统抽成负压，并且通过模板孔将空气抽入真空涂布室。空气流使流入的涂料与被涂材料接触，多余的涂料被抽回缓冲塔，空气和涂料在缓冲塔中分离，空气被抽出系统，涂料回到贮罐回收再用。真空可在 UV 固化前除去多余的涂料。调节真空度可改变涂料用量，体系负压越大，涂上的涂料量越少。

被涂材料从真空涂布室的一边进去，从另一边出来，涂装过程看不见。真空涂只适用于线形表面，可以是木条、木方、木杆和曲面形状条状物这样的三维物件。涂装的膜厚为 20~100μm，可由真空涂布室进出口侧面的模板来控制，一般被涂物与模板孔的容许间隙小于 3mm，调节这个间隙可控制漆膜的厚度。涂装时物件四周一次完成，线速度可以高达 200m/min，涂料利用率高（100%），不浪费涂料。这种方法所用的涂料黏度要低，通常为 200mPa·s，最低可达 50mPa·s（朱万章和刘学英，2009）。

（4）水性 UV 涂料淋涂

涂料经过喷嘴或窄缝从上方淋下，木材经传动装置从下方承漆，多余的涂料流入下面的回收器，再泵送到贮漆槽循环使用。淋涂法多用于胶合板等板状材料的涂装，对于一些形状不复杂的立体部件，需用压力淋头改变淋头位置后进行涂装。淋涂法效率高、涂装过程中涂料损失很少、环保性好、漆膜外观优良,但不能涂装结构复杂的物件。

如表 5-4 所示,涂装方法的选择取决于生产的需要、材料的形状及要求的生产速度。

表 5-4 UV 涂装方法比较

项目	辊涂	真空涂	喷涂
基材形状	平面	平面或三维	任何几何形状
涂装表面数	单面	全部周边	全部表面
涂料黏度	400mPa·s 至稠膏状	50～200mPa·s	16～60s(涂-4 杯)
膜厚/μm	通常<25	20～100	10～250
涂料可回收性	可回收	可回收	可能可回收
涂料线速度/(m/min)	10～30	最高 200	最高 17
涂料利用率/%	约 100	约 100	最高 85
涂层均匀性	均匀	均匀	可有变化
能量要求	中	高	低
维护难易	中	高	低
清洗难易	中	中	低
设备投资	中	高	低

第五节　木制品异形表面辊涂工艺与生产线

一、木制品异形表面 UV 涂装工艺优化

以木质模压门为例,根据木质模压门凹凸表面的外形特点,将其分为异形表面和平面部位,其平面表面采用 UV 辊涂工艺具有较大的优势,而其异形表面使用辊涂工艺,则难以完全实现产品的全部表面涂装,必须辅以喷涂工艺才能完成凹凸部位的表面涂装,如图 5-51。

UV 涂装通常分为三种涂装方式:喷涂、辊涂和淋涂。其中辊涂成本最低,淋涂次之,喷涂较高;就现有技术而言,辊涂最成熟,淋涂次之,喷涂还存在一些技术问题。因此为了保证产品涂装质量和生产效率,结合 UV 辊涂和喷涂的特点,用异形表面喷涂与平面 UV 辊涂相结合的方案实现木质模压门表面 UV 涂装,与传统 PU 喷涂工艺相比,干燥时间缩短、生产效率大大提高,且产品环保性、表面质量好。

二、木制品异形表面辊压工艺关键技术问题

凹凸表面木质模压门涂装的常见技术难题包括木质模压门 UV 辊涂与凹凸部位的边界融合、UV 涂装中凹凸部位着色均匀度与表面着色均匀度的一致性、机械化流水线作业的木质模压门准确定位输送等。

1.边界融合问题

一般而言，可采用平面 UV 辊涂与凹凸部位喷涂来实现木质模压门的表面涂装，其关键技术难题之一为边界融合问题。目前，企业经大量实验研究和工艺分析，主要从两方面解决此难题。一是从产品的模具上加以考虑，结合木质模压门凹凸部位的结构特点，调整优化涂布辊结构，使产品凹凸部位的平面接触部位形成比较清晰的接触角度，以利于辊涂涂装（图 5-52）；二是强化 UV 涂料间的配合，采用弹性 UV 涂料，且使涂料的黏度达到最佳状态，从而使涂料在辊涂过程中有效地与凹凸部位的边界融合。

图 5-52　木质模压门凹凸部位

2. 对凹凸部位进行高效精准喷涂问题

通过光电传感与伺服控制技术，控制木质门与多个涂布辊的位置，保证涂布量均匀一致和木质门的准确定位输送。在将木质模压门准确定位后，对其凹凸部位进行喷涂。采用机器人对凹凸部位进行喷涂作业，在作业过程中机器人按照木质模压门凹凸形状路径编入的程序进行机械化智能喷涂，从而实现木质模压门机械化流水线的凹凸部位喷涂作业，以达到喷涂精准、涂装均匀的目的和要求。

3. 凹凸部位与平面部位的着色均匀与一致性问题

凹凸部位与平面部位的着色均匀与一致性是木质门 UV 涂装的技术关键，也是需要解决的难题（图 5-53）。对于着色均匀性问题，主要考虑凹凸部位紫外线灯光照的均匀度，在实际生产中，可通过紫外线灯干燥参数及数量的优化来控制凹凸部位紫外线灯光照的均匀度。另外，为实现凹凸部位与平面部位的着色均匀

性与一致性，企业需强化作业管理，不同风格系列的产品应对应明确的色板，以保证在 UV 涂装作业中有准确的配色与调色定位和标准。

图 5-53　木质模压门凹凸部位与平面部位着色图

三、木质模压门 UV 涂装生产线及设备

目前，国内木质模压门制作可采用多涂布辊实现 UV 整体涂装，通过 UV 辊涂、紫外干燥、油漆砂光等关键单元的设计与制造，建成了集木质模压门砂光、腻子涂布、UV 辊涂、紫外干燥等技术于一体的木质模压门 UV 喷涂、UV 辊涂成套生产线（图 5-54）。目前，该生产线已在木质模压门加工生产中投入运行，生产效率高，产品质量稳定，运行效果良好。其中，UV 辊涂主要技术参数为：可适应的异形表面最大高度差为 10mm 以上，门扇加工尺寸：宽度 100～1000mm、厚度 15～50mm。生产线排布设备介绍如下。

图 5-54　木质模压门 UV 喷涂、UV 辊涂成套生产线

1. 除尘机

除尘机（图 5-55）的作用及关键部件：①专用于门板等平面板材的砂光除尘。②共有两个毛刷，为正反辊。前端设有光电开关，控制吹风阀吹风尘。开机时，毛刷接触板件约 2mm，检查中央除尘器开启情况。③输送带的速度比后端整条线的速度低 1～1.5m/min。④高度设定，前端压辊高度比加工件低 0.1～1mm 为宜。

2. 全精密双辊涂布机

全精密双辊涂布机（图 5-56）的作用及关键部件：①专用于门板等平面板材上漆及改色。漆面平整，均匀，无横向条纹。②涂布轮与输送轮的间隙采用进口计数器调节，精确易调，两支橡胶涂布轮及传送带采用变频器单独调速，使油漆厚度及表面平整度更好且更易控制。③支撑座采用铸铁，刚性好，而涂布轮则采用特制机架固定，装配精密，换装方便。④电光轮采用马达和变频调速，电光轮转动的快慢可随意调节，使机器运行更为顺畅，涂层更均匀。⑤调整辊的高度时，用试机板件调试到满意的涂布效果为止（参考高度为低于板件 0.2～0.5mm），单辊涂布量 15～20g/m^2，双辊涂布量 30～40g/m^2。

图 5-55　除尘机　　　　　　图 5-56　全精密双辊涂布机

3. UV 干燥机

UV 干燥机（图 5-57）的作用及关键部件：①专门针对 UV 油漆干燥的机器，使用时不可在油漆中加入其他成分的稀释剂，否则易引起火灾。一般灯管到照射物高度为 100～120mm。②主要由以下构件组成：抽风机、抽风机马达、机室冷却风机、控制面板、平把手、高低调整螺丝、紧急开关、遮光板、输送机、超温防止器、调速钮等。③规格为：功率 1hp[①]，转速 2840r/min。排风管直径为 250mm。灯罩：聚光 UCI-32A。灯管 L-1450mm。灯管发光长 1320mm。输送钢管链条式。机械尺寸为 2100mm×2300mm×1650mm。

4. 油漆琴键式砂光机

油漆琴键式砂光机（图 5-58）的主要作用：①去除板坯表面的毛刺、油漆及其他污染物。②降低工件表面的粗糙度，消除机械或手工加工时表面留下的各种加工痕迹，获得平整光滑的涂装面。③增强油漆的机械附着力。④消除封闭涂层粗糙不平的凸起部分，减少封闭涂装时的油漆消耗。

---

①1hp=745.700W

图 5-57　双灯 UV 干燥机　　　　　图 5-58　油漆琴键式砂光机

油漆砂光时应注意砂纸与设备的综合性能配合及参数，底漆和腻子砂光时根据漆膜的情况选用砂带砂纸目数 240～320＃，砂带速度为 3～5m/s。油漆琴键式砂光机主要砂光工艺参数：①如果前后有砂穿现象，可根据板面砂穿情况，调整琴键下压及抬起时间。负数和正数选用，如：进料端头下压控制选用–3，即缩短 3 个脉冲时间单位，让过端头的打磨，减少打磨过程；反之，选用+3，即对端头加强打磨。出料尾部抬起控制选用–3，即缩短 3 个脉冲时间单位，提前抬起砂光垫减少对尾部的打磨；反之，选用+3，即对尾部延长打磨时间，加强打磨。②如果左右边缘有砂穿现象，可根据板面砂穿情况，调整左右边缘下压琴键数量。左边砂穿可选左边–1 至–4，右边砂穿可选右边琴键–1 至–4，使对应工件的琴键针对每块板中间位置左右各减少 1～4 块压板，减轻对边缘的打磨。反之，如果砂光力不够，可选用各+1 增加边缘压力。③琴键压板压力控制在装砂带一侧的支持立板上，上面各有 2 个压力表和调节阀，小压力表表征琴键每个压板的工作压力，一般压力控制在 2.0～2.3bar[①]，另一个大一点的压力表是控制砂带张紧压力的，一般在 4～5bar，压力过低，张紧力不够，压力过高，则容易断带。④琴键式砂光机砂光垫基本有 2 种，根据毛毡的密度，可分为 0.36 和 0.52。一般而言，对板面平整度和边缘直角度要求高的工件，可选用 0.52 的砂光垫，同时硬度越高的砂光垫在相同工艺情况下对边角凸起位置的切削能力越强。相对板面有厚度差及圆角工艺的工件，可选用 0.36 的砂光垫。因为较软的砂光垫的柔性变形能力较强，对于高点有避让作用，可以更充分地与工件表面接触抛光。

5. 输送机

2.5m 输送机（图 5-59）主要用于在木质模压门 UV 涂装生产线上连续输送涂装好的板件，其有效宽度为 1320mm，机械尺寸为 2500mm×2000mm×900mm，输送皮带尺寸为 5000mm×1320mm×2.0mm，输送速度为 0～16m/min。

----

① 1bar=10^5Pa

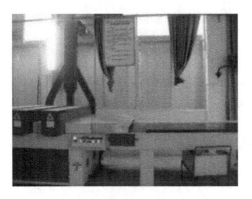

图 5-59 输送机

6. 激光辊

采用激光辊（图 5-60）的目的是增加 UV 涂料的涂布量，因为作为一般的涂布辊，其涂布量仅为 $10\sim15g/m^2$，而采用激光辊可以达到 $30\sim50g/m^2$，同时有利于空心基材的涂布。

7. 红外线流平机

红外线流平机（图 5-61）的作用及工作原理：①该流平机主要对板材 UV 油漆进行流平处理及表面干燥，使得板材表面更加平整。②使用红外线加温原理，加快涂料稀释剂的挥发和涂料的化学反应，缩短涂料干燥时间，可由烤管控制温度，另有排气孔调节空气温度，输送速度利用变频器进行调整。③规格：电力为线电压 3AC 380V 60Hz，功率为 DC 380V 50/60Hz 1hp，有效宽度为 1320mm，输送速度为 $0\sim16mm/min$。

图 5-60 激光辊

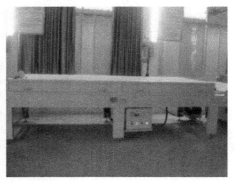

图 5-61 红外线流平机

第六节　木制品表面 UV 转印技术与涂装生产线

木制品表面 UV 转印的技术关键在于聚对苯二甲酸乙二酯（polyethylene terephthalate，PET）转印膜的制作和 UV 转印工艺的掌控两个方面。

一、PET 转印膜的制作

木制品 UV 转印 PET 膜包括黏结层、印刷图文层、离型层和基层膜，如图 5-62。

基层膜是载体膜，采用一定厚度的 PET 薄膜。国产转印薄膜总厚度为 0.035～0.05mm，装饰层厚度为 0.01～0.15mm，转印薄膜宽度一般为 48in[①] 或 60ft[②]，可根据被装饰部件的规格尺寸裁切。离型层是将印刷图文层、黏结层和基层膜分隔，用于辊压时的分离，离型层膜下胶需辊涂均匀到位，涂布量为 3～5g/m²。印刷图文层是将需要的图案纹理印刷到膜体上，在 UV 转印技术中，印刷油墨采用的是 UV 固化油墨，干燥快，且印刷在 PET 膜上具有收敛作用，不会扩散导致纹理效果模糊，可达到高清仿真的效果。黏结层通过基材上胶膜的黏结作用，使加压时 PET 膜上的图纹黏结到基材上。

印刷辊制作过程：先在制版公司制作转印辊，根据纹理需要进行精细雕刻。然后将版辊交给印刷厂进行 PET 膜的印刷，印刷好的 PET 膜才能用来转印，如图 5-63、图 5-64 所示。由于 UV 转印的产品要求印刷精度较高，转印膜套色是否精确至关重要，特别是转印的很多产品都需要衬白，白色部分是否套准或漏白对印刷品的品质极为重要。

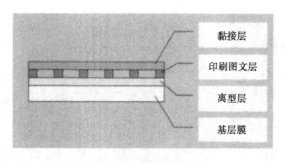

图 5-62　PET 膜结构图

图 5-63　印刷辊

① 1in=2.54cm
② 1ft=3.048×10⁻¹m

图 5-64　PET 膜印刷制作

二、木制品 UV 转印工艺

木制品 UV 转印的工艺：基材准备→开条→做底漆→PET 膜印刷→UV 覆膜转印→UV 转印贴合表面保护漆处理→涂面漆。

一般而言，基材主要包含结构层和面层，根据结构层材料不同，可分为密度板基材、夹板基材、实木基材、实木拼接基材和多层复合基材等木制品用材料，基材厚度不限。其中，结构层需按照奇数层和木纹方向垂直布置原理，根据实际需求制作一定厚度的板材，其含水率一般要求控制在 8%～12%；而面层一般选用旋切的中浅色木皮。

开条，即开料，根据工艺要求及尺寸，将基材处理成所需的规格尺寸。对规格基材进行表面砂光，根据砂光工艺参数，一般选用 320#砂纸，防止偏砂、砂穿及砂痕等，保证砂光均匀到位；同时需检查来料品质，及时挑出板面有色差、受污染、不平及开裂等不良品。

做底漆是 UV 转印的一个关键步骤，一般需先做一道 UV 水性腻子，经干燥箱干燥后，再做一道填补水性 UV 底漆，然后为保证表面平整度和光滑度，覆盖基材原有纹路，凸显转印图纹的色彩与纹路，方便下道转印工序，需做 2～3 道 UV 白底，以上过程中，均采用 UV 固化腻子或油漆，其中水性 UV 底漆涂布量控制在 $12～17g/m^2$，蒸气干燥；白色底漆涂布量控制在 $8～12g/m^2$，采用 UV 能量 $100～140MJ/cm^2$ 表干；腻子涂布量一般为 $18～22g/m^2$，UV 能量 $80～120MJ/cm^2$ 表干；生产效率高，环保性好。

覆膜转印先对基材进行两道单辊表面涂胶，涂布量为 $10～15g/m^2$，胶液呈半干不粘手状，通过转印机转印 PET 膜后，撕膜。PET 膜转印工艺需注意的是：保证 PET 膜的离型层膜下胶辊涂均匀到位，涂布量为 $3～5g/m^2$；控制好膜与板的流动速度，转印过程中防止错位、脱膜；控制好 PET 膜支撑杆的气压，防止拉长、起皱或移位跑边等；紫外线灯排布，表干，转印速度一般为 5m/min。撕膜工艺中，需控制好撕膜的方向与方法，发现局部漏膜、移位或污染等要立即反馈给机手、品检人员或主管，同时将不良品挑出修复或返工处理；红外线流平温度为 55～60℃，速度一般为 5m/min。

UV 转印贴合表面保护漆处理：在留有图案或纹理的木制品表面涂上紫外光固化面漆两道或多道，涂布量为 12～16g/m²，UV 能量 150～200MJ/cm² 半固化，将油漆与图案或纹理结合。

三、木制品 UV 多彩转印流水线及相关设备

木制品 UV 多彩转印工艺流程如图 5-65 所示。

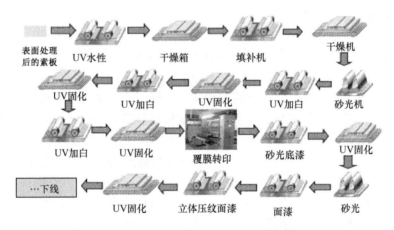

图 5-65　木制品 UV 多彩转印工艺流程图

第七节　常见环保涂料底面漆配套情况及工艺流程

随着国家环保政策的日益推进，产品是否绿色环保成为木制品企业的生命线。一场空前的"油改水"涂装变革正在进行。目前，市场主要涂装工艺为 UV 固化底漆+水性面漆、UV 固化底漆+UV 固化面漆、水性底漆+水性面漆、水性 UV 底漆+水性面漆等。以下具体介绍几种常见的环保涂装配套工艺，以指导生产实践。

一、UV 实色底漆+水性实色面漆涂装工艺

在实色漆涂装中，其基材一般为中密度纤维板等人造板。通常采用的涂装配套工艺为 UV 实色底漆+水性实色面漆，具体的工艺流程如图 5-66 所示。①素材砂光时，一般选用 320#砂纸，采用手工砂光方式重点砂光铣型部位；②异形表面砂光时，则采用 320#砂纸的异形砂光机进行全面砂光，要求砂光试件表面平整，

无毛刺、无砂穿现象；③采用 UV 喷涂机进行 UV 白色底漆喷涂，根据需求进行一个或多个"十"字喷涂，使喷涂表面均匀、无漏喷；④喷涂后对其表面进行充分的红外线流平和全固化，先采用 320#砂纸的异形砂光机进行全面砂光平整，要求工件表面无毛刺和砂穿现象；⑤结合机械砂光和手工砂光方式，检砂表面局部不平整或有孔洞部位，使其表面适合下一道喷涂工艺；⑥采用 UV 喷涂机进行 UV 白色底漆喷涂，喷涂全面均匀，无漏喷现象；⑦待漆膜干燥后，再进行一道异形砂光和检砂工序，保证底漆表面打磨平整；⑧采用喷涂机进行水性白面漆喷涂，保证表面无漏喷、流挂现象。

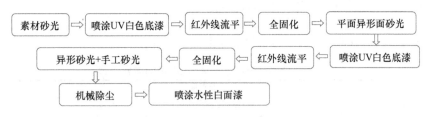

图 5-66　中密度纤维板表面白色漆的涂装工艺流程图

二、UV 清底漆+水性清面漆涂装工艺

木制品表面饰面中，通常将黑胡桃、红栎、水曲柳、花梨等装饰薄木贴覆于中密度纤维板表面，然后进行表面涂装后起到保护和装饰作用，从而使木材天然纹理和色泽更加凸显。通常采用的涂装配套工艺为 UV 清底漆+水性清面漆，具体的工艺流程如图 5-67 所示。

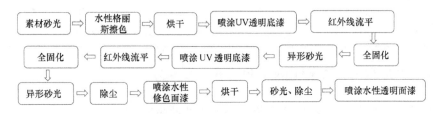

图 5-67　贴装饰薄木表面涂装工艺流程

①素材砂光时，一般选用 320#砂纸进行表面打磨，重点砂光铣型部位，异形砂光时，则采用 320#砂纸的异形砂光机进行表面砂光，要求砂光试件表面平整、无毛刺、无砂穿现象；②采用水性专配格丽斯对砂光后的基材表面进行手工擦色处理，要求擦色全面均匀，表面无发花、漏色现象；③采用红外线流平机对擦色后的水性专用格丽斯进行烘烤，温度为 50℃，干燥 5～10min；④采用 UV 喷涂机进行 UV 透明底漆喷涂，根据需求进行一个或多个"十"字喷涂；⑤采用 320#砂

纸继续进行表面检砂，结合机械砂光和手工砂光方式，检砂表面局部不平整或有孔洞部位，使其表面适合下一道喷涂工艺；⑥采用 UV 喷涂机进行 UV 透明底漆喷涂，喷涂全面均匀，无漏喷现象，待漆膜干燥后，再进行一道异形砂光和检砂工序，保证底漆表面打磨平整；⑦采用喷涂机进行水性修色面漆喷涂，参照修色板全面修色均匀，无漏喷现象；⑧采用 600#砂纸对木制品面漆表面进行手动砂光、除尘处理，全面轻砂除去涂膜表面局部颗粒，使涂膜无亮点、无砂穿现象；⑨采用喷涂机进行水性透明面漆喷涂，保证面漆全面喷涂，无漏喷、流挂现象。

三、美式开放水性底漆+面漆透明涂装工艺

美式开放水性底漆+面漆透明涂装工艺见表 5-5。

表 5-5　美式开放水性底漆+面漆透明涂装工艺

序号	工序	材料制备及设备	施工方法	涂布量/（g/m²）	干燥时间（35～45℃）/h	备注说明
1	素材砂光	人工/机械	手工砂光	—	—	去除毛刺、油污，填补孔洞
2	底修色	自调	添加色精底修色	70～80	2	素材颜色调整
3	轻砂	320#CC 砂纸	手工砂光	—	—	砂光掉涨筋处，使表面平整
4	格丽斯	自调	添加色浆擦色	—	4	均匀擦涂，充分干燥
5	清底漆	水性清底漆	直接施工	80～100	4	均匀喷涂1.5个"十"字，勿流油积油
6	砂光	400#CC 砂纸	手工砂光	—	—	砂光平整，勿砂穿砂漏
7	清底漆	水性清底漆	直接施工	80～100	4	均匀喷涂1.5个"十"字，勿流油积油
8	砂光	600#CC 砂纸	手工砂光	—	—	砂光平整，勿砂穿砂漏
9	面修色	自调	添加色精面修色	40～50	2	均匀修色，干修色
10	轻砂	轻砂/网砂	手工砂光	—	—	轻砂，去除颗粒
11	清面漆	水性清面漆	漆：水=1：（0～0.1）	80～120	6	均匀喷涂2个"十"字

四、美式开放水性色底漆+面漆有色涂装工艺

美式开放水性色底漆+面漆有色涂装工艺见表 5-6。

表 5-6　美式开放水性色底漆+面漆有色涂装工艺

序号	工序	材料制备及设备	施工方法	涂布量/（g/m²）	干燥时间（35～45℃）/h	备注说明
1	素材砂光	人工/机械	手工砂光	—	—	去除毛刺、油污，填补孔洞
2	封闭底漆	水性封闭底漆	直接施工	70～80	2	全面喷涂均匀，不漏喷
3	轻砂	320#CC 砂纸	手工砂光	—	—	砂光掉涨筋处，平整
4	白底漆	水性白底漆	直接施工	80～100	4	均匀喷涂1.5个"十"字，无流油积油
5	砂光	400#CC 砂纸	手工砂光	—	—	砂光平整，无砂穿砂漏

续表

序号	工序	材料制备及设备	施工方法	涂布量/（g/m²）	干燥时间（35～45℃）/h	备注说明
6	白底漆	水性白底漆	直接施工	80～100	4	均匀喷涂1.5个"十"字，无流油积油
7	砂光	600#CC砂纸	手工砂光	—	—	砂光平整，无砂穿砂漏
8	白面漆	自调	漆：水=1：（0～0.1）	80～120	6	均匀喷涂2个"十"字
9	作旧	自调	直接施工	—	4	根据作旧效果擦拭，均匀擦涂

五、UV固化色底漆+面漆有色涂装工艺

UV固化色底漆+面漆有色涂装工艺见表5-7。

表5-7　UV固化色底漆+面漆有色涂装工艺

序号	工序	材料制备及设备	施工方法	工艺说明和紫外线灯能量要求
1	素材砂光	240#砂纸	手工/机械砂光	去除毛刺、油污，填补孔洞
2	除尘			
3	辊涂UV腻子	辊涂机	辊涂	涂布量：（30±5）g/m²
4	UV固化	固化机	输送带传送	半固化：60～80MJ/cm²
5	辊涂UV底漆	辊涂机	辊涂	涂布量：（25±5）g/m²
6	UV固化	固化机	传送带传送	半固化：60～100MJ/cm²
7	辊涂UV底漆	辊涂机	辊涂	涂布量：（25±5）g/m²
8	UV固化	固化机	传送带传送	半固化：180～250MJ/cm²
9	砂光	砂光机	手工/机械砂光	砂光平整
10	辊涂UV面漆	辊涂机	辊涂	涂布量：6～8g/m²
11	UV固化	固化机	传送带传送	半固化：60～100MJ/cm²
12	辊涂UV面漆	辊涂机	辊涂	涂布量：6～8g/m²
13	UV固化	固化机	传送带传送	全固化：350～450MJ/cm²
14	检测包装	—	—	—

六、水性封边底漆+UV面漆涂装工艺

水性封边底漆+UV面漆涂装工艺见表5-8。

表5-8　水性封边底漆+UV面漆涂装工艺

序号	工序	材料及设备	施工方法	备注说明
1	素材砂光	砂光机	输送带输送	去除基材表面毛刺、油污
2	除尘	除尘机	输送带输送	去除基材表面木屑与灰尘
3	水性封边底漆	喷枪喷涂	手工/机械喷涂	码放整齐，一次喷涂
4	砂光	400#CC砂纸砂光	手工砂磨	顺边方向砂磨

续表

序号	工序	材料及设备	施工方法	备注说明
5	涂水性有色底漆	清底+色精	手工/机械喷涂	喷涂均匀, 切勿流挂
6	砂光	800#百洁布	手工轻砂	去除颗粒
7	涂水性有色面漆	清面+色精	手工/机械喷涂	顺边缘喷涂
8	干燥	烘干房	热风干燥	全程每一次喷涂后均进入烘干房
9	检测	—	—	合格产品进入辊涂线

七、家具水性白漆施工工艺

家具水性白漆施工工艺见表 5-9。

表 5-9　家具水性白漆施工工艺 (天津市裕北涂料有限公司工艺)

工序	操作	干燥时间	施工要求
1	基材打磨	—	180#砂纸彻底打磨, 吹灰干净
2	封闭底漆 YBM1800	2~4h	喷涂或刷涂
3	涂底漆 YBM3306	6~8h 至隔夜	均匀喷涂 1.5~2 个 "十" 字, 整体喷涂均匀
4	打磨	—	320 目砂纸彻底打磨, 吹灰干净
5	涂底漆 YBM3306	6~8h 至隔夜	1.5~2 个 "十" 字, 整体喷涂均匀
6	打磨	—	400~600 目砂纸彻底打磨, 吹灰干净
7	涂面漆 YBM760X	48h	整体喷涂

注: 素材为中密度纤维板, 温度≥10℃, 相对湿度≤75%

八、家具水洗白水性涂料施工工艺

家具水洗白水性涂料施工工艺见表 5-10。

表 5-10　家具水洗白水性涂料施工工艺 (天津市裕北涂料有限公司工艺)

工序	操作	干燥时间	施工要求
1	胶固 YBM1700A	2~4h	彻底打磨表面平整
2	封闭底漆 YBM1800A	4~6h	轻磨表面去除杂质颗粒, 请勿磨漏
3	涂底漆 YBW3201	6~8h 至隔夜	表面打磨平整, 以不磨穿漆膜为准
4	涂面漆 YBM7001	48h	将每个工件单独包装, 包装时漆膜之间不要相互接触

注: 1. 素材为松木, 温度≥10℃, 相对湿度≤75%; 2. 贴皮板用的胶必须是耐水的胶; 3. 在包装运输过程中, 要将每个工件用软膜单独包装, 外层再罩以硬质纸板或木箱; 4. 所用喷枪为 2.0mm 口径喷枪; 5. 水性涂料的干燥时间因温度/湿度的差异而不同, 温度低或湿度大时要适当延长干燥时间

九、家具水性清漆涂装工艺

家具水性清漆涂装工艺见表 5-11。

表 5-11　家具水性清漆涂装工艺

工序	操作	用漆型号	干燥时间	施工要求	说明
1	基材打磨	—	—	240 目砂纸彻底打磨，吹灰干净	—
2	胶固	YBW1700A	2～4h	浸涂、喷涂或淋涂	胶固木材
3	打磨	—	—	320 目砂纸彻底打磨，吹灰干净	彻底打磨干净木材表面
4	底着色	YBW1700A+HP 色浆	2～4h	调色后使用，浸涂、喷涂、淋涂	导管内着色，凸显木纹
5	打磨	—	—	320 目砂纸彻底打磨，吹灰干净	彻底打磨干净木材表面
6	修色	YBW6413+色浆	6～8h 至隔夜	加 HP 色浆按样板整体喷涂	泵枪喷涂
7	打磨	—	—	用百洁布或 600 目以上砂纸轻磨	去除颗粒或杂质
8	涂面漆	YBW6413	48～72h	整体喷涂	泵枪喷涂

注：素材为红栎木，温度≥10℃，湿度≤75%，施工采用泵枪喷涂

十、全水性透明开放工艺

全水性透明开放工艺流程见表 5-12。

表 5-12　全水性透明开放工艺（天津市裕北涂料有限公司工艺）

序号	工序流程	适用产品	干燥时间/h	作业说明	适合木门定位
1	胶固底漆	YBW1700A	2～4	一个"十"字喷湿即可	中端木门
		YBW3711	8～10	喷涂 1 个"十"字，整体喷涂均匀	高品质、高端木门的首选
2	底修色	YBW1205A	4～6	加色浆均匀擦涂	适合高低端、各种工艺木门
3	二度底漆	YBW3511	8～10	可加 5%～10%的水，根据开放效果喷涂 1～1.5 个"十"字。	经济型木门
		YBW3516	8～10	可加 5%～10%的水，根据开放效果喷涂 1～1.5 个"十"字	中端木门
		YBW3711	8～10	喷涂 1 个"十"字	高品质、高端木门的首选
4	面修色	YBW1607	2～4	根据样板均匀喷涂	适合高低端、各种工艺木门
5	涂面漆	YBW520X	24～48	可加 5%～10%的水，根据开放效果喷涂 1～1.5 个"十"字	经济型木门
		YBW610X	24～48	可加 5%～10%的水，根据开放效果喷涂 1～1.5 个"十"字	中端木门
		YBW980X	24～48	根据开放效果喷涂 1～1.5 个"十"字	高品质、高端木门的首选

第六章　木制品环保涂装涂层固化成膜与装置

被涂物表面涂层由液态转变成无定型的固态薄膜的过程称为涂料的成膜过程（即涂料的固化）。该过程包括溶剂的蒸发、熔融等物理过程或缩合、聚合等化学交联过程，或同时包含物理与化学成膜过程。涂层在什么条件下进行干燥、具体干燥方式和程度等对最终产品有很大的影响，直接影响产品最终表面涂装质量和效果。木制品涂装涂层的干燥（或固化）可分为自然干燥和人工干燥两大类。前者是在常温条件下的自然干燥，干燥时间长、生产效率低；后者则是采用各种人工措施加速涂层固化，干燥时间相对较短，常见的有木材预热干燥、热空气干燥、催化固化干燥和辐射固化干燥等几种方式。采用先进的涂层干燥方法、工艺和设备，加速涂层干燥是提高干燥效率的重要途径（陈治良，2010）。

第一节　环保涂料固化概述

一、固化类型

涂膜固化包括溶剂挥发与物质化学交联过程，单纯靠溶剂挥发成膜称为自干型涂料，涂料中的主要成膜物质成膜时不发生化学变化，成膜后的涂膜能够再溶解（或热熔）和具有热塑性，因此挥发成膜型涂料又称为热塑性涂料。化学成膜过程其实也包含溶剂挥发。木制品表面涂装是使用各种涂料（包括填孔剂、着色剂、底漆、面漆等）进行多次涂装操作的过程，每次涂装的液体涂层都需进行涂层干燥。由于涂料品种不同、特性各异，其固化机理也就不同，如图 6-1。

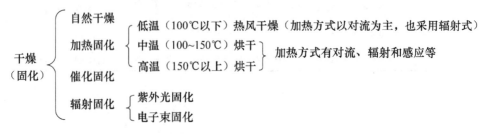

图 6-1　常见涂料固化方式及机理

自然干燥只适合挥发型涂料、自干型涂料和催化剂聚合型涂料。温度、相对湿度、风速对涂料的自干速度有显著影响，一般温度高、相对湿度低、通风条件好的作业环境下，涂料的自干速度快，光照对涂料的自干也有利。温度越高，溶剂的蒸气压越高，溶剂的挥发速度越快，氧化、聚合等涂料固化反应的速度也随之加快。因此涂料自干场所的温度升高有利于涂料的干燥。相对湿度高，水蒸气对涂料溶剂挥发起抑制作用，且相对湿度过高，随着溶剂的挥发、被涂物表面冷却，空气中的蒸汽冷凝容易造成涂层泛白，所以要求涂料自干场所的空气相对湿度不大于80%。通风或排风有利于涂料中溶剂的挥发和溶剂蒸汽的排出，并能保证自干场所的安全。

加热固化分为强制干燥和加热烘干。强制干燥是指加热能自然干燥的涂料，使其水分等溶剂挥发，促进成膜，从而缩短涂料干燥时间、提高涂层性能。强制干燥一般用低温固化，固化温度为60～100℃，温度过高，涂层容易起皱、起泡。加热烘干是指加热只能在一定温度下固化的涂料，使其完全成膜。涂料加热烘干的温度一般在120℃以上，木材加热烘干温度一般为60～80℃。热固化的加热方式包含对流、辐射、电感应三种。对流加热以热空气为媒介，将热能对流给涂层和被涂物而加热，其加热均匀、温度控制精度高，适于高质量的涂层、形状和结构复杂的被涂物烘干，但对流加热的升温速度相对较慢。辐射加热通常利用的是红外线和远红外线，它们从热源辐射出来呈电磁波形式传导，辐射到被加热物体后直接被吸收而转换成热能，使基材和涂层同时加热，其升温速度快、热效率高，但温度均匀性较难保证。电感应加热是利用电感应使电能转变为热能，被涂物体通过电磁感应而受热。其特点是涂层干燥从基体内开始，加热效率高，但仅适合外形简单、规则的工件。

辐射固化法是指紫外线、电子束固化有机涂料成膜的新技术，紫外光固化技术的应用近期得到了较大发展，主要应用于UV涂料、水性UV涂料的干燥固化。

二、固化作用

涂层固化是保证涂装质量的必备要素。液体涂层在涂覆到物件表面后，通常为湿膜状态，无法达到保护、装饰表面的效果，只有经过干燥才能与基材表面紧密黏结，形成一定的强度、硬度、弹性等物理性能，从而发挥其保护与装饰作用，干燥良好是形成高质量漆膜的关键。

一般而言，在木制品表面涂装工艺中，每做一道涂装，包括填腻子、填孔、着色、打底、涂面漆、去脂和漂白等，都必须进行良好的涂层干燥，才能转到下道工序。否则，溶剂的挥发或者在成膜过程中物理、化学变化的影响，常会使涂膜产生一些涂装缺陷或引起漆膜损坏。例如，腻子、填孔剂、底漆涂层尚未达到理想的干燥效果就涂装面漆，就会由于底层中残留溶剂的作用和不断干缩的影响，漆膜出现泛白、起皱、开裂、鼓泡和针孔等缺陷。涂层干燥（固化）是实现涂装连续化生产的技术关键。在涂装全过程中，涂层干燥（固化）所需时间最长，有时要占涂装全程所用时间的 95% 以上，远超过涂料涂装及漆膜修整等工序所需的时间。因此，在现代化生产中，如何加速涂层干燥，不仅关系到缩短生产周期和节约生产面积，也是实现连续化与自动化生产必须解决的关键技术问题。

三、固化阶段及固化过程

按液体涂层的实际干燥程度，涂层干燥可分为表面干燥、实际干燥和完全干燥三个阶段。

表面干燥是指涂层表面已经干结成膜，手指轻触已不粘手，即液体涂层刚刚形成一层微薄的漆膜，灰尘落上不再被粘住而能被吹走，但涂层并未实际干燥，当在其表面按压时还会留下痕迹。实际干燥是指手指轻压不留指痕。涂层达到实际干燥，有的漆膜可以经受进一步的打磨与抛光加工。但事实上此时漆膜尚未全部干透，还不具备涂膜应有的性能，产品还不应该投入使用。漆膜达到实际干燥后，还会继续干燥，硬度也在继续增加。大管孔木材如果管孔没有填实，实际干燥阶段的涂层还会有下陷现象。完全干燥是指漆膜已完全具备应有的各种保护装饰性能，这时漆膜性能基本稳定，制品可以投入使用。为了缩短生产周期，木制品在涂装车间通常只干燥到第二阶段，而后便入库或销售到用户手中。家具表面漆膜测定国家标准规定时间为 10 天。

涂层固化时，工件涂层的温度随时间而变化，通常分为升温、保温和冷却三个阶段。

升温阶段是涂层从室温升至所要求的烘干温度，一般在 5～10min。此阶段需用大量热量来加热工件，大部分溶剂（涂层内 90% 溶剂）在此阶段迅速挥发，因此需在此阶段加强通风，加速溶剂蒸发和补充新鲜空气。升温时间根据涂料溶剂沸点进行选择。涂料溶剂沸点高，升温时间宜短以加速溶剂挥发，但升温过快，易造成溶剂挥发不均匀、涂层表面不平整等缺陷；涂料溶剂沸点低，升温时间宜相应加长，由此可防止溶剂沸腾造成的涂层缺陷。

保温时间，即烘干时间，是涂层达到所要求烘干温度后的恒温延续时间。该阶段涂层发生化学作用成膜，也有少量溶剂蒸发，所以既需要热量又需要新鲜空气，但两者的需要量都比升温阶段少。保温时间长短根据涂层材料、涂层质量要求和烘干方法等因素选择，具体数据可参考涂料供应商提供的资料，也可通过实验确定。

冷却阶段是涂层温度从烘干温度开始下降，这段时间称为烘干室的冷却时间，一般指烘干室的出口段区域。工件离开烘干室时的温度一般只比烘干温度低几十度，对于工件烘干后马上就要喷漆的情况（一般要求工件温度不超过 40℃），烘干后需设置强制冷却室。若不立刻进行下道工序，可自然冷却。涂装过程中涂层固化程度的详细分类如表 6-1 所示。

表 6-1 涂层固化程度的区分

名称	状态（干燥程度）	名称	状态（干燥程度）
触指干燥	手指轻触涂层感到发黏，涂料不附在手指上	全硬干燥	强压涂层，涂料不附在手指上
不粘尘干燥	干燥到不粘尘的程度	打磨干燥	干燥到可打磨状态
表面干燥	干燥到不粘尘的程度	完全干燥	无缺陷的完全干燥状态
半硬干燥	手指轻压涂层不感到发黏，涂料不附在手指上		

水性涂料以水为溶剂，由于水的蒸发潜热大，较有机溶剂蒸发慢，水性涂料的晾干时间长，烘干室此时的热容量大，涂膜和被涂物升温不宜快。含水量较高的水性涂料涂膜都要靠晾干或分段升温（在 100℃以下保温一段时间），使涂膜中所含水分基本蒸发掉，再升至工艺温度烘干，不然由于水分在 100℃时剧烈沸腾，很容易产生相应的漆膜弊病。

四、影响干燥（固化）的因素

涂料固化过程比较复杂，影响涂层干燥速度与成膜质量的因素很多，主要有涂料类型、涂层厚度、干燥温度、空气湿度、通风条件、外界条件、干燥方法与设备及具体干燥规程等。

1. 涂料类型

在同样的干燥条件下，不同类型涂料干燥速度差别很大，一般来说，挥发型涂料干燥快，油性涂料干燥慢，聚合型涂料干燥快慢情况各不相同。紫外光固化涂料干燥最快，其他聚合型涂料则介于挥发型涂料与油性涂料之间。紫外光固化涂料最适宜做机械化流水线干燥处理。

2. 涂层厚度

漆膜厚度一般为 100~200μm，由于受各种条件的限制，不宜一次获得，需要经过多遍涂装才能形成。实践证明，每次涂装涂层较薄、多涂几遍的干燥速度和成膜质量都比涂层较厚、少涂遍数的效果好，涂层薄，在相同的干燥条件下，层内应力小；而涂层过厚，不仅内应力大，而且容易起皱和产生其他干燥缺陷。薄涂多遍的施工周期长，生产效率低。

3. 干燥（固化）温度

干燥温度高一般会促进涂层的物理变化和化学反应，所以干燥温度高低对涂层干燥速度起决定性的作用。当干燥温度过低时，溶剂挥发与化学反应迟缓，涂层难以固化；当提高干燥温度时，就能加速溶剂挥发和水分蒸发，以及涂层氧化和热化学反应，从而使干燥速度加快。但干燥温度不宜过高，否则容易使漆膜发黄或变色发暗。高温加热涂层的同时，基材也被加热，基材受热会引起含水率的变化，产生收缩变形，甚至翘曲、开裂。

4. 空气湿度

大部分涂料在空气中干燥的适宜相对湿度为 45%～65%。湿度过大时，涂层中的水分蒸发速度降低，溶剂挥发速度变慢，涂层的干燥速度减慢，且容易造成漆膜模糊不清和出现"发白"等其他缺陷。

5. 通风条件

涂层干燥时要有相应的通风措施，使涂层表面有适宜的空气流通，及时排走溶剂蒸汽。增加空气流通可以缩短干燥时间，提高干燥效率。空气流通有利于涂层溶剂挥发和溶剂蒸汽的排出，并能确保干燥场所的安全。在密闭空间及溶剂蒸汽浓度较高的环境下，漆膜干燥缓慢，甚至会出现漆膜不干等现象。采用热空气干燥时，通风造成热空气循环，其干燥效果在很大程度上取决于气流速度。气流速度越大，热量传递效果越好，但气流速度过大，会影响漆膜质量。热空气干燥一般采用低气流速度，即 0.5～5.0m/s，温度为 30～150℃。当风向与涂层垂直时，风速可进一步提高。无论是自然干燥还是人工干燥，空气流通对干燥场所的温度均有重要作用。但过大的气流速度容易使油性涂料激烈地接触新鲜空气，表层固化过快，而涂层内部仍存在溶剂，从而使漆膜产生皱纹、失光等表面缺陷。

6. 外界条件

对于靠化学反应成膜的涂料，其涂层固化是一个复杂的化学反应过程。固化速度与树脂的性质、固化剂和催化剂的加入量密切相关，而温度、红外线、紫外线等往往能加速这种反应的进行。外界条件作用的大小，又取决于外界条件与涂料性质相适应的程度。例如，光敏涂料在强紫外光照射下，只需几秒钟就能固化成膜。若采用红外线或其他加热方法干燥，则很难固化，甚至不会固化。所以，涂层干燥方法要根据所用涂料的性质进行合理选择。

第二节　木制品用水性涂料的干燥方法与设备

木制品用水性涂料的干燥过程不同于木制品油性涂料，木制品油性涂料的溶剂挥发快，短时间之内就能干燥，而木制品水性涂料主要为水挥发物，其挥发过程较为缓慢。木制品水性涂料干燥速度与空气湿度有很大关系，湿度越大，干燥越慢，湿度小，干燥速度相对加快，而温度的高低也会影响漆膜的干燥性，所以在进行施工时一定要严格控制其温度和湿度。目前，常见的木制品水性涂料干燥方式有以下几种。

一、室温自然干燥法

室温自然干燥法简单、应用广泛，但其存在干燥速度慢的缺点。同时，在自然条件下，温度、湿度及风速是不断变化的，干燥速度及成膜质量不稳定。一般而言，在没有烘烤设备的条件下，如相对湿度在75%以下，温度10℃以上并保持通风时水性漆膜干燥时间为3～4h，喷涂水性面漆后需要放置72h以上才能包装。

二、加温除湿法

加温除湿法一般采用锅炉蒸汽加温，温度控制在35～50℃，并加强通风，保持烤房空间内温度均匀，控制相对湿度在75%以下，烘烤时间为1～2h，水性面漆烘烤后常温下静置24h可以包装。

三、热风循环干燥法

热风循环干燥法可以明显加快涂层干燥速度，并且对涂料的适应性强，是水性漆膜应用较为广泛的一种干燥方式，但是涂膜质量往往易受乳液本身结构、干燥温度及空气流量等各种复杂因素的影响（曹明等，2012）。

（一）热风循环干燥机理及概述

对流传热是流体流过固体壁面时所发生的热量传递，对流传热过程既包括流体位移所产生的对流作用，也包括分子之间的传导作用，是一个非常复杂的传热现象。热风循环固化是应用对流传热的原理对工件涂层进行热固化的方法。它利用热空气作为载热体，通过对流的方式将热量传递给工件涂层，使涂层得到固化。

热风循环固化比其他固化方法加热均匀，可有效保障涂层质量的一致性；固化温度的范围较大，能满足大部分涂料固化要求；设备使用、管理和维护比较方便。热风循环固化是工件涂层固化中使用最广泛的方式，可应用于各种不同形状、尺寸和颜色涂层的固化，特别适合形状复杂的工件和不同颜色的涂料涂层的固化。使用蒸汽作为热源时，适合温度在100℃以下的涂层烘干；使用燃气、燃油或电能作为热源时，适合各种烘干温度的涂层固化。

热风循环固化设备结构庞大，占地面积大，对防尘的要求较高。由于温度高的气体向上浮动，容易造成下部温度较上部温度低，设计使用时应注意。如果对烘干温度均匀性要求特别严格，则需通过循环空气对流方式进行相应参数的调节和处理。

（二）热风循环固化设备设计

在进行热风循环固化设备设计时，应按照烘干室空气加热器运行功率、实际生产需要及工人的作息安排，选择合适的烘干室升温时间。尽可能减小烘干室的外壁面积和不必要的热量损耗；准确确定烘干室的通风风量，计算空气加热器的迎风速度；合理选择循环风机的风量、风压；烘干室主要采用桥式结构；适当减小烘干室出口尺寸；优化循环风管和送风口的布置等。烘干室内循环热空气必须清洁，应选择耐高温（一般 250℃以下）的过滤器，其过滤精度可根据涂层的要求来确定；以方便过滤器的维护和过滤材料的更换为原则，正确安排过滤器的位置。合理选择循环风管和烘干室内壁的材料或涂层，现在常用的镀锌钢板是比较可靠理想的材料，其经济性和适用性较好，而且不会因防锈底漆不耐高温而出现涂层剥落现象，也不存在涂层老化后再涂覆困难的情况。必须满足消防、环保和劳动卫生法规，应根据单位时间进入烘干室的溶剂内容（种类、数量）确定烘干室的通风量，以确保烘干室的安全运行。对于密闭的间歇式烘干室和较庞大的连续式烘干室，需考虑增设泄压装置，按每立方米烘干室工作容积 0.05~0.22m² 泄压面积设计。对于设有中央控制系统和自动消防装置的生产线，烘干室可设置可燃气体浓度报警装置。循环管路和通风管路上均应设置消防自动阀。

由于热风循环烘干室的热空气循环是以空气加热器的循环风机为动力的，因此热风循环烘干室相对其他形式的烘干室而言，其噪声控制尤为重要，必须确保设备整体设计的噪声符合 GB 12348—2008《工业企业厂界环境噪声排放标准》的规定。减少风机的振动、隔断风机与循环风管间的联结及选择低转速和耐高温的风机都是切实可行的方法。按照国家标准 GB 14443—2007《涂装作用安全规程 涂层烘干室安全技术规定》，涂层烘干室的设备设计文件包括烘干室的工作容积、加热功率、最高允许工作温度、烘干室的工作装载量、涂层溶剂的名称、进入烘干室的最大溶剂量及需要补充的新鲜空气量；必须在烘干室的醒目位置放置安全技术铭牌，铭牌中应包括此烘干涂层的适用溶剂、最大允许溶剂量、最高工作温度、额定排放气量、设计单位名称、制造厂名称及制造时间（陈治良，2010）。

（三）热风循环固化设备的主要结构

热风循环固化设备一般由烘干室的室体、空气加热器、空气幕、温度控制系统和瓦斯漏检器等部分组成，如图 6-2 所示。加热设备包括燃烧机、燃烧室、循环风机、风管、耐热过滤网、风量调节器等。

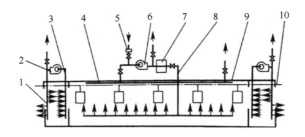

图 6-2 热风循环烘干室结构组成示意图

1. 空气幕送风管；2. 空气幕风机；3. 空气幕吸风管；4. 循环回风管道；5. 空气过滤器；
6. 循环风机；7. 空气加热器；8. 循环送风管；9. 室体；10. 悬挂输送机

1. 室体

室体俗称通道，是烘干室的保温壳体，在静力学方面应有自行装载功能，能装载输送系统和通风管路；在热力学方面应有良好的热绝缘性能，没有"热桥"，内墙壁的气密性好；维持烘干室内的热量，使室内温度维持在一定的工作范围之内；室体也是安装烘干室其他部件的基础。室体一般是镶板式结构，结构布置应便于维修与清理。全钢结构的烘干室室体是由骨架和护壁所构成的箱式封闭空间结构。一般有框架式和拼装式两种形式。框架式是采用型钢构成烘干室的矩形框架基本形状，框架具有足够强度和刚度，使室体具有较高的承载能力。框架式烘干室整体性好、结构简单，但使用材料较多、运输及安装均不方便，不利于设备的改造扩建，目前已趋于淘汰。拼装式是采用钢板沿烘干室长度折成槽轨形式，将保温护板预先制作好，在安装现场拼插成烘干室，拼装形式如图 6-3。保温护板由护板框架、保温材料、面板和石棉板构成，如图 6-4。

图 6-3 保温护板拼装形式

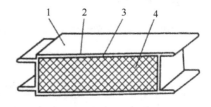

图 6-4 保温护板结构示意图

1. 面板；2. 石棉板；3. 护板框架；4. 保温材料

由于烘干室有效空间的温度高于外界和周围设备的温度，如果没有特别的防护措施，大量的热空气和蒸汽将会散发出来，并有冷空气的随即侵入。因此，在烘干室两端进出口处应采用相应的保护装置，主要有三种形式。①设置上下升降或左右开的炉门，仅适用于间歇式烘干作业。在烘干室开口的上下部，冷风和热风以相反的方向运动，实际热量损失一般以开口部分的面积计算，为 93.04～

139.2W/（m²·℃）。烘干室开口部分应做成仿形挡风板或端板。为了缩小烘干室进出口的端面积，一般将烘干室进出口做成被烘干物的通过形状。在间歇式生产的场合，烘干室进出口一般装有上下升降或左右开的滑动门。②设置斜式进出口端（桥式烘干室）或垂直升降式进出口端，使烘干室底面高于进出口的上缘，利用热空气比冷空气轻的原理来隔热。③烘干室进出口端部的结构如图 6-5 所示。在烘干室进出口端设置风幕间隔区段，如图 6-5（c）、（d）和（f）所示。桥式烘干室适用于悬挂式输送链，"Π"字形烘干室适用于地面滑橇输送。为减少进出口端的热量逸出，采用直通式烘干室时一般都采用风幕封闭。当开口部分的高度超过 1m 时，吹出的风幕和吸收的风幕组合使用，吹出风速一般为 10～20m/s。而在入口部分使用风幕时，由于涂料仍未干燥，要吹净化过的空气，以防止灰尘沾在涂层上，尤其在烘干面漆的场合。风幕风速一般为 3～4m/s。

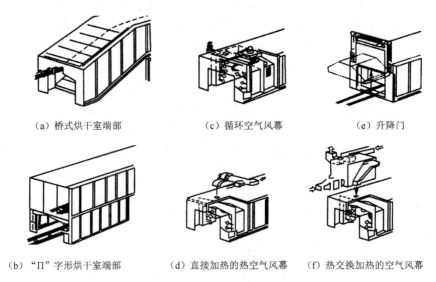

（a）桥式烘干室端部　　　（c）循环空气风幕　　　（e）升降门

（b）"Π"字形烘干室端部　　（d）直接加热的热空气风幕　　（f）热交换加热的空气风幕

图 6-5　烘干室进出口端部的结构示意图

辐射热传递通常设置在烘干室的加热升温区，通常在对两道以上底漆、面漆涂装中应用较多，在烘干室升温区使用辐射加热，可确保高要求的无尘，也可最大限度地避免灰尘卷起。对流热传递是通过循环空气对流，其优点是若加热几何形状复杂的被烘干物，其温度分布非常均匀。循环空气靠电加热器或热交换器（一般以高温烟道气或蒸汽为加热介质）、循环风机及风管等，在一定的风速下在烘干室内部循环而被加热。典型的风管出口风速为 5～10m/s。

目前，先进的烘干设备已采用计算机控制系统控制温度和加热系统。一般烘干室的进出口端是热量浪费的主要部分。为减少和防止烘干室进出口端热量的逸出，在室体设计上一般采用桥式结构，其原理是基于热空气的自然对流，较轻的热空气聚集在上部，通过桥板的阻留作用使其不易外逸。

桥式烘干室的桥段有两种结构：斜桥和矩形桥。斜桥一般采用盔甲式结构，矩形桥可参照保温护板设计成拼接式。由于矩形桥的缓冲区域较大，它的防止热量散失效果比斜桥更好。为了改善车间工作环境，通常在桥段的进出口端进行排风，矩形桥的缓冲区域较大，对烘干室循环气流的影响较小，较适合这种场合的应用。悬挂输送机可利用保温护板的拼接部分进行安装，对于较宽的烘干室，可以在室体内壁的拼接部分设置斜撑。多行程或吊挂较重工件的烘干室需要在烘干室中央安置立柱，以确保烘干室结构不受影响。

2. 加热系统

热风循环烘干室的加热系统是加热空气的装置，可以把进入烘干室的空气加热至一定温度范围，通过加热系统的风机将热空气引入烘干室内，并在烘干室的有效加热区形成热空气环流，从而连续加热工件，使涂层得到固化干燥。

热风循环烘干室的加热系统分两类。

1）直接加热系统　直接加热烘干室是将燃油或燃气在燃烧室燃烧时所生成的高温空气送往混合室，在混合室内高温空气与来自烘干室内的循环空气混合，混合空气由循环风机带往烘干室加热工件涂层使之固化。直接加热的烘干室结构简单、热损失少、投资小并能获得较高温度，但燃烧生成的高温空气往往带有烟尘，需做除尘处理。直接加热的热风循环烘干室仅适用于质量不高的涂层固化，如脱水烘干、腻子固化等。

2）间接加热系统　间接加热烘干室是利用热源在空气加热器内加热空气，加热后的空气通过循环风机在烘干室内进行循环，通过热风循环方式加热工件涂层。间接加热的热风循环烘干室比直接加热的热效率低、设备投资大，但是安全，热量易调节，其热空气比较清洁，适合表面质量要求较高的涂层固化，如面漆及罩光漆的烘干，应用广泛。间接加热通过式热风循环烘干室如图6-6所示。

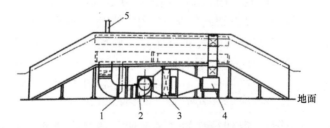

图 6-6　间接加热通过式热风循环烘干室
1. 排气分配室；2. 风机；3. 过滤器；4. 电加热；5. 排风管

为了满足热风循环烘干室各区段热风量的不同需要，可设置多个不同风量互相独立的加热系统，也可仅设置一个加热系统。在热风循环烘干室的升温段中，工件从室温升到烘干温度需进行大量加热,而且大部分溶剂蒸汽在此段迅速挥发,要求较快地排出含有溶剂蒸汽的空气,因此这个区段要求加热系统能供给较大的热风量。在烘干室的保温段,涂层主要发生氧化和聚合反应而形成固态薄膜,同时也有少量溶剂蒸发,因此不但需要热量,还需要新鲜空气,但此区段所需要的热量比升温区段要少。热风循环烘干室的加热系统,应根据室内各区段的不同要求,合理地分配热量。

热风循环烘干室的加热系统一般由风管、空气加热器、通风机、调节阀和空气过滤器等部件组成。

(1) 风管

风管引导热空气在烘干室内进行热风循环,将热量传给工件,主要由送风管和回风管组成。经过空气加热器加热的空气经送风口进入烘干室内,与工件和烘干室内的空气进行热量交换后由回风口回到空气加热器,这样必定引起烘干室内空气的流动,形成某种形式的气流流型和速度场。送风管(口)、回风管(口)的任务是合理地组织烘干室内空气的流动,使烘干室内有效烘干区的温度能更好地满足工艺要求。送风管(口)、回风管(口)的布置是否合理影响整个烘干室温度的均匀性、烘干室的加热效果和加热系统的能耗量。

风管应合理铺设,在满足烘干室要求的条件下,应尽量减小风管长度、截面和方向上的变化,以减少管道中的热损失和压力损失。风管的室外部分表面应铺设保温层。由于烘干室长度较长,为了保证其内部各送风口的风量基本相同,送风管需要设计成变截面风道。送风管(口)、回风管(口)在烘干室内布置的方式较多,常用的有下送上回式、侧送侧回式和上送上回式。送风管(口)、回风管(口)在烘干室内的布置方式必须根据涂层的要求、设备的结构进行合理选择。

送风口的形式一般有插板式、格栅式、孔板式、喷射式及条缝式。插板式是在送风管开设矩形风口,风口的送风量可用风口闸板进行调节;插板式结构简单、制作方便,一般下送上回式应用较多,但需注意送风管的风速和送风口的风速必须选择合理,应尽量避免风口切向气流的产生。格栅式是在矩形风口设置格栅板引导气流的方向,一般下送上回式和侧送侧回式均可使用,但要增加烘干室的空间。孔板式是在送风管的送风面上开设若干小孔,这些小孔即送风口,一般可使用下送上回式,其送风均匀,但气流速度衰减得很快。喷射式送风口是一个渐缩圆锥台形短管,它的渐缩角很小,此送风口紊流系数小、射程长,适用于上送上回式。一般为了得到较高的送风风速,条缝式送风口可应用上送上回式。但其压力损失通常较大。

送风气流方向要求尽量垂直于送风管,以免相互之间影响,一般是依靠送风管的稳压层与烘干室内部间的静压差将空气送出。一些涂装要求温度在空间各处均匀,并且温度不随时间变化,可将固化设备设计为桥式结构,并采用下送上回的送风方式；回风管安装于悬链和工件之间，减少有效温区的空间体积；适当加大循环风量，提高送风口的出风速度；送风管设计为变截面送风道，使整个区间内的出风均匀。

（2）空气过滤器

烘干室空气中的尘埃直接影响涂层的表面质量，影响烘干室内壁的清洁并减弱空气加热器的传热效果。由此，烘干室需采用空气过滤器进行除尘净化，补充新鲜空气的取风口位置应设在烘干室外空气清洁的地方，使吸入的新鲜空气含尘量小。

热风循环烘干室主要使用的是干式纤维过滤器和黏性填充滤料过滤器。前者由内外两层不锈钢（铝合金）网和中间填充的玻璃纤维或特殊阻燃滤料制成的滤布组成，其过滤精度较高，市场使用率高；后者由内外两层不锈钢网和中间填充的玻璃纤维、金属丝或聚苯乙烯纤维制成，当含尘空气流经填料时，沿填料的空隙通道进行多次曲折运动，尘粒在惯性力作用下，偏离气流方向并碰到黏性填充滤料上被粘住捕获。黏性填充滤料过滤器要耐烘干室的工作高温，且不易挥发和燃烧。

（3）空气加热器

空气加热器用来加热烘干室内的循环空气和烘干室外补充的新鲜空气的混合空气，使进入烘干室内的混合气体保持在一定的工作温度范围内。空气加热器按其所采用热媒的不同可分为燃烧式空气加热器、蒸汽（或热水）式空气加热器及电热式空气加热器。

燃烧式空气加热器，如以天然气为原料的燃烧器，天然气可与空气预先混合燃烧或预先不混合，空气可被天然气负压带入或用鼓风机送入，可通过调节供气量的多少来调节温度，其调控系统多采用比例积分（proportion integration，PI）或比例积分微分（proportion integration differentiation，PID）控制。蒸汽（或热水）式空气加热器适用于固化所需温度较低的场合，一般固化温度不超过 120℃，其是利用蒸汽或热水通过换热器加热空气的装置。电热式空气加热器是利用电能加热空气的装置，在热风循环烘干室中应用较广，具有加热均匀、热量稳定、效率高、结构紧凑和控制方便等优点。

（4）通风机

通风机用来输送烘干室内的空气进入空气加热器加热，使之达到所需工作温度；使烘干室内的空气在空气过滤器的作用下洁净度得以改善；调节烘干室内的气流，加快热空气与工件涂层之间的热量传递。按作用原理，通风机可分为轴流式和离心式两种，热风循环烘干室加热系统通常采用离心式通风机。溶剂型涂料的烘干室风机一般需选用防爆型产品，风机的外壳要求保温，以减少热损耗和改善操作环境，一般离心式通风机输送介质的最高允许温度不超过 80℃，因此一般风机都有耐高温的特殊要求。风机与风管之间连接要细致严格，防止漏风。

3. 温度控制系统

一般而言，烘道在升温阶段与运行阶段所需的热量相差较大，可达一半左右，并且在运行中，负载的大小、数量等也经常在变化，这样炉温就存在波动的因素，因此必须通过加热装置与温控方式等的控制与调节，来控制与调节炉温。温度控制系统通过调节加热器热量输出大小，使得热风循环烘干室内的循环空气温度稳定在一定的工作范围内，其系统应设计超温报警装置，确保烘干室安全运行。通常烘干室温度采用热电偶温度计或热电阻温度计进行测量，测温法有单点式和三点式。涂装线温控仪表使用较多，用于烘干炉 PID 控制较为普遍一般设定数字温控仪参数，对被测对象的温度与其设定值进行比较，输出 4～20mA 的电流信号，送入调功器的输入端，经线路处理后产生触发脉冲控制可控硅导通，通过调节可控硅导通的占空比来控制电加热器的通断，从而进行温控。当使用燃油或燃气作为加热热源时，可通过调整供应燃油和燃气的阀门或烧嘴来调整燃料的燃烧量，从而控制循环空气的温度。对于蒸汽作为热媒的热风循环烘干室，温度控制主要是通过温控仪控制蒸汽电磁阀或蒸汽气动阀的开关或开启大小，调节通过加热器的蒸汽流量大小来实现的，表 6-2 为常用热源的适用范围及对应固化温度。

表 6-2 常用热源的适用范围及对应固化温度

热源种类	常用的固化温度/℃	适用范围	主要特点
蒸汽	<100	脱水烘干、预热、自干和低温烘干型涂料的固化	可靠的使用温度<90℃。热源的运行成本较低，系统控制简单
燃气	<220	直接燃烧，适用于装饰性要求不高的涂层；间接加热，适用于大多数涂料的固化	热源的运行成本较低，但系统的投资相对较大，系统控制及管理要求较高
燃油	<220	直接燃烧，适用于装饰性要求不高的涂层；间接加热，适用于大多数涂料的固化	热源的运行成本较低，但系统的投资相对较高，系统控制及管理要求较高
电能	<200	适用于大多数涂料的固化	运行环境清洁，控制精度高，维护保养方便。运行成本相对较高
热油	<200	适用于大多数涂料的固化	使用不普遍，运行成本较低，系统投资较大，系统控制及管理要求较高

4. 空气幕装置

对于连续式烘干室，由于工件一般是连续通过的，烘干室进、出口始终是敞开的。为了防止热空气从烘干室流出和外部空气流入，减小烘干室的热量损失，提高热效率，除了把烘干室设计成桥式或半桥式之外，通常还在烘干室进、出口处设置空气幕装置。空气幕装置用风机喷射高速气流而形成空气幕。空气幕的通风系统一般单独设置，有两个，分别设在烘干室的进、出口外。空气幕出口风速要求适当，一般为 10～20m/s（陈治良，2010）。

四、红外线干燥法

红外线干燥法是吸收红外辐射能量并被转化成热能，实现涂膜固化的方式，其干燥原理是让漆膜从里往外干或里外同时干燥，主要靠光波加热，干燥效果较好，干燥速度可达 10～15min 表干，温度 50～60℃。红外线是介于可见光和微波之间的不可见光，，根据红外光谱分析波长为 0.72～1000μm，按波长长短具体划分为远红外线（40～1000μm）、中红外线（2.5～40μm）和近红外线（0.72～2.5μm）。目前常用远红外线干燥，其可穿透到涂膜内部，使涂膜内部温度升高，而且物料表面水分不断蒸发吸热，使其表面温度降低，造成涂膜内部温度高于表面，使涂膜的热扩散由内向外发生。与热扩散的方向一致，由于涂膜内部存在水分梯度，亦会引起水分移动，从水分含量较多的内部逐渐向水分较少的外部进行湿扩散，干燥进程加速（王翊和叶世超，2004）。但是由于温度和水分梯度的存在，远红外线干燥不适合干燥较厚的涂膜，涂膜越厚，温度和水分梯度越明显。近红外线则波长短、能量密度高、穿透性强，能加快涂膜内部水分的干燥，使涂膜表面与内部干燥速度更均一，因此能在较短的干燥过程中得到较好的涂膜效果（奚祥，2011）。

水性涂料、热固性涂料和粉末涂料在波长 3μm 前后有高的吸收特性。在红外线全波辐射中必定有与涂膜的吸收光谱相匹配的红外线被涂膜吸收后，激发涂膜交联基团的化学活性，促进涂膜高速交联（固化），并且近红外线能在短时间内使涂膜达到高温（一般比常规热风烘干的温度高），随温度的升高，涂膜交联基团的活化度增大，从而加速涂膜的交联（固化）。这些都有利于涂层固化成膜。

1. 远红外线干燥法

远红外线干燥法是一种新型经济的干燥技术，其原理与近红外线干燥完全相同，只是射线的波长不同。

（1）远红外线辐射固化的特点及适用范围

辐射烘干中，热量可直接传递到被加热物体上，不需要中间媒介，故没有中间介质引起的热损耗，比对流烘干室的对流加热方式节能。在远红外线辐射烘干过程中，一部分远红外线被漆膜吸收，另一部分透过漆膜至工件基底，在基底表面与漆膜之间产生热能交换，使热传导的方向与溶剂蒸发的方向一致。这样，不仅加热速度快，而且避免了像对流烘干那样从外向里干燥所易产生的针孔、气泡、橘皮等缺陷。远红外线辐射烘干时间短，设备长度小，占地面积小。此外，该设备在结构上比对流烘干设备简单，制造安装比较方便。

但由于辐射加热器表面温度可达 400~600℃或 800℃左右，因此加热器周围的空气温度也相应较高，受热空气影响涂层温度也一定程度升高，此时工件表面距离辐射加热器的远近会明显影响涂层成膜速度。对于无强制对流循环系统的辐射式烘干室，辐射加热器表面高温会对烘干室空气进行加热，热空气自然对流则会造成烘干室内上部区域温度较高，导致上下部区域温差可达烘干温度的 10%~15%，从而使烘干室内空气温度不均匀。为了使烘干过程中工件涂层的固化温度基本一致，一般下部布置的辐射加热器较多，上部布置的辐射加热器较少，高度较大的烘干室甚至上部基本不布置辐射加热器。烘干室高度较大，挂件涂层的下部受热主要是远红外线辐射作用，而上部主要是空气对流加热作用，易产生工件涂层上、下部不能同时固化的问题。此外，由于远红外线辐射加热器对于形状复杂的工件，照射阴影较严重，也会出现类似现象。

总之，远红外线辐射烘干具有以下优点：干燥速度快，生产效率高（其干燥效率一般为热风干燥的 10 倍）；较热风干燥耗电少；干燥效果好，产品表层和表层下同时吸收远红外线，所以干燥均匀，制品的物理性能好；设备尺寸小、占地面积小、成本低等，可用于各类油性、水性乃至粉末涂料涂层的干燥。但其存在外形复杂工件涂层固化不均匀的问题，因此使用时应谨慎操作。

（2）远红外线辐射固化的机理

辐射是电磁能的传递，这种传递无需任何中间介质，在真空中也能进行，烘干室中水分与空气会吸收辐射，使辐射减弱。所有物体温度只要在绝对零度以上，就会向外辐射能量。辐射换热是物体之间相互辐射和吸收的结果，高温物体向低温物体辐射热量，低温物体也向高温物体辐射能量，但各物体温度不同，相互辐射换热的差值就不会等于零，低温物体所获热量就是热交换的差额，两个物体温度达到平衡，标志着相互辐射相等。远红外线干燥漆膜的原理就是利用热能激发涂料分子活化（扭转振动和伸缩振动），促进瞬间发热而辐射干燥。

（3）影响远红外线辐射固化的因素

影响远红外线辐射固化的因素有辐射波长、介质、辐射距离、辐射加热器表面温度及布置等。

辐射器发射的辐射波长对于被干燥漆膜的影响很大。水性涂料在远红外线波长范围内有很宽的吸收带，在不同的波长上有很多强烈的吸收峰。若辐射器的辐射波长与涂料的吸收波长完全匹配，就能够提高辐射烘干的效率与速度，波长过长，则大部分被漆膜表面反射，浸透力减弱，导致漆膜不能干燥；波长过短，则透过漆膜被基材吸收，转换成热能，其干燥效率也会降低。因此要尽可能使远红外线辐射波长与涂料吸收波长相近。

涂层材料黑度对远红外线辐射固化也有较大影响。一般而言，涂层材料的黑度大，则吸收辐射能大；黑度小，则吸收辐射能小。涂料黑度多数为 0.8~0.9，黑度不仅因材料的种类而异，还因材料的表面形状及温度而异。对辐射固化来说，应尽量选择黑度大的材料。

干燥过程中挥发的水分及绝大多数溶剂均为非对称的极性分子结构,它们的固有振动频率或转动频率大都位于红外线波段内,能强烈吸收与其频率相一致的红外线辐射能量。这样,辐射器的一部分能量被吸收,同时这些水分及溶剂的蒸汽在烘干室内散射,使辐射器的辐射能量衰减,从而减弱了被涂物得到的辐射能量。这些介质蒸汽对辐射固化是不利的,应尽可能减少。

实践证明,被加热物体吸收辐射器发射的辐射能量与它们之间的距离有关,辐射距离近,物体吸收辐射能量多,反之则少。对于平板状工件,辐射距离可取80~100mm,对于形状比较复杂的异形工件,辐射距离则取250~300mm。

对辐射器表面温度的要求是:在满足辐射器峰值波长在远红外线范围内的条件下,尽可能升高其表面温度。按照这个要求,用于涂层烘干的远红外线烘干室的辐射器表面温度一般在350~550℃,工件的涂层表面应尽可能在辐射器表面的法线方向上。对于管式辐射器,则应该安装反射率高、黑度低的反射板,使远红外线通过反射板汇聚后向工件反射。安装抛物线形反射装置的管式远红外线辐射器的辐射能力要比安装反射平板的同类辐射器高出30%~50%。由于辐射器表面温度很高,不能忽视热空气的自然对流导致室体上部温度较高,因此,在高度方向上,辐射器数量自下而上递减。

(4)远红外线干燥设备

远红外线干燥设备是通过远红外线对漆膜进行干燥的一种设备,其干燥效率高、温度可控、节省电能,主要用于橱柜板、门板等板式家具的干燥。远红外线辐射干燥过程中,远红外线辐射器承担工件和输送机移动部分的热损耗量和涂料中溶剂挥发的热损耗量,对流加热器负责总热损耗量减去上述两部分热损耗量的差值部分(陈治良,2010)。设备的设计方案,可参照对流烘干室或红外线烘干室的设计,主要有镶板式结构、框架式结构、拼装式结构等,烘干室的进出口端壳体也有相应要求,一般需设置上下升降或左右开的炉门,常见的远红外线干燥设备如图6-7所示。

图6-7　远红外线干燥设备

2. 近红外线干燥法

（1）近红外线辐射固化的特点

红外线加热辐射的波长取决于辐射器的温度，如表 6-3 所示。

表 6-3　红外线辐射器的区分

名称	红外线波段（把能通过大气的三个波段划分）/μm	辐射器温度/℃	最大能量的波长/μm	元件启动时间	备注
长波长红外线(远红外线)	4～15	400～600（650 以下）	约 1.2	约 15min	暗式
中波长红外线	2.5～4	800～900（650～1100）	约 2.6	60～90s	亮式
短波长红外线(近红外线)	0.72～2.5	2000～2200（1100 以上）	约 1.2	1～2s	亮式

近红外线干燥的主要特点是：辐射器可瞬间提供高强度、高能量、高密度全波段红外线辐射，可使涂膜内外同时受热，升温速度快；热效率高，因为近红外线热的传递是直接的，所以忽略了额外的能量消耗（如不需要为提高介质或对流物质的温度而消耗热能），近红外线的热效率为 20%～59%，而蒸汽为 15%，电热效率为 15%～20%；操作简单，用一个开关即可控制全部灯泡，用变压器调节温度很方便；炉体装配简单，所以炉体尺寸增减和炉的移动很方便；炉容积、占地面积小，炉的有效容积约为对流炉的 2 倍；工作环境清洁卫生；有照射死角，当涂装材料形状复杂时，用近红外线照射就会有背光部分，此部分漆膜干燥缓慢，可采用回转涂装的方法缓解此现象；漆膜颜色不同，温差较大，白色漆膜温度难以升高，而黑色漆膜温度上升既快又高。

（2）近红外线辐射固化的机理

近红外线干燥是向漆膜放射比远红外线波长稍短的红外线（波长 0.72～2.5μm，相对于远红外线而称近红外线），由辐射加热而使漆膜干燥的一种水性涂膜干燥方法。从热源发射出的红外线，以电磁波的形式传到空中，一遇到漆膜就立刻被吸收，转换成热能，使漆膜干燥。

（3）近红外线辐射固化的主要影响因素

近红外线加热的最大特点是瞬间快速加热到额定温度，是全波段的红外线辐射，使红外线辐射的直进性更强，对平面被涂物的烘干效率非常高，但对立体被涂物的阴影部分，烘干效果却相对不理想。因此，在实际设备制造中，应充分利用近红外线升温快的特性，红外线辐射加热和热风循环并用，以适应木制品异形表面、立体件的快速、高效烘干。加热烘道内应该保证温度均匀一致，可根据加热固化条件来确定烘干规范，以确定辐射能量密度和加热时间。

设计红外线辐射烘干室之前，必须通过试验得到下列基础资料。

1）辐射能量密度。以红外线辐射元件的输出功率（kW）与照射面积（m²）

之比，计算出辐射能量密度（kW/m²）。根据所烘干涂料和被烘干物件的形状来选用辐射能量密度。为避免形状复杂物件的局部过烘干，采用低辐射能量密度。为避免局部沸腾产生气孔，也必须选用低辐射能量密度。对于厚度相差大的被涂物（如厚度为 20mm 和 4mm 的板件接合在一起的被涂物），为使其升温和固化均一，则需调整各部位的辐射能量密度。

2）红外线辐射面到工件的距离。在涂装场合，距离一般为 250～300mm。

3）加热时间。变更上述条件，测定出涂膜快速且无缺陷干燥、固化所需时间。一般而言，红外线烘干时间与热风烘干时间相当，也可依此检验确定加热时间。

（4）近红外线干燥设备

近红外线干燥设备由元件、炉体、控制部分组成（陈治良，2010）。近红外线辐射加热元件的热源为钨丝，温度高达 2200～2400℃，辐射短波高能近红外线；热源外罩石英管，外表温度约 800℃，辐射中波红外线；背衬定向反射屏，温度可达 500～600℃，辐射低能量远红外线。各波段红外线成分所占比例不均等，其对被加热水性漆膜有最佳的能量匹配，并伴随有快速热响应特征。

石英管内抽真空后充惰性气体，两端封口有接线柱。一般石英管规格为 ϕ12mm、ϕ20mm 两种，长度为 1.0m、1.2m、1.5m，功率为 3～5kW。近红外线有 80% 以上的能量为红外线辐射能，其余为对流热能。元件的寿命可达 5000h，电压降低时可延长寿命（在实际使用中，最长的寿命已超过 15 000h），热惯性比较小。

对于透明石英管加热元件，钨丝 2200℃产生的红外线几乎全部透过石英玻璃直接向外辐射，近红外线波段辐射能量高达 76%，中、远红外线辐射能量仅占 24%，高能量近红外线将穿透涂膜直接对基材加热升温，由内向外加热使涂膜中溶剂更快地蒸发逸出，升温时间只需几十秒，比由外向内加热的对流加热方式的升温时间短得多。

凡符合近红外线烘干条件（工件外形和结构简单且规则，照射面无死角，大量流水生产和以电为热源等）的涂装线，都以红外线加热为主、热风为辅，并配置烘干室废气处理及热能综合利用装置。但是这种类型的涂装生产线在工业涂装领域占的比重不大。为了提高热风对流烘干室热能利用率和烘干效率，推出近红外线辐射和热风对流并用技术，即在升温区配置近红外线辐射元件（或中波长红外线），保温区使用热风，最大限度利用两者的特长。

近红外线和热风干燥并用的烘干室具有以下优点：①在近红外线升温区可使涂膜和工件在短时间内升温到规定固化温度，可使烘干室长度缩短。②在热风保温区，使工件的温度均等，涂膜固化。③近红外线（或中波长红外线）具有良好的控制性，使升温幅度容易控制。④在近红外线辐射区涂膜附着的尘埃要比热风区涂膜附着的尘埃少。⑤保留热风区的目的是使温度不高出所需温度。⑥水性涂料的蒸发潜热大，此种方式的烘干效果更好。⑦辐射加热面可自由升降、多角度并合，适用于不同形状、不同部位的烘烤。

五、微波干燥法

微波是波长为 1mm～1m、频率为 300～300 000MHz 的具有穿透性的一种电磁波。在工业上，我国允许使用 9158MHz 和 284 508MHz 频率的微波进行加热。微波的穿透能力比红外线强，而且微波加热不是由外部热源加进去的，而是在加热物体内部直接产生的。其干燥原理是让漆膜从里往外干或里外同时干燥，依靠水分子自己高速摩擦产生的热量，然后快速蒸发。面漆喷完后取出成品在自然环境下放置 12h 即可包装。因此，微波干燥具有干燥时间短、加热均匀、反应灵敏和热效率高等优点。

1. 微波干燥特点

利用高频振荡所产生的微波，促使湿漆膜活化而干燥的方法称为微波干燥。微波干燥水性涂料与传统的干燥方式相比，其优点在于：干燥速度特别快；不同的物质对于微波具有选择性吸收；形状适应性好，对于被干燥物件没有形状要求；对于涂膜的加热很均匀，不存在温度梯度，且可以干燥厚膜；能源的利用率高，用传统的烘干设备，其能源的利用率不足 50%，而用微波作为能源的利用率可达 75% 以上，较传统烘干设备能耗降低 25% 以上；工作效率提高，微波能够大幅加快水性涂料中水分的挥发，从而避免不同气候、不同空气湿度对家具表面施工的影响。微波干燥后的涂膜可以立即打磨和包装处理，从而大幅缩短了每道工序所需的时间，极大地提高了生产效率；安全卫生、环保，微波烘干设备无噪声、无污染、更不会产生"三废"问题。但微波干燥的一次性投资费用较高。

2. 微波干燥设备

随着微波干燥设备在各干燥行业的不断探索与应用，微波干燥设备逐渐出现不同类型。工业微波干燥设备按总体结构可以分为两大类：炉式和隧道式，以炉式水性涂料烘干设备为例，其主要由主箱体（含箱体、卷帘门及微波单元等）、冷却系统、排风系统、电控系统等组成，如图 6-8 所示。

（1）主箱体

烘干设备主箱体由箱体、微波单元和卷帘门（屏蔽门）等装置组成。箱体是进行微波加热的腔体，置于箱体中的被加热物料吸收微波能量而发热干燥。微波单元包含磁控管、变压器、波导管等器件，其中磁控管是微波发生器，变压器则输送直流高压电流给磁控管，磁控管把直流高压电能转化为微波能量。微波的传送、耦合、换向及器件之间相互连接等都是通过波导管来实现的。屏蔽门用来阻

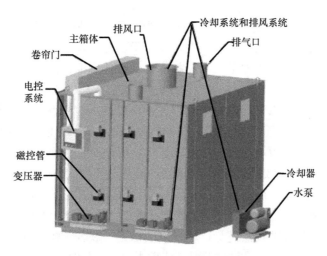

图 6-8　烘干设备组成示意图

断箱体内微波辐射和热量的向外泄漏。

（2）冷却系统和排风系统

微波单元是烘干设备产生热的主体，其中约 75%的电能通过微波能对产品进行加热，约 25%的电能用于磁控管及变压器自身的发热。因此及时冷却磁控管和变压器等微波单元是延长其使用寿命的必要措施。为了提高磁控管的散热效率，可选用水冷方式冷却，冷却系统由热交换器、水泵、膨胀罐、各类阀和表及管路等组成。排风系统由进气管口和抽风机等组成。整个冷却系统和排风系统均安装在设有内外蒙皮的空间内，与外界环境保持隔离，保证微波器件在干净的环境中使用，提高了系统的可靠性（徐凡等，2017）。

（3）电控系统

电控系统基本的控制方式是：通过控制交流接触器和继电器的开闭来实现对电源、冷却系统和排风系统等的控制；用行程开关和接近开关来控制屏蔽系统的开合；通过红外线测温仪、热过载探测仪等元件将烘干设备的运行状态反馈至电控系统来实现闭环控制。烘干设备运行中最重要的是：微波单元必须在满足人身设备安全的基础上开启，即开启微波高压前微波抑制系统和防泄漏系统的安全必须到位，如微波腔体门必须关闭、设备地线接触良好等；开启微波高压磁控管前，变压器冷却系统和排风系统必须提前完好运行，设备主箱体内必须有待烘干的产品吸收微波能，禁止无负载或轻负载开启微波单元。

六、联合干燥法

联合干燥法是根据涂膜特性，将 2 种或 2 种以上的干燥方式优势互补，分阶段进行的一种复合干燥方法，如热风-微波联合干燥、热风-微波冷冻联合干燥等。它是热风干燥、微波干燥、真空干燥、冷冻干燥等各种干燥方式相结合而发展的产物，涉及物理学、流体力学、低温制冷、传热传质学、自动控制等学科，是一种综合性极强的应用性方法。

联合干燥法的特点是可以充分利用各种干燥技术的优点，在不同的干燥阶段采用不同的干燥方法，分别以蒸发或升华等方式除去大部分游离水和胶体结合水。联合干燥的优点是缩短干燥时间、降低能耗、提高质量、便于操作、利于环保、安全高效，可最大限度地降低成本和保证产品涂装质量。目前，对于板材的表面涂装工艺，可将板材喷涂后静置待干 1~3min，微波干燥 7~8min，再经过红外线干燥或热风干燥，即可通过合理调控漆膜干燥速度，缩短包装时间。

联合干燥法目前的难点是最佳转换点的确定，联合干燥通常需要大量试验来确定联合干燥时不同干燥方法的最佳工艺转换点。若要做到自动控制联合干燥法，就需要建立合理的数学模型，尽管目前已有大量的模型研究，但理论模型的通用性和实际的干燥过程还相差很大，许多参数还需深入研究获得，这也是此方法的一个难点。另外，其设备也需不断改进，设备本身能耗高、操作条件难控制、在线检测困难等问题以后还需进一步研究解决。

在以上干燥方法中，自然干燥法具有方法简单、应用普遍的优点，但同时具有干燥速度慢的缺陷，且在自然条件下，温湿度及风速不定时变化，干燥速度和成膜质量不稳定。水性涂料中含有少量的光敏剂，在紫外线的照射下，光敏剂吸收特定波长的紫外线，产生活性基团，引发成膜物质的聚合反应，形成网状结构而使涂层固化。红外线干燥法具有固化速度快、升温迅速、固化质量好等优点。但是，用红外线加热干燥涂层时，它的干燥是由外表向内部延伸的，涂层存在明显的温度梯度，不适用于干燥较厚的涂膜。红外线干燥只能加热红外线可以照射到的区域，不能干燥物件阴影区，并且红外线干燥对能量的消耗也较大。热风循环干燥法相对较为简单，其设备采用对流原理，以温度为40~60℃的热空气为载热体，将热空气输送到产品外表的涂层，使得涂层吸收热能后固化成膜，设备常常采用电或蒸汽作为热源，能使涂层快速干燥。但是，由于热空气对基材和湿膜的加热比较慢，干燥时间长，且涂膜厚度、空气湿度及热风温度等施工条件的改变，也易引起干燥效果的变化。微波干燥法干燥速度快，由里及表干燥彻底，可连续化生产，能量利用率高，对人体无害，但一次性投入成本相对较高。

第三节　木制品用紫外光固化涂料干燥方法与设备

紫外光固化（UV）涂料经紫外线灯管的紫外光辐射后光引发剂被引发，产生游离基或离子，这些游离基或离子与低聚物或不饱和单体中的双键发生交联反应，形成单体基团，这些单体基团开始连锁反应生成聚合体固体分子，一个完整的固化过程结束。一般而言，紫外光固化涂料在自然状态下难以实现干燥固化，通常均需要借助一定的干燥设备。

一、木制品用紫外光固化涂料干燥方法概述

由于紫外光固化涂料通常需经紫外光辐射后，通过光引发反应使单体产生化学交联反应，形成固化涂膜，因此，木制品用紫外光固化涂料的干燥多为紫外光固化干燥法。当用特定波长的光照射含有光敏剂的紫外光固化涂料涂层时，光敏剂分解产生活性的游离基团，随即引发聚合反应，在短时间内使涂层固化成膜。因为通常采用波长为 300～450nm 的紫外线，所以称为紫外光固化。一般生产线上使用高压汞灯和紫外线荧光灯。

紫外光固化的特点是固化时间短、可在常温下固化、装置价格相对较低、设备占地面积和能耗小、维护费用低。紫外光固化仅适用于紫外光固化专用涂料，而且只适合透明或配方中含有易发生光反射颜料的涂料固化，目前使用较多的是紫外光固化清漆。其缺点是存在照射盲点，只适合对形状简单的被涂物进行固化。

紫外光固化涂料的固化速度取决于照射的强度，增加光源的照射强度可缩短涂料的固化时间。由于固化时间短，紫外线灯输入功率大，而输出功率小，因此会有大量的热能损失。一般紫外线灯泡的功率中转变为紫外线的仅占 20%、转变为可见光的占 10%、转变为红外线和热能的占 70%。以紫外线灯常用的汞灯为例，其管壁的温度能达到 600℃ 左右，它不适合容易产生照射阴影的被涂物的固化。用铝板虽然可反射 90% 以上的紫外线，把阴影部分减到最小限度，但有阴影的被涂物仍不能采用紫外线灯。紫外线灯放射出强烈的紫外线，直接照射会对人体有害，操作者要戴防护眼镜，另外，紫外线灯产生的臭氧对周围设备会产生腐蚀，且对人体呼吸系统有不良影响。紫外线灯的使用寿命一般为 1500～2000h，接近后期时紫外线的放射量会减少 15%～20%，所以要定期清理反射板。

紫外光固化涂料需要光引发剂，一般使用添加光引发剂的不饱和聚酯树脂、不饱和醇酸树脂和变性环氧树脂等紫外光固化涂料。光引发剂残留在涂膜中，涂膜在室外暴晒时受日光中紫外线的作用，其交联结构被破坏，耐候性变差，进而劣化。

紫外线灯固化机一般可与淋涂机、辊涂机等机器组合使用，完成紫外光固化涂装工件的固化，主要用于木质板材、木家具、木地板、木门等木制品紫外光固化涂料涂装表面固化。

紫外光固化涂料的喷涂和干燥必须保证作业环境干净整洁，地面需平整、无尘土飞扬，空间要大，光源风机的排风要引出到室外进行，工作车间应该避免阳

光直射。

二、紫外光固化涂料干燥设备

紫外光固化涂料干燥设备可分为红外线流平机与紫外光固化设备，通常以后者为主。

红外线流平机用石英灯管发热升温，温度可根据工艺要求设定（一般在120℃以内可调），石英灯管升温可加快涂料的流平速度，缩短涂料流平时间，使紫外光固化涂料的表面平整，内部风机使得空气流动，温度均匀，消除喷涂过程中工件表面产生的气泡和凹凸不平等缺陷，提高表面流平质量，达到工件制作要求。红外线流平机不能完全固化涂料，故一般以紫外线灯固化设备为主。

紫外光固化设备由光源、反射板、灯具、电源装置、冷却装置、传感器、被涂物输送机、排气换气装置、室体壁板及防紫外线辐射遮挡帘组成。

图6-9为平板工件涂层紫外光固化设备的示意图。

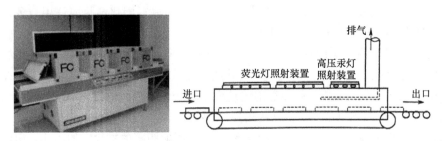

图6-9 紫外光固化设备示意图

（一）紫外光固化涂料干燥设备组成

1. 光源

紫外光（UV）固化设备即产生紫外光进行紫外光固化涂料固化的设备，一般紫外线发射光源有电极汞灯、无极灯、金属卤化物灯、LED-UV灯等。常见紫外线灯固化机可分为单灯固化机、双灯固化机和三灯固化机，这三类固化机可根据工艺和工件的不同而选用不同的光源进行搭配。（1）电极汞灯

这种灯通过电极使管内汞蒸气发出紫外线，可分为紫外线日光灯和汞灯。紫外线日光灯是在管子表面涂覆荧光物质，封入少量汞，由电极在管子内部产生紫外线（主要波长是 2537×10^{-8} cm），通过管内壁涂覆的荧光物质产生两次光聚合后得到合适波长的紫外线，不同的荧光物质可使紫外线的波长发生变化。但由于日光灯的紫外线强度小，仅适用于表面固化。汞灯是用石英制成的管子，内部封入少量汞，在管子两端电极上接通电压使汞汽化，汞蒸气在石英管中放电发光。

汞灯的照射强度大，是目前使用最多的紫外线光源。

改变汞灯内部封入汞的数量（或称为管子内部的汞蒸气压），会使汞灯发射的射线光谱发生变化。按照石英管内汞蒸气压的不同，汞灯大致可分为 0.1～1.0MPa 汞灯、超高压力 1.0～10.1MPa 汞灯。紫外光固化一般采用 0.1～0.3MPa 的高压汞灯。

（2）无极灯

美国 Fusion System 公司发明了一种不用灯丝和电极的新型灯。这种灯与传统的白炽灯或荧光灯截然不同，它不用灯丝和电极，而是用一个高频感应系统来激发其内部的汞蒸气放电，从而产生大量紫外线。如果在玻璃内壁涂上荧光粉，则荧光粉受紫外线激发而发光。

无极灯灯管的构造非常简单，典型的灯管长度约为 25cm，管中部稍细，内装有汞及少量为改变发射光谱而添加的金属如锡、铁、铅等。无极灯由磁控管产生的微波来激活。

与普通中压汞灯相比，无极灯具有以下优点：可快速启动，关灯后可立即（<10s）重新启动；输出功率稳定，不像有极灯那样在使用一段时间后逐渐下降；灯管如出现故障或已经到达使用时限，输出功率就降为零；由于这种灯里没有易损部件，因而使用寿命长，可达 8000h；紫外线输出功率较高，其紫外线输出功率占总功率的比例达到 36%，而有极灯的紫外线输出功率仅为 13%。

无极灯的线功率受磁控管技术的限制，目前最高的线功率为 240W/cm。无极灯的初次使用投入成本较高，对于国内众多的紫外光固化涂料小型企业来说，成本问题尤为重要。

（3）金属卤化物灯

汞灯内部除封入汞外，还可以封入金属的卤化物，如加热的碘化钾，因其易于挥发而且化学性质不甚活泼。常用的金属是钠、镁、铝、镓等。这种灯的波长比汞灯略长，紫外线的强度用灯的功率来表示，一般为 80W/cm，还有用 160W/cm 的。

（4）LED 灯

UV Process Supply 公司推出了发光二极管（LED）的光固化光源，其可即时开关、不发热、使用寿命长（50 000h）且发射功率恒定，是一种很有前途的新型光源。

镓灯和汞灯属于高压卤素灯，发射紫外光的同时，有一部分能量转化为热能，因而能效较低；LED-UV 灯的光源就是发光二极管（LED），这种灯具有耗电量少、发光效率高、使用寿命长、安全可靠性强、环保等特点，同时具有低热量、小型化、响应时间短等优势，但由于价格要远高于镓灯和汞灯，目前市场上应用较少。但已有部分企业在研发 UV LED 固化技术，其与传统 UV 固化的差异见表 6-4，其技术参数对比见表 6-5。

表 6-4　UV LED 固化与传统紫外光固化工艺技术的差异

对比要素	UV LED 固化技术	传统紫外光固化技术
环保性	UV LED 固化漆除了基本不含挥发性溶剂，几乎无 VOC 排放外，还因采用 LED 电子光源而避免了汞污染	无溶剂，几乎无 VOC 释放，但是存在汞污染
人工成本	采用光促聚合固化技术，光交联密度高，打磨性更佳，尤其适用于异形砂光机，更省人工	异形打磨性相对较差
能耗	UV LED 固化光线能量集中在特定紫外光波段，有效发光率很高，且只在照射时才消耗电力，待机消耗近乎于零，整体能耗较传统汞灯、镓灯降低 70%以上	多采用传统汞灯，能耗相对较高
适用范围	UV LED 固化不只局限于标准、规则的基材，还可加工包括热敏类型在内的多种基材	多适应于平面、规则基材

表 6-5　UV LED 固化和传统 UV 固化技术参数对比

性能	UV LED 固化技术	传统 UV 固化技术
紫外线灯照射面积：宽×长（mm）	100mm×300mm×3 台	100mm×300mm
固化主波长/nm	395	宽频谱 200～440
最大功率（含冷却系统）/kW	单灯 4（200～240V），可调节	11（400V），不含抽风系统
整线干燥功率/kW	33（辊涂 4 灯+喷涂 5 灯）	110～130（辊涂 6 灯+喷涂 6 灯）
光强度/（mW/cm²）	4 000～4 500	220
安全性温度	LED 附近常温	紫外线灯附近高温
灯珠芯片寿命/h	15 000～20 000	800～1 000
准备时间	瞬时亮灭，即开即用	需预热 1～2min，熄灭冷却 4min
照射范围	感应照射，可调节	始终全范围固定照射
冷却方式	采用冰水机水冷却	风冷却
臭氧产生	无	有
节省空间	紧凑型控制箱	大，占用其他工位空间
是否含汞	否，满足《有害物质限制指令》（*Restriction of Hazardous Substances*，ROHS）的要求	有汞污染（＞100g）

2. 反射板和灯具

为了提高紫外线的照射效率，通常加上反射板。反射板用铝合金制成，反射板的形状可分为抛物线形和椭圆形两种，前者反射平行光线，适合立体形状的被涂物，后者反射集中光线，适合高速度聚集照射的流水线。

3. 电源装置

紫外线灯固化机开始工作时，为了使汞灯中的汞蒸气离子放电，要通入高压电；放电后电压降低、电流增大，随着汞的进一步蒸发，电压升高，电流慢慢减小，汞灯稳定工作。因此，电源装置要能提供和调节高压电。

4. 冷却装置

汞灯正常运行时管子表面的温度为 700～800℃，为了延长汞灯的使用寿命，防止发射板过热熔融，需要将灯管表面温度冷却至 300℃以下，可采用水冷却或空气冷却。水冷却一般包括水泵和敷设于外壳表面的水夹套，水夹套上设有进水口和出水口，水泵通过管道分别与进水口和出水口连通，从而进行灯管表面温度的冷却。空气冷却装置一般采用可产生冷风的鼓风机，通过接口与固定底座连通，向紫外线灯固化设备内部鼓风进行冷却。

5. 传感器

在紫外线光源下安装紫外线通量传感器，传感器将测得的光通量转换成电信号，把电信号加至被涂物输送机的电机调速系统的反馈讯号上，可根据光照强度自动调节输送机的传输速度，更好地保证涂层固化质量。

（二）紫外线灯固化机使用的注意事项

1. 紫外线灯固化机的开关

1）开灯时应顺次开灯，每支灯间隔 1min 左右，不要同时打开。

2）关灯后应当使风机继续运转一段时间，直至灯管冷却为止。

3）关灯后如果要二次启动，一定要等到灯管完全冷却后再启动，在灯管表面温度很高的情况下是启动不起来的。

4）开灯后不能立即投入生产，要有一段灯管预热时间。夏季高温时，预热时间短；冬季温度低时，预热时间长些，预热时间为 2～3min。如果紫外线灯固化机有强弱光装置，应在强光挡开灯，这样可缩短灯管预热时间，若生产时需要弱光，可在预热结束后调至弱光挡。

2. 速度调节

紫外光固化设备的最佳速度选择方法是将产品先以某一速度通过紫外光固化装置，如果固化了再加快速度，直到通过固化装置的产品刚刚不能彻底固化为止，此时的速度乘以 0.8 就是最佳速度。另外，还要注意紫外线灯的使用时间，随着紫外线灯使用时间延长，能量就会衰减，速度也要随之调慢。

3. 紫外光固化设备变压器、电容

变压器的进线要根据现场的电压来选择合适的接线柱。电容器在使用后，如果维修，一定要进行放电，以免电容放电伤人。紫外光固化设备是利用特种光源来固化涂料的设备，与涂料里的光敏剂起化学反应，瞬间使漆膜干燥固化的机器，光源有紫外线灯光和 LED 光。其能瞬间干燥紫外光固化涂料，干燥效率最高，适

合板式工件的涂装，对厚涂的实色漆膜干燥效果不好。

第四节　木制品用水性UV涂料干燥方法与设备

一、水性UV涂料的固化干燥机理

水性紫外光固化涂料（即水性UV涂料）主要由预聚物（水基光固化树脂）、光引发剂、颜料、胺类物质、水、助溶剂和其他添加剂等配制而成。其干燥固化结合了UV固化和水性涂料体系的预挥发（渗透蒸发）两种干燥形式。

预干燥是紫外光固化之前必须有的一道工序，在水性UV涂料制造过程中，水基光固化树脂通过添加一种碱或者酸使其变成羧酸盐才能溶于水，其中通过加氨水使其成盐的反应可表示为：$R\text{-}COOH+NH \rightarrow R\text{-}COO+NH$（水溶性），反过来，在预干燥过程中发生的反应是：$R\text{-}COO+NH \rightarrow R\text{-}COOH$（水不溶）$+NH\uparrow$。

水性UV涂料的固化是指在紫外光的照射下，光引发剂吸收紫外光的辐射能后分裂成自由基，引发预聚物发生聚合、交联接枝反应，在很短的时间内固化成三维的网状高分子聚合物，得到硬化，实质是通过形成化学键实现化学干燥。其固化过程一般可分为4个阶段：①光与光引发剂之间相互作用，可能包括涂料对紫外光的吸收和紫外光对光引发剂的引发作用；②光引发剂分子发生重排，形成自由基中间体；③自由基与低聚物中的不饱和基团作用引发链式反应或聚合反应；④聚合反应继续，液态的组分转变为固体聚合物。

水性UV涂料的干燥固化机理及过程如图6-10所示，首先是物理烘干，然后是UV固化，UV固化后得到高交联度的涂膜，涂装过程结束，产品就可堆叠打包，涂装效率很高。

图6-10　水性UV涂料的干燥固化机理及过程

二、影响水性UV涂料固化干燥的因素

影响水性UV涂料固化干燥的因素很多，具体有以下几方面。

1. 水性体系的预干燥对固化的影响

水性体系的预干燥对水性 UV 涂料的固化速度和固化质量都有重要影响。其固化前的干燥条件对固化速度的影响很大，预干燥充分可以明显提高固化速度和涂膜表面质量。而若对水性体系不干燥或干燥不完全时，固化速度较慢，且随曝光时间的延长，胶凝率无明显提高。这是因为尽管水对抑制氧的阻聚作用有一定的效果，但是这只能使漆膜表面迅速固化，只达到表干，而不能达到实干。由于体系内含有大量的水，体系在一定温度下固化时，随着漆膜表面水分的迅速挥发，漆膜表面迅速固化，膜层里面的水则难以逸出，大量的水残留在漆膜中，阻止了漆膜的进一步固化，固化速度降低。另外，UV 照射时周围温度对水性 UV 涂料的固化有很大影响。温度越高，固化性能越好。因此固化前预热可增强涂料的固化性能，提高漆膜附着性。

2. 水性 UV 固化树脂对固化的影响

水性 UV 固化树脂要进行自由基光固化，这就要求树脂分子必须带有不饱和基团，在紫外光的照射下，分子中的不饱和基团互相交联，由液态涂层变成固态涂层。通常采用引入丙烯酰基、甲基丙烯酰基、乙烯基醚或烯丙基的方法，使合成的树脂具有不饱和基团，从而可以在合适的条件下进行固化，丙烯酸酯由于反应活性高而经常被使用。对于自由基型紫外光固化体系，随分子中双键含量的增加，涂膜的交联速度会增大，固化速度将加快。而且不同结构的树脂对固化速度影响不同，各种官能团的反应活性一般按以下顺序升高：乙烯基醚<烯丙基<甲基丙烯酰基<丙烯酰基。因此，一般以引入丙烯酰基和甲基丙烯酰基为主，使树脂具有较快的固化速度。

3. 颜料对固化的影响

作为水性 UV 涂料中非光敏性的组分，颜料与引发剂竞争吸收紫外光，这在很大程度上影响了 UV 固化体系的固化速度。由于颜料能够吸收一部分辐射能量，这将会影响到光引发剂对光的吸收，进而影响到能够生成的自由基的浓度，结果会降低固化速度。各色颜料对不同波长的光线有不同的吸收率（或透光率），颜料的吸收率越小，透光率越大，涂层的固化速度越快。一般而言，对紫外光的吸收顺序为：黑色颜料>紫色颜料>蓝色颜料>青色颜料>绿色颜料>黄色颜料>红色颜料。

相同颜料的配比浓度不同，对漆膜固化速度的影响不同。随着颜料用量的增加，漆膜的固化速度均有不同程度的下降。其中黄色颜料的用量对漆膜固化速度的影响最大，其次为红色颜料、绿色颜料。由于黑色颜料对紫外光的吸收率最大，黑墨的透光率最低，所以其用量的变化对漆膜的固化速度反而没有明显的影响。

当颜料的用量过大时，漆膜表层的固化速度虽快，但表层的颜料吸收大量紫外光，降低了紫外光的透光率，影响深层漆膜的固化，导致漆膜表层固化而底层不固化，易产生"皱皮"现象。

4. 光引发剂对固化的影响

光引发剂的作用是在其吸收紫外光能后，经分解产生自由基，从而引发体系中不饱和键聚合，交联固化成一整体。光引发剂的性能是水性光固化体系能否顺利聚合固化的关键。由于不同的光引发剂有不同的最大吸收波长，因此在选择光引发剂时应该使得光引发剂吸收紫外线的波长区正好在颜料非吸收区或是微吸收区，即颜料的最大透过波长区应与光引发剂的吸收波长区能重合。另外，光引发剂的吸收波峰应尽可能与光源发射的主波长相近。

光引发剂必须与水性光固化体系之间具有一定的相容性，以使光引发剂得以发散，得到满意的固化效果。否则，在干燥过程中，光引发剂会随着水蒸气一起挥发掉，降低光引发剂的效率。不同的光引发剂具有不同的吸收波长，它们的配合使用可充分吸收不同波长的紫外线，提高紫外光辐射量的吸收，从而大大加快漆膜的固化速度。所以可以通过多种光引发剂的配合使用，并调整各种光引发剂的配比以获得固化速度快且性能优异的漆膜。体系中复合光引发剂的含量要适量，过低，不利于同颜料的吸收竞争；过高，光线不能顺利地进入涂层。

5. UV 光源、辐照距离和光固化时间对固化效果的影响

UV 光源辐射的是一个波段内的光，且各波长光的能量分布是不一样的。其中，波长为 360～390nm 的光能量分布相对较好，波长位于 UV-A 区域、约 360nm 效果最佳。为了使固化体系达到最佳组合，UV 光源的选择既要考虑体系所含颜料的 UV 吸收特性，又要兼顾光引发剂的光吸收特性。在水性 UV 涂料干燥固化过程中，辐照距离和光固化时间也会对光固化效果产生影响。辐照距离越近，光照越强，光引发剂生成自由基的速度越快，树脂的交联程度也就越高，漆膜的固化速度就越快，反之越慢。水性 UV 涂料固化还必须控制光固化时间，时间太短，涂料固化不完全，而当达到一个合适光固化时间时，固化膜的拉伸强度达到最大，继续增加光固化时间，固化膜的拉伸强度反而下降，并且固化树脂出现黄变现象。

三、水性 UV 涂料固化干燥工艺方法

对于水性 UV 涂料的干燥，目前比较成熟和理想的方式是采用"冷红外线流平+干燥塔干燥+UV 固化"的流水线，该流水线投资较大，目前国内少数一些有实力的家具企业都上有这样的设备，这种流水线相对来说干燥比较理想，而且涂

膜的流平、表观也能达到很好的状态。整个涂装过程一般在 20～30min，效率很高，具体流程如图 6-11 所示。

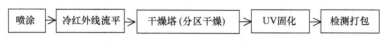

图 6-11　水性 UV 涂料干燥流水线

对于一些实力稍弱的企业，也可使用"红外线+热风"干燥通道流水线，实现水性 UV 涂料的干燥固化和木制品表面高效涂装，具体流程如图 6-12。

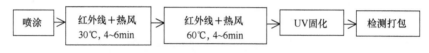

图 6-12　水性 UV 涂料干燥流水线

该工艺中流水线的速度易受"红外线+热风"通道长度的影响，且这种干燥方式相对比较剧烈，一般把红外线加热分几段逐渐升温，这样可避免加热过急而易使涂膜表面产生缺陷，对于一些表面效果要求不高的部件，如柜体内侧板等，这种工艺则可行，且涂装效率相对较高。

水性 UV 涂料的干燥，也有些厂家采用微波干燥技术，微波干燥效果好，但是生产时存在微波防护等问题，在流水线上效率并不高，还有待进一步研发推进其流水线工业化应用（张伟德等，2013）。

四、水性 UV 涂料固化干燥设备

根据前面所述的水性 UV 涂料固化干燥工艺方法可看出，对于规模较大的企业，水性 UV 涂料的固化主要采用"冷红外线流平+干燥塔干燥+UV 固化"法，该方法结合了水性涂料和紫外光固化涂料等两种涂料的固化设备而形成生产线，其中主要包括冷红外线流平机、干燥塔、紫外线灯固化机等设备。生产规模较小、车间占地较小的小型企业主要采用"红外+热风"干燥通道流水线，根据实际情况，采用近红外线或远红外线干燥机配热风循环干燥机等设备，共同形成干燥通道，被涂物经干燥通道后，其表面水性 UV 涂料得以固化。

以上所涉及的干燥生产线中，所有的单机固化设备均和水性涂料及紫外光固化涂料干燥设备的性能配件等相同，故本部分不再赘述。

第七章　木制品涂装砂光粉尘及涂装废气处理

除免漆产品外，一般的木制品表面涂装均需经过白坯砂光、多道底漆砂光、面漆砂光等多道砂光工序，会产生大量木粉尘及油漆粉尘，污染作业环境，危害工人身体健康，因此，工厂在实际生产过程中，必须对以上粉尘进行处理，从而实现绿色安全生产。

第一节　砂光粉尘处理

一、木制品砂光粉尘与粉尘流特点

1. 木制品砂光粉尘特点分析

砂光粉尘属于干燥性物料，粒径小、容重小、质轻，易在空气中扩散，分散度高（魏杰和金养智，2013）。木制品的白坯砂光粉尘粒径稍大，面漆粉尘粒径最小，可小于 $1\mu m$，且分子间的相互引力能使粉尘产生黏附作用，使微细的粉尘聚合起来，成为相对大的颗粒，积附的粉尘易造成除尘设备管道堵塞，不同粒径粉尘浓度如表 7-1 所示。另外，砂光粉尘粒径极小，表面积相对较大，随着逸散，与周围介质的接触面积增大，活性也增强，在一定温度和浓度下易引起爆炸。因此，需采用相应的配套设备（旋风袋式除尘器等）对砂光粉尘和涂装废气等进行处理。

表 7-1　砂光粉尘浓度

粒径/μm	10	10~20	20~30	30~40	40~50	50
浓度/%	44.4	17.5	16.4	5.0	2.5	14.2

2. 木制品磨削过程中粉尘流的形成分析

对磨削过程中粉尘流进行分析，可借助高速摄像技术及图像识别与处理技术，采集木制品磨削过程中粉尘流的瞬态图像，并对瞬态图像进行预处理；利用 ProAnalyst 运动分析软件，分析粉尘流形成机制、流场速度及扩散角的变化规律。

如图 7-1 所示，0.2ms 和 1.2ms 的瞬态图像显示，在主运动和进给运动的作用下，随着砂辊磨粒切入并离开工件，磨削层材料转变成磨屑并沿砂辊离开工件；2.2~7.2ms 的瞬态图像显示，脱离工件的磨削粉尘团并没有立刻离开砂辊，而是与砂辊底部有一次接触，这是由于磨削层材料在砂辊磨削作用下，转变成磨削粉尘

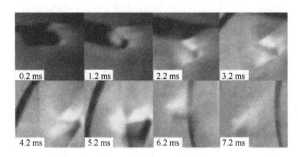

图 7-1　砂辊转速为 900r/min 基材砂光所产生粉尘的瞬态图像

后，并没有立刻达到砂辊的转速，而是低于砂辊转速，在砂辊内部气流涡旋的影响下，磨屑在砂辊经过短暂的回旋，最终呈一定的扩散角向外飞射。粉尘流的形成过程可分为两个阶段：第 1 阶段为从磨削层材料离开工件形成磨屑开始到与砂辊砂带接触；第 2 阶段为磨屑离开砂带之后向外飞射，最后扩散到大气中（郭晓磊等，2011）。

3. 木制品磨削过程中粉尘流流场速度的检测与分析

通过图像预处理与速度检测、粉尘流形成过程中速度分析和粉尘流流场内部不同位置的速度分布研究，可得出木材或密度板等材料在砂辊转速为 600r/min 和 1200r/min 时粉尘流速度的变化。

1）由于磨屑与砂带接触，粉尘流流场速度存在两个阶段：第 1 阶段为磨屑离开工件与砂带接触前；第 2 阶段为磨屑与砂带接触碰撞后飞射出去。

2）粉尘流流场内部不同位置存在速度差异：粉尘流中部＞粉尘流内侧＞粉尘流外侧。

4. 粉尘流形成过程中流场扩散角分析

以中密度纤维板和红栎贴皮为例，由图 7-2 可知，随着砂辊转速的升高，两者的粉尘流扩散角均逐渐减小；中密度纤维板磨削过程中粉尘流的扩散角为 53.3°～66.5°。

二、木制品砂光粉尘除尘系统

1. 作业车间配套除尘系统

根据以上粉尘特点分析，可考虑在现有砂光设备上配置除尘系统，控制作业车间内粉尘浓度：①根据砂光粉尘流流向和扩散角等，将砂辊上的吸尘罩设计为弧线形，更有利于排尘；②在砂光机进出料口处均设置吸尘口，如图 7-3。通过以上设计，可保证作业环境的粉尘浓度达到国标要求（$<3mg/m^3$），保护工人

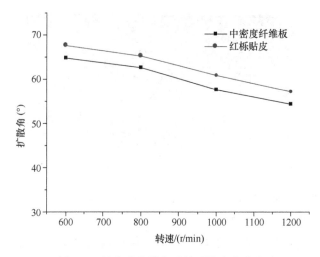

图 7-2　粉尘流扩散角随转速的变化曲线

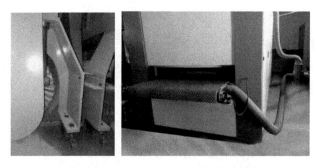

图 7-3　木制品砂光机进出料口除尘设计

身体健康。而有些木制品企业，其所处环境为工业园区或靠近市区内部，需针对周边大气环境的保护，进一步配置高效除尘系统，从而有效实现砂光粉尘的二次处理。

2. 旋风布袋组合高效除尘系统

布袋除尘器广泛应用于木制品加工过程中，但其通常存在废气量大、有机废气浓度高、粉尘比重低的特点，因此在工作过程中滤袋粉尘负荷大，若要求排放达标，则除尘器不仅占地面积大，而且会出现脉冲周期过短、清灰过于频繁等情况，还会导致除尘器运行阻力偏高，能耗大，滤袋和脉冲阀等易损坏，系统运行可靠性降低，维护检修工作复杂等问题。

因此，中国林业科学研究院木材工业研究所设计了与宽带或异形砂光机配套的一种旋风布袋组合高效除尘系统，该除尘系统设有上箱体、喷吹机构、中箱体、旋风过滤室、布袋过滤室、灰斗、防爆门、料位检测门、视镜、回转下料阀和输灰装置，结构简单、使用方便、过滤效果好、安全性能高、处理风量大，对比重较小的粉尘如人造板砂光粉、纤维等具有明显的除尘效果。具体结构如图7-4。

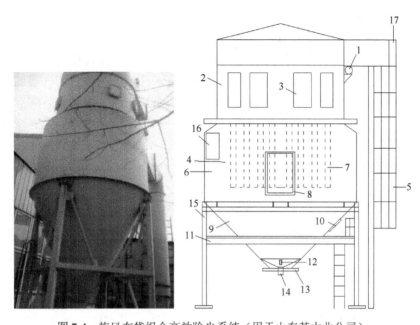

图7-4　旋风布袋组合高效除尘系统（用于山东某木业公司）

1. 喷吹机构；2. 上箱体；3. 防爆门；4. 中箱体；5. 爬梯；6. 旋风过滤室；7. 布袋过滤室；8. 料位检测门；
9. 灰斗；10. 灰斗检查门；11. 灰斗检查门平台；12. 视镜；13. 回转下料阀；14. 输灰装置；15. 支架；
16. 进风口；17. 出风口

　　如图 7-4 所示，中箱体和灰斗检查门平台设置在支架上。上箱体设置在中箱体上。中箱体上设置有进风口，上箱体上设有出风口，防爆门置于上箱体外壁，净气室设于上箱体内，旋风过滤室设于中箱体内，布袋过滤室置于中箱体和旋风过滤室中间，料位检测门设于中箱体侧壁，灰斗设于中箱体下方，喷吹机构设于上箱体中，灰斗检查门设于灰斗斜面，视镜设于灰斗侧壁，回转下料阀设于灰斗底部，输灰装置设于回转下料阀底部。布袋过滤室最好采用圆形滤袋，并使滤袋沿圆周呈辐射形排布。

　　该除尘系统工作时，含尘气流经收缩形进风口切向进入中箱体内，通过旋风过滤室由上向下做螺旋形旋转运动，尘粒在离心力的作用下被抛向中箱体筒壁，并沿筒壁下旋，进入特殊结构的密封灰斗内。净化后的气体通过由下向上的内螺旋形旋转进入布袋过滤室。粉尘被留在布袋过滤室滤袋外表面，随着过滤时间的增加，积附在滤袋上的粉尘越来越多，在一定程度上增加了滤袋阻力，为了保证正常工作，要控制阻力在 600～1200Pa，必须对滤袋进行及时清灰，清灰时由脉冲控制仪按顺序触发各控制阀开启脉冲阀，气包内的压缩空气瞬时经脉冲阀由喷吹机构的喷吹管的各孔喷入滤袋，滤袋瞬间急剧膨胀，使积附在滤袋表面的粉尘脱落。被清掉的粉尘落入灰斗，经输灰装置排出，滤袋重复利用，使净化气体可正常通过，保证除尘系统正常运行。

工作中，上箱体壳壁的防爆门可有效防止气体粉尘浓度过高、压缩气体压力过大而引起箱体起火、爆炸。操作人员可及时在灰斗检查门平台上，通过灰斗检查门、视镜，监控灰斗底部粉尘量及输灰装置是否堵塞或存在其他故障；料位检测门可方便操作人员检查布袋过滤室的滤袋工作情况并进行维修，因此减少了设备故障，降低了维修难度。

与现有的脉冲袋式除尘器相比，旋风布袋组合高效除尘系统具有以下突出优点。

1）将旋风除尘器、脉冲袋式除尘器和灰斗置于一体，整体结构简单合理，含尘气体先经过旋风除尘对颗粒大、浓度高的粉尘进行一级除尘，然后经过布袋除尘进行二级除尘，因此减小了布袋粉尘的负荷，降低了布袋清灰频率，延长了滤袋寿命，提高了除尘效率。

2）采用圆形滤袋，滤袋沿圆周呈辐射形排布，因此有效地利用了中箱体布袋空间，减小了占地面积。

3）上箱体壳壁设有防爆门，可有效防止气体粉尘浓度过高、压缩气体压力过大而造成箱体起火、爆炸，有利于安全生产。

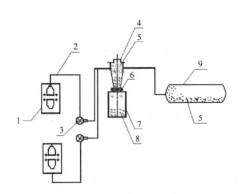

图 7-5 木制品高效除尘系统
1. 砂光机；2. 送风管道；3. 风机；4. 旋风分离器；
5. 粉尘Ⅰ；6. 旋风风机；7. 木粉料仓；8. 粉尘Ⅱ；
9. 水雾除尘管道区

4）中箱体设有料位检测门、灰斗侧壁设有灰斗检查门、灰斗下方设有视镜，操作人员可及时在灰斗检查门平台上观测布袋除尘器工作情况，监控灰斗底部粉尘量及输灰装置是否堵塞或存在其他故障，因此，明显地减少了设备故障，降低了维修难度，使用方便可靠。

3. 旋风分离与水雾管道除尘系统

对于环境要求高的大型木制品企业，中国林业科学研究院木材工业研究所设计了一套旋风分离与水雾除尘管道相结合的高效除尘系统，如图 7-5。

　　木制品砂光粉尘的除尘过程主要为粉尘捕集、排尘和排气处理三个过程。针对木制品砂光粉尘的特性，在粉尘捕集时可采用干式旋风袋式除尘器，利用旋转气流中产生的离心力将砂光粉尘从空气中分离出来，该除尘器结构简单、制造容易、运行造价相对较低，但其对于 5～10μm 粒径的颗粒粉尘净化效率一般只有60%～90%。而对于粒径较小的砂光粉尘，经旋风分离器后，采用气力输送技术将其送入水雾除尘管道，进行二次处理。气力输送是将高速流动的气体与物料混合后带动物料在管道中一起运动到指定场所的一种方法。气力输送设备具有结构简单、占用空间少、布置灵活、输送距离长和有利于环保等优点。

　　而在具体配置木制品砂光除尘系统时，应结合企业车间生产实际情况，根据车间平面图和立面图来布置主管道、支管道、风机、旋风分离器、料仓等的位置。根据车间布置及企业生产规模计算出的砂光粉尘产生量，分别在砂光机端口接入吸尘罩及送风管道，并通过系统的平衡计算选用风压、风力和功率相匹配的风机，根据砂光机、送风管道的粉尘流量多少选择旋风分离器的风机、风力、风压大小。在木制品砂光过程中，首先将粉尘由除尘系统的吸气口（吸尘罩）捕获，在风机运载空气介质的作用下，经旋风分离器的风力和风压旋流，通过重力作用将粒径较大的粉尘经沉降送入木粉料仓，木粉料仓为可定量的木粉仓，由于砂光粉尘具有黏附性和爆炸性，为防止其在料仓内起拱搭桥而引起爆炸，应定时清理。另外一部分砂光过程中粒径较小的粉尘则通过气力输送系统风机处理进入水雾除尘管道区，此管道可以设置在室外，最后对沉降的粉尘进行集中燃烧处理。

　　水雾除尘系统为山东某木业公司应用，目前运行良好，并根据工厂实际情况将室外水雾除尘管道延展为10m有效长度，见图7-6，可有效保证砂光作业环境，实现对砂光粉尘的高效处理，通过运行中监测，经治理后废气进口浓度去除效率达99.5%以上。

图 7-6　旋风分离与水雾管道结合高效除尘系统

第二节　涂装废气处理方法

一、木制品涂装废气特点

　　木制品涂装废气排放主要是涂装工艺过程中 VOC 的排放。涂装工艺过程是指将涂料或胶黏剂应用到木制品某一表面的操作过程（包括干燥过程）。

　　木制品涂装过程包括上底色、底涂、上色漆及上面漆等 2~3 个或全部过程。一般企业的面漆喷漆车间为了保证喷件的光洁度，均采用无尘封闭喷漆室，而上底漆、色漆工艺虽然也有独立的喷漆室，但由于对喷件表面的光洁度要求不严，目前多为敞开式喷漆房。喷漆有干喷和湿喷两种方式。湿喷是指在喷漆过程中通过安装水幕装置去除过喷漆雾，经水幕去除漆渣后的气体再经吸附等处理后通过排气筒排放。干喷则没有水幕去除漆雾过程，管理相对较好的企业会在喷漆台安装过滤棉装置去除漆雾，而管理较差的企业则通过车间墙体上安装的排风扇直接排放，对环境的影响非常恶劣。

　　由于生产的木制品种类和风格不同，木制品制造企业使用的涂料类型和涂装工艺会有所不同，对于水性涂料、水性 UV 涂料和紫外光固化涂料这类环保涂料而言，涂装工艺以空气喷涂和辊涂为主，且在制作过程中根据产品性质需要对木制品进行多次喷底漆和面漆操作。因此木制品涂装过程中 VOC 排放主要存在以下特点：①VOC 排放与使用的涂料类型有关，涂装相同面积时，使用油性涂料产生的 VOC 最多，水性涂料和 UV 涂料次之；②VOC 排放与涂装工艺和方法有关，涂装相同面积时，空气喷涂法的涂料使用量最大，因而产生的 VOC 最多，辊涂和刷涂等工艺产生的 VOC 较少；③VOC 排放与企业管理水平和操作工人操作方式密切相关，有些企业为了追求生产效率，喷涂时往往将喷枪的雾化程度调到最大，使喷出的涂料量达到最大程度，同时距待喷件的距离超过 35cm 或更远，使得喷出的涂料在空气中呈严重的飞散状态，大大降低了涂料的传输和使用效率，导致 VOC 排放增加。

　　在木制品生产过程中（以木门为例），不同环节污染物的排放情况见表 7-2。

表 7-2　木门制造过程中不同环节污染物的排放情况

大气污染物产生环节		粉尘排放	VOC 排放
机械加工	锯床/刨床/铣床/钻床	木粉尘/含胶木粉尘	—
砂光	打磨/砂光机	木粉尘	—
贴面	贴纸	—	有机溶剂挥发
	贴单板	—	有机溶剂挥发
喷漆	底漆	—	有机溶剂挥发
	打砂	混合类粉尘（木、胶、树脂、漆等）	—
	面漆	—	有机溶剂挥发、过度喷漆产生的漆雾
清洗	喷枪、喷头清洗	—	有机溶剂挥发

　　国外对木制品制造行业 VOC 排放的控制主要包括以下几个方面：一是源头控制，即对涂料中的 VOC 提出含量限值要求；二是安装末端治理设施，规定不同设施的处理效率；三是过程管理，对日常生产中易产生排污的环节提出具体操

作规范和要求。源头控制是指使用低 VOC 含量的涂料与稀释剂，木制品制造企业必须按照要求对涂料、稀释剂和清洗剂的使用、贮存、运输、调配及处理方式进行管理并记录，记录档案按照要求要保存一定的年限，以便监管部门随时检查。末端治理设施是指利用废气捕集装置收集废气，采用某种技术对废气进行处理，降低 VOC 的浓度排放，使之达标排放。采取的治理技术主要包括氧化法与吸附回收法，氧化法包括热氧化法、催化燃烧法等（李伟光和张占宽，2018）。

二、直接燃烧法

木制品涂装废气主要以喷漆室、挥发室和烘干室产生的气体为主，各室排出的气体特点见表 7-3。

表 7-3　木制品涂装各室排出的废气气体特点

工序（排气）	特点
喷漆室	为符合劳动安全卫生标准，喷漆室换漆速度为 0.25~1.0m/s，排气量大，排气中溶剂蒸汽的浓度极低，为 20~200mg/cm³
挥发室	涂膜在流平阶段，以有机溶剂的蒸汽为主
烘干室	含有前两道工序未挥发的残留有机溶剂、固化过程中的热分解产物和反应生成物；以油、气体作热源时，废气中还含有 SO_2 等

直接燃烧法是一种将废气引入燃烧室，直接与火焰接触，将废气中的燃烧成分燃烧分解成无毒无臭的二氧化碳和水蒸气的方法。为防止废气中的碳氢化合物由于不完全燃烧生成一氧化碳，废气在燃烧室内，除供给充足氧气并控制温度在 650~800℃外，还应保持停留时间为 0.5~1.0s。直接燃烧系统如图 7-7 所示，其由烧嘴、燃烧室和热交换器组成。该燃烧装置因废气中所含氧气不同而有差异。当废气中含有充足的氧气，能满足燃烧所需要的氧气时，不需要氧气补给装置，反之，则需增设氧气补给装置。为了使燃烧系统达到最好的效果，要求烧嘴能形成稳定、完全燃烧的火焰，废气与火焰充分接触，燃料的调节范围广。

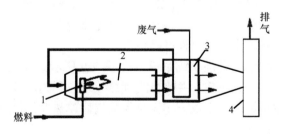

图 7-7　直接燃烧系统
1. 烧嘴；2. 燃烧室；3. 热交换器；4. 排气管

使用直接燃烧法时，涂装作业中排出的废气是含有多种有机溶剂的混合气体，当废气浓度接近爆炸下限时，从安全角度考虑，需要用空气稀释到混合溶剂爆炸下限浓度的 1/5～1/4 才能进行燃烧。由于喷漆室、挥发室和烘干室换气量大，其排出的废气中所含的有机溶剂浓度极低，远远低于废气爆炸下限浓度或允许下限浓度，为提高燃烧效率，节约燃料，通常需要将废气浓缩或补充高浓度废气，但混合气体浓度低于允许下限浓度。碳氢化合物等废气在较高温度下才能燃烧，同时会产生一定光化学烟雾 NO_x，而 NO_x 的产生与燃烧有机溶剂的品种、燃烧温度、装置机构和燃烧时空气量有关，其中最重要的是燃烧温度。因此，为了避免产生光化学烟雾 NO_x，直接燃烧时应控制温度在 800℃ 以下。

三、催化燃烧法

催化燃烧法，也称触媒燃烧法和触媒氧化法，是用白金、钴、铜、镍等作为催化剂，将含有涂装废气和漆雾的气体有机物加热到 200～300℃，通过催化剂层，在较低的温度下，达到完全燃烧。催化燃烧法适于高浓度、小风量的涂装废气的净化，它比直接燃烧法费用少。直接燃烧法温度需在 650～800℃，使用催化剂后，氧化燃烧可在 250～300℃ 温度下进行，而乙酸乙酯、环己酮等必须在 400～500℃ 温度下才能进行氧化反应。催化剂表面积大且性质活泼，可将废气中的氧大量地吸附到自身表面，使催化剂表面氧浓度大为增加，从而大大加速了氧与有机物蒸汽分子在催化剂表面的反应速率并降低了反应温度。反应产物一经生成就离开催化剂表面，空出来的表面又立刻吸附氧，如此反复，可达到加速燃烧的目的。由此可知，催化剂将有机废气吸附到表面使其活化，催化燃烧法较直接燃烧法所需要的能量相对较低，而且反应更迅速。在实际生产中，企业希望在较低温度下处理较多的废气，因此，通常以活性较高的铂、钯等贵金属作为催化剂。

催化燃烧系统由催化元件、催化燃烧室、热交换器及安全控制装置等组成。其主要部件为催化元件，催化元件外面由不锈钢制成框架，里面填充表面镀有催化剂的载体。其催化剂一般使用铂、钯等贵金属。而载体具有各种形状，如网状、球状、柱体及蜂窝状等，其载体材料为镍、铬等热合金及陶瓷等。要求催化元件具有机械强度高、气阻小、传热性好等特点。

催化氧化流程和催化燃烧系统如图 7-8、图 7-9 所示。燃烧装置由导管将含有可燃性物质的废气引入预热室，并将废气预热至反应起始温度，经预热的有机废气通过催化层而完全燃烧，生成无毒无臭的热气体，热气体可进入热交换器和烘干室等作为余热而被利用。

催化燃烧中，应着重注意废气浓度、温度及催化剂活性衰减问题。一般而言，当废气中的有机物含量为 $1g/m^3$ 时，燃烧后将温度提高 20～30℃。废气浓度过低，

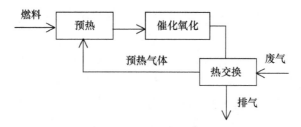

图 7-8　催化氧化流程图

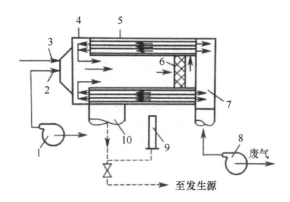

图 7-9　催化燃烧系统

1. 助燃通风机；2. 预热烧嘴；3. 燃料供给管；4. 壳体；5. 热交换器；6. 催化元件；
7. 废气分配管；8. 废气通风机；9. 燃卤；10. 净化气排出

燃烧效果较差；而浓度过高，燃烧热量大，温度高，容易将催化剂烧坏，降低催化剂使用寿命。因此，废气中的有机物含量宜在 $10\sim15g/m^3$。起始燃烧温度因废气成分不同而有所差异。预热温度过低，不能进行催化燃烧；预热温度过高，浪费能源。因此在设计和选用时应首先确定废气成分，如甲苯、二甲苯类预热温度为 $250\sim300\,℃$，而乙酸乙酯、环己酮等有机溶剂预热温度为 $400\sim500\,℃$。催化燃烧法最显著的优点是可以在较低温度下处理，但最大的难点是必须注意催化剂的中毒。卤素（氟、氯、溴和碘）和大量水蒸气存在时，催化剂活性减退，当这些物质不存在时，其活性在短期内即可恢复。催化燃烧法比直接燃烧法节省燃料费达 1/2，但根据国内外的实际情况来看，用于涂装废气处理的实例极少，通常仅用于清漆烘干室的废气处理，这是因为涂装废气中除含有有机溶剂外，还有树脂、颜料和增塑剂等，这些成分可使催化剂中毒，因此研究去除催化剂中毒的物质是应用催化燃烧系统的前提。

四、活性炭吸附法

当气体分子运动到固体表面时，由于气体分子与固体表面分子之间的相互作用，气体分子暂时停留在固体表面，气体分子在固体表面浓度增大，这种现象称为气体在固体表面上的吸附。被吸附物质称为吸附质，吸附吸附质的固体称为吸附剂。而活性炭吸附法以活性炭作为吸附剂，将废气中有机溶剂的蒸汽吸附到固相表面进行吸附浓缩，从而达到净化废气的目的。常用的吸附剂有物理吸附剂和化学吸附剂两类。其中，物理吸附剂包含疏水性的活性炭、硅酸、铝凝胶和亲水性的活性白土、分子筛、泡沸石等。化学吸附剂包括离子交换树脂、极性气体吸附剂、硫化氢、酸性气体吸附剂等。吸附法是利用捕风装置收集车间的污染空气，通过活性炭或吸附棉等吸附剂脱出空气中的污染物然后直接排放。此方法的缺点是空气中的漆雾会堵塞吸附剂，造成阻力增加，尤其是采用喷涂技术时会形成大量的油漆气溶胶；吸附剂饱和后丧失脱除效果，需要更换，造成运行费用上升；目前木制品制造行业使用的吸附剂饱和后作为固体废弃物处理，易造成二次污染。

活性炭在去除有机溶剂方面有很大的优势。常见的气体吸附剂为亲水性的，易吸附大气中的水分，而有机溶剂由无极性或极性极弱的分子组成，因此极性差异造成气体吸附剂对有机溶剂的吸附率较低。活性炭则相反，其为疏水性的物质，表面由无数细孔群组成，其孔径平均为（10～40）×10^{-10}m，比表面积较气体吸附剂大，一般为600～1500m^2/g，因而具有优异的吸附性能。原料的活化方法不同，生成活性炭的物理性质也不同。实际应用中采用粒状活性炭居多，多数粒径为5mm左右，且粒径越小，吸附率越高。

活性炭的吸附容量是在吸附达到平衡时，单位质量的活性炭吸附的吸附质质量。吸附容量因吸附质不同而不同，对于同组分的吸附质，分子量越大，沸点越高，其吸附容量越大。活性炭对有机溶剂蒸汽的吸附，除低沸点碱性气体外，吸附容量为10%～40%，一般以25%左右居多。

工业上利用活性炭进行吸附的方式有固定层法、移动层法、流动层法和接触过滤法等。在气相条件下，用活性炭处理废气，由于活性炭的磨耗和粉化程度小，通常以固定层吸附方式最适宜。

以活性炭处理涂料有机溶剂废气的工艺流程如图7-10所示，来自喷漆室和烘干室的废气经过滤器和冷凝器后，其中的漆雾被除去，并降低到所需温度。由吸收塔下部进入，在吸收塔内废气中所含的有害气体被活性炭吸附，废气得到净化，净化后的干净气体被排到大气中。

活性炭吸附处理装置主要由预处理设备、吸附设备、后处理设备及安全控制设备等组成。其中，预处理设备通常包含过滤除尘器和冷却器，主要用于除去喷漆室和烘干室出来的废气中所含的漆雾并降低废气温度，从而提高活性炭的吸附效率并使活性炭正常工作。吸附设备的作用是以活性炭除去废气中的有害物质，使其净化，并能保持吸附工作连续安全地进行，吸附设备主要由吸收塔、脱附设备和安全装置构成。脱附设备可使活性炭表面所吸附的饱和有机溶剂解附，使活

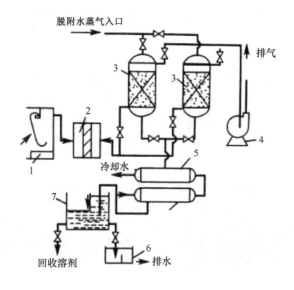

图 7-10　活性炭吸附法的工艺过程

1. 喷漆室；2. 过滤器；3. 吸收塔；4. 排风机；5. 冷凝器；6. 废水槽；7. 溶剂分离器

性炭获得再生，保证废气处理连续运转，其结构组成与吸收塔一样，当处理风量小、排气浓度较低时，建立脱附设备不经济。后处理设备设于吸收塔之后，其用途是回收有机溶剂，主要由冷却器和分离器等组成。活性炭吸附处理的一个优势是活性炭可再生，提高了处理效率和材料利用率。一般而言，活性炭再生方法有：水蒸气再生、非活性气体再生、高温烧结和减压蒸馏法等。活性炭再生是通过热蒸汽加热蒸发出已吸附的有机溶剂，经冷却至常温后，同水蒸气一同冷凝并收集到分离器中，此时水和疏水溶剂分离。从理论上讲，当水和疏水溶剂分离后，经分馏精制可以实现对溶剂的回收，但由于涂料溶剂品种的多样性，一般回收的溶剂只可用来作为洗涤用溶剂等，且当分离槽中分离的溶剂多为含醇类、酮类的亲水性溶剂时，其废水必须处理。因此，活性炭的再生使用也并非适用于全部溶剂，需具体情况具体处理分析。

活性炭吸附废气净化设备是活性炭吸收塔，利用风机将气体收集到活性炭吸收塔中，通过吸收塔中活性炭的吸附来除去废气中的苯、甲醛等。活性炭吸收塔是利用高性能活性炭吸附剂固体本身的表面作用力，将有机废气分子吸附到吸附剂表面。其工作原理是：箱体外部的漆雾在风机的吸力下进入漆雾处理净化箱，气液分离器进行气水分离，分离后气体在箱内行走，在行走过程中，遇到多级过滤板，漆雾与过滤板进行完全饱和接触，颗粒状尘雾被过滤板吸附，第一道过滤板一般采用纸质干式过滤器，去除空气中的漆雾及水帘带来的水分，过滤纸的特点是油漆过滤纸采用褶皱结构，如图 7-11（a）所示，可有效吸收超范围的过喷漆雾，强制过滤气流多次改变流动方向，空气中的漆雾颗粒黏附到滤纸上，不会被气流带走，纸质过滤器一般采用防火纸质过滤材料，这种材料油漆吸附能力强，有良好连续的气流稳定性，气流畅通，可保证更好的喷涂条件和更好的表面质量。余下的干净尾气通过滤网过滤，第二道过滤网使用阻漆棉（漆雾毡）过滤，如图 7-11（b）所示，其采用玻璃长纤维以非织物方式制成，这种玻璃纤维采用密度递增结构设计，可有效过滤油雾灰尘，之后气体再进入活性炭净化箱，活性炭净化箱是利用高效吸附材料——活性炭吸附有机气体能力强的优点来净化空气的，如图 7-11（c）所示。

（a）　　　　　　　　　　（b）　　　　　　　　　　（c）

图 7-11　活性炭吸附废气净化设备采用的过滤材料
（a）纸质干式过滤器；（b）阻漆棉；（c）活性炭漆雾净化

活性炭净化箱由进风段、活性炭过滤段和出风段组成，有机废气从进风口进入箱体，净化后尾气在通风机吸附力下排向大气，如图 7-12 所示。

图 7-12　活性炭吸附废气净化设备

五、吸收法

吸收法是以液体为吸收剂，使废气中有害成分被液体吸收，从而达到净化目的的方法。其吸收过程是气相和液相之间进行气体分子扩散，或者是湍流扩散而进行物质转移。按两相边界面学说，流体的湍流没有明显的气相与液相界面，而是在接触中形成各自膜层的界膜，成为物质移动的大部分阻力，从而决定吸收速度。被吸收物质由分子扩散通过相界膜，而气体物质扩散推动力是气体本身与相界膜吸收溶质的分压差，以及相界膜流体中溶质的浓度与液相中溶质浓度之差。由吸收法原理可知，吸收法的关键是吸收剂的选择。目前，木制品市场吸收法采用的装置多为水帘机，利用水来捕捉涂装过程中形成的油漆气溶胶（漆雾）。具体工作原理为：在排风机引力的作用下，含有漆雾的空气向水帘机的内壁水帘板方向流动，一部分漆雾直接接触到水帘板上的水膜而被吸附，一部分漆雾在经过水帘板上淌下的水帘时被水帘冲刷掉，其余未被水膜和水帘捕捉到的残余漆雾在通过水洗区和清洗区时被清洗掉。应当指出的是，目前水帘机中所设置的漆雾处理装置仅能处理漆雾中的树脂成分，对于难溶于水的蒸汽状态有机溶剂，处理效果差，这些有机溶剂最终仍排入大气中造成空气污染。

在国内外实际生产中，已有用水作吸收剂处理水溶性涂料，排出主要成分为亲水性溶剂的案例，其流程图如图 7-13 所示。在吸收工艺过程中，废气由塔底进入塔内，作为吸收剂的水，从吸收塔上部进入并被分散。在气体由下而上和液体由上而下的接触过程中，废气中有害溶剂气体被水吸收，使废气得到净化。净化后的气体由吸收塔上部排出，而含有废气的水由塔底排出并流入水槽。需对产生的废水做二次处理。

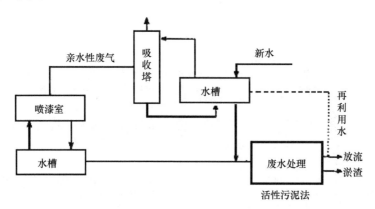

图 7-13　用水吸收亲水性喷漆废气的流程

吸收法中的关键装置是吸收塔，如图 7-14 所示。

设计选择吸收装置时，应尽可能使气体和液体在塔内的接触面大，当气体膜阻力小时，气体溶解度大，适用于液体分散到气体中，即采用液体分散型吸收塔；反之，当气体膜阻力大时，其气体溶解度小，适用于气体分散到液体中，选用气体分散型吸收塔。各种吸收塔的技术特性见表 7-4。

六、吸附-吸收法

吸附-吸收法，即吸收法与吸附法相结合，是指在吸收法的后面加装一套吸附

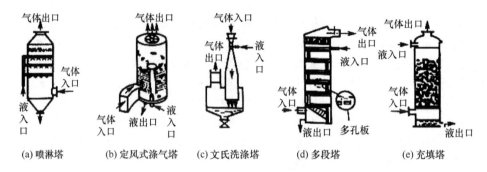

(a) 喷淋塔　　(b) 定风式涤气塔　　(c) 文氏洗涤塔　　(d) 多段塔　　(e) 充填塔

图 7-14　吸收塔

表 7-4　各种吸收塔的技术特性

形式	性能	特点
充填塔 (气体分散型)	空塔速度 0.3～1.0m/s; 液气比 1～10L/m³; 压力损失 13 330～23 250Pa; 充填高度 2～5m	优点：结构简单，接触效率高，适用于气体量大、浓度低的气体 缺点：由于吸收而产生沉淀，堵塞孔眼
喷淋塔 (液体分散型)	空塔速度 0.2～1.0m/s; 液气比 1～10L/m³; 压力损失 266.6～2666Pa; 塔高 5m 以上为宜	优点：构造简单，价格便宜，压力损失小，吸收的同时可除去气体粉尘 缺点：气体与喷雾接触不均，效果不可靠
定风式涤气塔 (液体分散型)	入口速度 15～35m/s; 空塔速度 1～3.0m/s; 液气比 0.5～5L/m³; 压力损失 6 665～39 990Pa	优点：结构简单，产生飞沫少，可处理大容量气体 缺点：喷嘴易堵塞，需要高的水压
文氏洗涤塔 (液体分散型)	喉部气流速度 30～100m/s; 液气比 0.3～1.2L/m³; 压力损失 39 990～109 970Pa	优点：小型设备可处理大容量气体，吸收效率高 缺点：容易发生飞沫，动力费用大
多段塔 (液体分散型)	其他空塔速度 0.3～1.0m/s; 液气比 0.3～5.0L/m³; 压力损失 13 330～26 660Pa; 充填高度 2～5m	优点：液体用量小，适用于吸收速度比较慢的气体 缺点：构造复杂，造价高

装置，这样既可以避免气溶胶堵塞吸附剂，又可以有效脱除蒸汽状态有机溶剂。目前，部分木制品企业采用此方法，但在理论上该方法存在较大缺陷，通过水帘机后的废气含水量较大，吸附剂不能得到充分利用。

七、使用低温等离子体废气净化设备

低温等离子体废气净化设备工作原理是采用高压发生器形成低温等离子体，在平均能量约 5eV 的大量电子作用下，使通过净化器的苯、甲苯、二甲苯等有机废气分子转化成各种活性粒子，与空气中的 O_2 结合生成 H_2O、CO_2 等低分子无害物质，使废气得到净化。废气净化作用机理包含两个方面：一是在高压放电产生等离子体的过程中，高频放电所产生的瞬间高能量足以打开一些有害气体分子的化学能，使之分解为单质原子或无害分子；二是高压等离子体中包含大量的高能电子、正负离子、激发态粒子和具有强氧化性的自由基，这些活性粒子和部分臭气分子碰撞结合，在电场作用下，使臭气分子处于激发态。当臭气分子获得的能量大于其分子键能的结合能时，臭气分子的化学键断裂，直接分解成单质原子或由单一原子构成的无害气体分子。同时产生的大量羟基自由基（—OH）、超氧离子自由基（O_2^-、$O_2^-·$）等活性自由基和氧化性极强的 O_3，与有害气体分子发生化学反应，最终生成无害产物。其去除污染物的机理如图 7-15 所示。

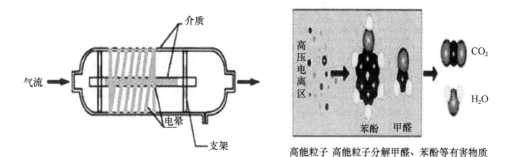

图 7-15　低温等离子体去除污染物的机理

等离子体化学反应过程中，能量的传递大致如下。

1）电场+电子→高能电子：高能电子直接轰击。

2）高能电子+分子（或原子）→（受激原子、受激基团、游离基团）活性基团：产生氧原子、臭氧、羟基自由基及小分子碎片。

3）活性基团+分子（原子）→生成物+热分子碎片氧化。

低温等离子体处理系统一般与油漆车间的吸风系统相连，如图 7-16 所示，必须配有一定的放电处理功率。低温等离子体设备的动力消耗通常为 2～5W/(m³·h)。设备风阻低于 300Pa，其处理风量一般为 5000～50 000m³/h 甚至以上。

八、使用多元复合光氧催化废气处理装置

多元复合光氧催化废气处理是利用高能紫外光束分解空气中的氧分子产生游离氧，即活性氧，$UV+O_2→O^-+O^*$（活性氧），$O+O_2→O_3$（臭氧），臭氧对有机物有极强的氧化作用，对恶臭气体如氨、三甲胺、硫化氢、甲硫氢、甲硫醇、甲硫醚、二甲二硫、二硫化碳和苯乙烯，H_2S、VOC 类，苯、甲苯、二甲苯等，以及其他刺激性气体具有极佳的去除效果。恶臭气体经捕集进入净化设备，在设备

图 7-16　低温等离子废气净化设备

的反应场内经高能紫外光束的连续照射，分子结构发生拆解变化，继而在臭氧的协同氧化作用下，降解为低分子化合物、水和二氧化碳，再通过排风管道排出室外。

多元复合光氧催化废气处理装置包括箱式机体，箱式机体一端设置有进风口，另一端设置有出风口，进风口内侧的箱式机体内部设置有匀流网，匀流网内侧的箱式机体内部底面上安装有至少两组滑轨，每组滑轨上安装有紫外线发生器，紫外线发生器包括固定边框，固定边框上有固定把手，并纵向设置两个安装孔用于安装光触媒发生器，如图 7-17 所示。

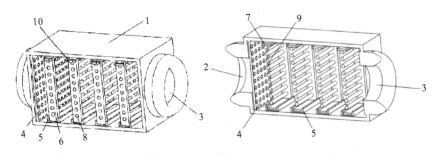

（a）结构示意图　　　　　　　　　（b）剖面结构示意图

图 7-17　多元复合光氧催化废气处理装置

1. 箱式机体；2. 进风口；3. 出风口；4. 匀流网；5. 滑轨；6. 紫外线发生器；7. 固定边框；8. 安装孔；9. 光触媒发生器；10. 把手

多元复合光氧催化废气处理装置对有机挥发性废气处理首先要进行光解与催化氧化。光解首先是通过高能紫外线使空气中的氧气发生分化作用，推进氧分子分解变成游离态的氧，由于游离态氧上的正负电子处于不平衡状态，因而游离态的氧极易与氧分子联系生成臭氧，而臭氧的强氧化作用可以推进有机挥发气体的分解。在 UV 高效设备内安装紫外线放电管，其发出的光子能量可以高达 647～742kJ/mol，此高光子能可以迅速裂解小于该能量的有机挥发性废气的分子键，使其转变为无机小分子物质。该装置还可与活性炭等净化物质或净化装置配套使用，活性炭及净化装置可置于本装置的出风口处，从而进一步增加净化效果。

九、使用多元复合等离子光催化废气处理设备

关于等离子体与光催化剂的协同关系，目前比较认可的是等离子体能够激活光催化剂，并参与协同反应。由于放电过程中激活的氮气有助于激活光催化反应，国内外大量学者研究了氮气等离子体对涂装废气的影响。Sridharan 等（2013）观察到激活的氮气典型的光谱图波长是在 250～500nm，这正是 TiO_2 的能量禁带宽度（3.2eV）；Sumitsawan 等（2011）还报道了等离子体处理 TiO_2 在降解间二甲苯（m-xylene）气体实验中，可提高光催化能力，并证实了氮气对二甲苯降解的影响。

浙江大学环境与资源学院近年来分析了催化电极反应前和反应后的 X 射线光电子能谱（X-ray photoelectron spectroscopy，XPS）图，给出了光催化二甲苯可能发生的反应过程，解释了二甲苯降解效率明显提高的机理：Nano-TiO_2 附载在阳极氧化修饰过的烧结金属纤维（SMF）上，同时 Nano-TiO_2 中的 TiO_2 结构发生变化。而要使这些结构发生变化就要求化合价态的平衡。当大量的 Ti^{3+} 取代 Ti^{4+} 时，为了平衡电荷，就需要产生大量的氧空位，只有这些氧空位参与了光催化反应，Ti^{3+}才不能发生复合反应而存在于 Nano-TiO_2 表面。Ti^{3+}是光催化氧化还原反应过程的中间产物。

通过等离子体涂装废气处理反应机理可以得到：等离子体催化剂选用 TiO_2 时（宽禁带半导体化合物，Eg=3.2eV），只有波长较短的太阳光能（$\lambda<387nm$），即紫外光才能被吸收激发 TiO_2 活性，所以在设计反应装置的时候需要添加紫外光源。在等离子体放电过程中，向反应器中通入空气，受激发的氮原子会产生紫外光。因此可考虑采用多元复合等离子光催化废气处理设备进行涂装废气无害化处理，如图 7-18。

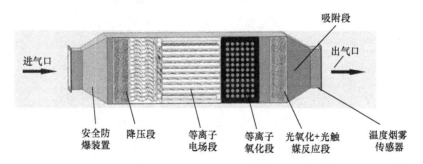

图 7-18　多元复合等离子光催化废气处理设备的组成方式

如图 7-18 所示，多元复合等离子光催化废气处理设备主要由安全防爆装置、降压段、等离子电场段、等离子氧化段、光氧化+光触媒反应段、吸附段及温度烟

雾传感器等组成。其主要工作原理：外部空气由管道经过安全防爆装置进入降压段，降低风速后进入等离子电场段，和中性粒子组成复合等离子体。低温等离子体处理主要是由放电产生的气体经过等离子体净化装置反应器区域时，在高能电子和自由基强氧化等多重作用下，气体中的有机物分子链被断开，发生一系列复杂的氧化还原反应，生产 CO_2、H_2O 等无害物质，通过排风管道排出室外，从而净化空气。另外，借助等离子体中的离子与物体的凝并作用，可以对小至亚微米级的细微颗粒物（$0.1\sim3\mu m$）进行有效的收集。经过光氧化+光触媒反应段进行氧化还原反应，利用特制的高能紫外光束照射废气，裂解废气，采用臭氧这一强氧化剂，使臭气氨、三甲胺、甲苯、二甲苯、甲硫醇、甲硫醚、二硫化碳、苯乙烯等进行裂解。在臭氧的作用下，这些有机污染物从大分子物质被分解为小分子物质，没有任何有毒残留，不会形成二次污染，臭氧被誉为"最清洁的氧化剂和消毒剂"，在特定波长的高能紫外线的照射下可产生催化作用，从而激发周围的水分子及空气生成极具活性的自由基等。这些基团氧化能力很强，能裂解氧化喷漆废气中挥发性有机物质分子链，改变物质结构，将高分子污染物质裂解、氧化为低分子无害物质。多元复合等离子光催化废气处理设备一般与车间的集气管道相连，如图 7-19 所示。

图 7-19　多元复合等离子光催化废气处理设备安装

第八章　木制品用环保涂料及涂层的
质量标准检测与控制

市场常用的销售涂料通常为工业半成品，只有对其正确操作并涂覆于基材表面形成良好的外观质量和效果时，才能对木制品表面起到良好的保护和装饰功能。木制品环保涂料以水性涂料、水性 UV 涂料、紫外光固化涂料和粉末涂料为主。本书列举了目前木制品市场上应用相对较多的前三种涂料，当其用于木制品表面涂覆时，其中有部分材料变成蒸汽挥发到空气中，称为挥发分，其主要成分为溶剂等；而其余不挥发并保留在被涂装表面形成干膜的部分即为固体分，此部分即为涂料的固体漆膜部分，一般由成膜物质、着色材料和辅助材料等三部分构成。因此，对涂料产品质量检测，既包括涂料制造过程涂料产品质量检测，又包括成膜后的漆膜性能检测。对木制品制造厂而言，涂装质量检测则需考虑原料（涂料）进仓检验、使用前检验、施工过程半成品质量检验与控制及最终成品的检验等全部过程，只有对以上过程与结果都进行严格控制，才能成功地把控好产品生产和应用，从而保证产品质量，促进企业的健康良性发展。

第一节　木制品用环保涂料常规质量检测方法与标准

木制品用环保涂料常规质量检测的项目主要包括外观和透明度、颜色及色差、遮盖力、密度、细度、黏度、固含量、贮存稳定性、有害物质含量等 （叶汉慈，2008）。

一、外观和理化性能检测方法与标准

涂料常规质量检测是指木制品生产厂家从购入涂料后，在使用前对涂料品质所进行的检测及操作规程，检测结果反映了涂料在未使用前的相关性能，且代表了涂料作为饰面材料，在贮存、备用过程中的各方面性能和质量标准。

1. 透明度

透明度表示物质透过光线的能力。一般而言，清漆应该是清澈透明、无任何杂质和沉淀物的。清漆多用于透明涂装，颜色深浅会影响木纹显现的清晰度和真实度。而清漆在生产过程中，机械杂质的混入、树脂的互容性不同、溶剂对树脂

的溶解性差异、催干剂的性能及水分的渗入等，往往影响产品的透明度、延长漆膜固化时间，且外观浑浊而不透明的产品会影响漆膜的光泽和颜色。透明度测定方法参照国家标准《清漆、清油及稀释剂外观和透明度测定法》（GB/T 1721—2008）。检测清漆透明度，首先要配置各级透明度（"透明"与"浑浊"）的标准溶液作为比对样，将涂料试样倒入闭塞管中，放入暗箱的透明光下与一系列不同浑浊程度的标准溶液进行比较，从而选出与试样接近的一级标准溶液的透明度，以此作为被检样的透明度。目前，使用光电式浊度计测定较为常见，可以消除人为目测的偏差，将测试结果定量化，提高了测试的准确度。

2. 颜色

涂膜颜色是指当光照射到涂膜上时，经过吸收、反射、折射等作用后，从其表面反射或投射出来，进入人们眼睛的颜色。透明液体涂料因对光吸收存在差异而形成不同的颜色，外观颜色是涂膜表面装饰效果的首要因素。涂膜颜色深浅往往会影响干膜色泽，最终影响木制品外观美观和产品档次。

涂料颜色的测定通常分为两种情况，分别针对透明清漆、清油和稀释剂，以及色漆。对透明清漆、清油和稀释剂等用比色法测定，清漆应该是透明无色的，颜色越浅、外观越透明的清漆效果和品质越好。清漆颜色的检测方法是将这些涂料产品与一系列标准色阶的溶液（或玻璃片），在天然散射光或规定的人工光源透射下比较，确定其颜色深浅程度。检测方法可参照铁钴比色法（Fe-Co）[详见国家标准《清漆、清油及稀释剂颜色测定法》（GB/T 1722—1992）]、铂钴比色法（Pt-Co）[详见国家标准《透明液体 以铂-钴等级评定颜色 第1部分：目视法》（GB/T 9282.1—2008）]。铁钴比色计是由二氯化铁、氯化钴和稀盐酸溶液按标准规定的比例，配成深浅不同的18级色阶溶液（铁钴比色计共分18个色号，号越大颜色越深），分装于18支试管中，管口密封，按顺序排列于架上。测定时，以最近似的溶液颜色作为该试样的颜色。以色号表示，如 C01-1 表示醇酸清漆11号、C01-7 表示醇酸清漆12号等。

色漆颜色应与其颜色名称一致且均匀，且在日光照射下，也不容易产生表面变色或褪色现象。通常含染料或含颜料的色漆用目视比色法或用分光光度计、色度计等仪器测定颜色。目视比色法检测涂料颜色时，将标准样品和受检样品各取5mL滴在对色卡上，然后用膜厚计分别拉出 25mm 和 100mm 的色卡比对，待颜色确定后再喷板判定合格与否。用分光光度计和色度计等检测颜色可采用加氏颜色等级法（加德纳，Gardner）[详见国家标准《透明液体 加氏颜色等级评定颜色 第1部分：目视法》（GB/T 9281.1—2018）]、罗维朋比色法[详见国家标准《清漆、清油及稀释剂颜色测定法》（GB/T 1722—1992）]，此外，还有碘液比色法、赛波特（Saybolt）色值测试法，这两种色漆色值测试法，在环保涂料颜色检测中较少使用。

3. 密度

密度是指在规定的温度下，单位体积的物体质量，常用单位为 g/cm^3 或 g/mL。测定涂料产品密度的目的主要是控制产品包装质量，用于质量与体积之间的换算；在检测产品遮盖力时，测试密度，可便于了解在施工时单位容积能涂覆的面积。木制品环保涂料的密度检测可通过天平称重与体积公式换算求得。涂料密度的检测可参照国家标准《色漆和清漆　密度的测定　比重瓶法》（GB/T 6750—2007）。

4. 细度

细度俗称研磨细度、分散度，是色漆、亚光漆中的着色颜料和体质颜料分散程度的指标。细度检测主要检查涂料（也包括清漆）中是否含有微小的机械杂质或胶粒，或者检查其中颜料的分散程度。检测仪器为刮板细度计，检测结果以微米表示，研磨后的细度对色漆而言很重要，对成膜质量、漆膜光泽、遮盖力、耐久性、贮存稳定性等有很大影响。颗粒细、分散好的色漆，其颜料能较好地被润湿，制得的漆膜颜色相对均匀、表面平整、光泽度好，漆料在贮存过程中颜料不易发生沉淀、结块、返粗等现象，贮存稳定性好。一般木制品环保涂料要求底漆细度不大于 50μm 或 60μm，面漆细度不大于 25μm，个别品种要求在 15μm 以下。

5. 黏度

木制品环保涂料中，除粉末涂料外，其余均为比较黏稠的液体。黏度是流体的主要物理特性，表征流体在外力作用下的流动和变形，是液体对于流动所具有的内部阻力。黏度是涂装施工过程中的一个重要工艺参数，反映了涂料的黏稠与稀薄情况。涂料黏度过大，则内部运动阻力大，流动困难，涂装不便，湿涂层不易流平而影响施工，从而易产生涂痕、起皱等涂膜缺陷；涂料黏度过小，则会造成涂膜流挂、涂层过薄、涂装次数过多等产品和生产缺陷。

涂料在刷涂、辊涂、喷涂、浸涂等涂装施工中，均需通过黏度的调整，控制涂层的厚度及涂层外观效果。不同类型、不同品种涂料的黏度标准不同，并且根据各自施工要求调整的施工黏度也有所不同。随着涂料贮存时间的延长，黏度值会发生一定变化，可反映涂料贮存后品质的状况。涂料在使用时，可分为原始黏度（出厂黏度）和施工黏度，原始黏度为原漆的黏度，如密度较大的色漆，为了在容器中能够长期贮存，通常保持较高的黏度值；施工黏度，又称工作黏度，是根据生产中的具体情况（如涂料品种与涂装方法等）经过实验确定的最适宜黏度，并用具体数字表示出来（如涂-4 杯黏度的秒数）。一般而言，施工黏度是制定涂装工艺规程的重要参数之一。涂料黏度可用溶剂调节，因此，涂料黏度与涂料中的溶剂含量有关，涂料中溶剂含量高，其黏度就低。涂料黏度还与环境温度及涂料本身温度有关，当环境温度高或涂料被加热时，黏度会降低。在施工过程中，如果溶剂大量挥发，涂料就会变稠。

涂料黏度的测定方法有很多，包括落球法、气泡法、流出杯法和流量杯法等。其中，落球法是利用固体物质在液体中流动的速度快慢来测定液体的黏度，所用仪器称为落球黏度计，适用于测定黏度较大的涂料。气泡法是利用空气气泡在液体中的流动速度来测定涂料的黏度，所测黏度也是运动黏度，只适用于透明清漆的黏度检测。流出杯法是在实验室、生产车间和施工场所最容易获得涂料黏度的测量方法。由于流出杯容积大，流出孔粗短，因此操作、清洗较方便，应用较广，且可用于不透明色漆黏度的测定。流量杯法测定的是运动黏度，即一定量的液体涂料在一定温度下从规定直径的孔所流出的时间，以秒（s）为单位来表示此涂料的黏度，这是较常用和较经济的方法。流量杯黏度计适用于测定低黏度的清漆和色漆，不适用于测定非牛顿型流动的涂料，如高稠度、高颜料含量涂料的黏度。各国流量杯规格及适用范围见表 8-1。

表 8-1　几种流量杯规格及适用范围

流量杯规格		黏度范围/（mm²/s）	适用流出时间范围/s	校正公式
ISO	No.3	7～42	30～100	$\upsilon = 0.443t - 200/t$
	No.4	34～135	30～100	$\upsilon = 1.37t - 200/t$
	No.6	188～684	30～100	$\upsilon = 6.90t - 570/t$
ASTM	No.4	10～368	<100	$\upsilon = 3.85(t - 4.49)$
GB	T-1	≥358	≤20	$t = 0.053\upsilon + 1.0$
	T-4	60～360	<150	$T<23S$ 时，$t=0.154V+11$ $23S≤t<150S$ 时，$t=0.223V+6.0$
察恩（Zahn）杯	No.2	21～231	20～80	$\upsilon = 3.5(t - 14)$
	No.4	222～1110	20～80	$\upsilon = 14.8(t - 5)$

注：υ 为所测样品的运动黏度，mm²/s；t 为流出时间，s

在国家标准中，关于流出杯测定涂料黏度的方法有《涂料粘度测定法》（GB/T 1723—1993）和《色漆和清漆　用流出杯测定流出时间》（GB/T 6753.4—1998）。前者使用涂-1 杯和涂-4 杯，涂-1 杯用于测定流出时间不低于 20s 的涂料产品，涂-4 杯适用于测定流出时间在 150s 以下的涂料，其是一个杯状仪器，上部为圆柱形，下部为圆锥形，在锥形底部有直径 4mm 的漏嘴，体积为 100mL，有塑料制与金属制两种。涂-4 黏度计依据流出法原理测试较低黏度的涂料，即测试 100mL 涂料试样在 25℃时从黏度杯底 4mm 孔径流出的时间，以秒（s）作为时间单位，黏度大的涂料在涂-4 杯的流速慢，时间长。在实际黏度测定中，若两次测定值之差不大于平均值的 3%，取两次测定值的平均值作为测定结果。后者 GB/T 6753.4—1998 标准中，使用尺寸相似而流出孔径分别为 3mm、4mm、5mm 和 6mm 的 4 种流出杯，用于测定能准确判定自流出杯流出孔流出的液流断点的实验物料（屠振文，2006）。

对于高黏度的清漆或色漆则通过测定不同速率下应力的方法测定黏度，一般使用旋转黏度计。旋转黏度计的原理是使涂料试样产生流动（通常是回转流动），测定使其达到固定速率时所需的应力，然后换算成黏度单位。旋转黏度计包括旋转桨式黏度计、同轴圆筒旋转黏度计和锥板黏度计等。

国家标准中，旋转黏度计测定涂料黏度的方法有《涂料黏度的测定 斯托默黏度计法》（GB/T 9269—2009）和《色漆和清漆 用旋转黏度计测定黏度 第 1 部分：以高剪切速率操作的锥板黏度计》（GB/T 9751.1—2008）。前者适用于建筑涂料黏度的测定，也可用于适宜涂料黏度的测定。以生产 200r/min 转速所需要的负荷表示，单位为克（g）。也可通过查 GB/T 9269—2009 中的表格获得与产生 200r/min 转速所需要的负荷和克雷布斯（Krebs）单位（KU）换算。GB/T 9751.1—2008 中在 5000～20 000 s^{-1} 的剪切速率下，测定涂料的动力学黏度，在比较各种涂料的黏度时，剪切速率应大致相同。这项标准适用于一切刷涂涂料。此项标准中可使用旋转黏度计和锥板黏度计（屠振文，2006；张志刚，2012）。

以上 4 种国标涂料黏度测试方法的比较见表 8-2。

表 8-2 4 种涂料黏度测定方法的比较

标准号	GB/T 1723—1993	GB/T 6753.4—1988	GB/T 9269—2009	GB/T 9751.1—2008
测试环境条件	(23±1)℃ 或(25±1)℃	(23±0.5)℃	(23±0.2)℃	(23±0.2)℃
主要仪器	涂-1 杯、涂-4 杯	ISO 流出杯	斯托默黏度计	旋转黏度计、锥板黏度计
适用范围	涂-1 杯用于测定流出时间不低于 20s 的涂料产品；涂-4 杯适用于测定流出时间在 150s 以下的涂料	测定牛顿型或近似牛顿型液体涂料的黏度	适用于建筑涂料或适宜涂料黏度的测定	适用于一切刷涂涂料，不管其是否具有牛顿性质
结果表示	s	s	G 或 KU	mPa·s
优缺点	操作、清洗均较方便，容易获得，但对于触变涂料，用流出杯法所测黏度过大，不能准确测定黏度值		适用范围广，但对于测试环境控制要求较高	

6. 厚漆及腻子稠度

对于厚漆、腻子及厚浆型涂料，通常测定稠度来反映其流动性能。稠度的测定方法主要参照国家标准《厚漆、腻子稠度测定法》[GB/T 1749—1979（1989）]，取定量体积的试样，在固定压力下经过一定时间后，以试样流展扩散的直径来表征，单位为 cm。

7. 触变性

对涂料进行搅拌或摇动时，其黏度立刻大幅度降低，但在停止搅拌后，马上或静置一段时间，其黏度又急剧上升，这种性质即为触变性。在涂装中，触变性反映出能否厚涂、流平性是否好、抗流挂性如何等指标。使用旋转黏度计可测定触变性的有无和大小。首先从低速开始，逐渐增大转速（即剪切速率），每隔一段时间，改变一次转速，这样可以得到一条弧线，再把转速按同样的间隔时间以逐步递减的方式再测定一次，如果得到一个环状曲线，则说明涂料具有触变性，环的面积表示触变性的大小。

8. 流平性

在涂料施工过程中需要考虑其施工性、流平性和流挂性。通常参照国际标准ASTMD 2801—1969（1981）进行涂料流平性的测定。

9. 固含量

涂料固含量是指涂料组分经挥发后，最终留下成为漆膜的部分（即不挥发成分的含量），用百分比表示。固含量对涂装工艺、溶剂消耗与环境污染等均有影响。涂料固含量越高，则成膜厚度越大，溶剂消耗与涂装遍数越少，空气污染越小，车间通风的动力消耗越少。涂料固含量可参照国家标准《色漆、清漆和塑料　不挥发物含量的测定》（GB/T 1725—2007）进行检测，主要采用加热烘烤法，在一定温度下将涂料加热烘焙以除去蒸发部分，干燥后剩余物质量与试样质量的比值，即为涂料的固含量。一般工厂实用分析方法为培养皿法和表面皿法。培养皿法步骤为：①首先将干燥洁净的培养皿在(105±2)℃烘箱内烘烤 30min，取出后放置在干燥器中，冷却至室温后，称量。②用磨口滴瓶取样，称取试样 1.5～2g（丙烯酸漆及固含量低于 15%的漆类取样 4～5g），置于已称重的培养皿中，使试样均匀流布于容器的底部；然后放入预先调好温度的(120±2)℃鼓风恒温箱中焙烘 1.5～2.5h，取出放入干燥器中冷却至室温后，称重。再放入烘箱 30min，取出放入干燥器中冷却至室温后，称重，至前后两次称重的重量差不大于 0.01g时为止，试验平行测定两个试样。表面皿法具体步骤同培养皿法，仅将容器由培养皿换为表面皿即可。最后按照标准通过固含量公式进行计算。

10. 贮存稳定性

涂料贮存稳定性是指涂料产品在规定的正常包装状态和贮存条件下，经过一定贮存期限后，产品物理或化学性能达到原规定使用要求的程度，或是涂料产品在规定条件下，抵抗其存放后可能产生的异味、黏度、结皮、返粗、沉底、结块等性能变化的程度。贮存稳定性试验是将液态色漆和清漆放置到密闭容器中，在自然环境或加速老化条件下贮存后，测定其所发生的变化。检测贮存稳定性通常检测色漆中颜料沉降、色漆重新混合后被使用的难易程度，以及其他按产品规定所需检测的性能变化，具体可参照国家标准《涂料贮存稳定性试验方法》（GB/T 6753.3—1986）进行。贮存分为自然环境贮存和(50±2)℃条件贮存两种。涂料贮存期一般为1年，在贮存期内涂料一般可正常使用。若超过贮存期，则需观察涂料外观是否有明显变化，若变化不明显，则可继续使用，但要先配漆进行简单测试与试验，若性能未改变可大量使用。涂料的贮存稳定性与存放的外界环境、温度、光线照射等因素都有关系。

11. 干燥时间

干燥时间是指液体涂料在制品表面，由能流动的湿涂层转化成固体干漆膜所需时间，直接反映涂料干燥的快慢。在整个涂层干燥过程中，一般需经历表面干燥（也称表干、指触干燥、指干）、实际干燥（实干）与可打磨、干硬与完全干燥等阶段。干燥时间对涂装施工的效率、涂装质量、施工周期等均有很大影响。干燥时间通常与空气的相对湿度、温度、涂层厚度、通风条件、涂料品种等因素有直接关系，因此，在木制品企业的具体施工工艺条件下，各干燥阶段到底需要多少时间，通常要经过测试来确定，以保证产品表面涂装的质量稳定性。

表面干燥时间是指在规定的干燥条件下，一定厚度的湿涂膜表面从液态变为固态，但其下仍为液态所需要的时间。刚涂装过的还能流动的湿涂层一般经过短暂的时间便在表面形成一层微薄膜，此时手指轻触略有发黏，但不会粘手，灰尘落上也不会粘住。实际干燥是指在规定的干燥条件下，从涂装好一定厚度的液态漆膜至形成固态漆膜所需要的时间。此时，用手指按压漆膜表面不会产生痕迹，且涂层已完全转变成固体漆膜，并干至一定程度，有了一定硬度，但不是最终硬度。涂料干至此时用砂纸打磨还可能糊砂纸，不爽滑，即还未干到可打磨的程度。面漆和底漆层多数必须进行打磨，因此面漆层和底漆层允许打磨的时间对整个涂装工艺过程有重要影响。涂层干至可打磨，此时涂层易于打磨，否则打磨可能粘砂纸，导致无法打磨。干硬是指漆膜已具备相当的硬度，面漆干至此时，产品已经可以包装出货，产品表面不怕挤压，此段时间不很准确。完全干燥又称彻底干燥，是指漆膜确已干透，达到最终硬度，具备了漆膜的全部外观和使用性能，木制品可以供消费者使用。但是漆膜干至此程度往往需要数日或更长时间，此时的涂料产品早已离开车间，可能在家具厂的仓库、商场柜台或已到用户手上。

根据我国有关标准规定，可用专门的干燥时间测定器或吹棉球法、指触法等测定涂层的表干与实干时间。吹棉球法是在漆膜表面轻轻放一脱脂棉球，用嘴在距棉球10~15cm处，沿水平方向轻吹棉球，如棉球能被吹走而不留棉丝，即认为达到表面干燥。指触法是指以手指轻触漆膜表面，如感到有些发黏，但无漆粘在手上（或没有留下指纹），即认为达到表面干燥或指触干燥。当在漆膜中央用指头用力地按，漆膜上没有指纹，且没有漆膜流动的感觉，在漆膜中央用手指尖急速反复地擦，漆膜表面没有痕迹时即认为达到实际干燥。可用压棉球法、压滤纸法测定实干时间。压棉球法是在漆膜表面放一个脱脂棉球，于棉球上再轻轻放置干燥试验器，同时开动秒表，经过 30s，将干燥试验器和棉球拿掉，放置 5min，观察涂层有无棉球的痕迹及失光现象，涂层上若留有 1～2 根棉丝，用棉球能轻轻掸掉，可以认为涂层达到实际干燥。压滤纸法是指在涂膜上放一片定性滤纸，要求光滑面接触涂膜，滤纸上再轻轻放置干燥试验器，同时开动秒表，经过 30s，移去干燥试验器，将样板翻转（即涂层向下），滤纸能自由落下，或在背面用握板之手的食指轻轻敲几下，滤纸能自由落下而滤纸纤维未黏附到涂层上，即可认为涂层达到实际干燥。

12. 冻融稳定性

冻融稳定性通常针对水性涂料和水性 UV 涂料，特别适用于以合成树脂乳液为漆基的水性涂料。涂料在先经受冷冻继而融化后，观察其在黏度、抗絮凝或结块、起斑等方面有无变化，是否有破乳现象。一般而言，对于能保持其原有性能的，称为具有冻融稳定性。而随外界环境温度和湿度变化，在贮存过程中会发生病变、破坏涂料本身稳定体系的，称为冻融稳定性不好，这样的涂料通常在贮存时性能易改变。

13. 遮盖力

涂料遮盖力一般是针对色漆涂装而言的，是指将色漆均匀地涂刷在物体表面，使其底色不再呈现的最小用漆量，以 g/m² 表示，主要参照国家标准《涂料遮盖力测定法》（GB/T 1726—1979）进行检测，一般工厂实用分析方法为刷涂法。

14. 湿膜厚度

涂层厚度对涂层效果具有重要影响。一般而言，在其他条件相同的情况下，涂层厚度越厚，涂层在被涂覆表面的遮盖和屏蔽作用越佳，即防护效果越好。而每道漆涂覆的厚度与涂料品种、防护要求、施工方式、基材表面特性等因素有关。涂层厚度测定可分为湿膜厚度测定和干膜厚度测定。

当每道涂覆的干膜厚度范围确定时，就必须控制涂层的湿膜厚度。湿膜厚度与干膜厚度有一定的对应关系，且随涂料品种及施工黏度的不同而有所不同，即使是同一类型的品种，不同颜色的产品，由于颜基比及各颜料吸油量的不同，其湿膜厚度与干膜厚度的对应关系也存在很大差异，因此在具体干膜、湿膜厚度的测定时，应事先通过试验验证找出其对应关系然后加以论证。通过测定湿膜厚度，可大致估计出其干膜厚度，避免过大的误差。但湿膜厚度的测定是不精确的，涂层厚度最终应通过测定干膜厚度来确定。

目前，应用最普遍的湿膜厚度计为圆盘状（轮规）及板状（梳规）两种，其测量原理是同一水平面的两个表面中间有 3 个表面，当外侧两个表面压着湿膜下面的底板时，其第三个表面就与湿膜表面垂直，由于第三个表面与外侧两个表面具有高度差，在测量过程中，第三个表面首先接触到湿膜表面的该点即为湿膜厚度。轮规是由 3 个圆盘组成的一个整体，外侧两个圆盘同样大小，中间圆盘是偏心的，且半径较小，以使 3 个圆盘在某一半径处相切，这样该处的间隙就为零。在圆盘外侧有刻度，以指示不同间隙的读数。梳规是可随身携带的正方形或矩形金属板或塑料片，四边都刻有带不同读数的齿，每一边的两端都处在同一水平面上，而中间各齿距水平面有依次递升的不同间隙，因外形与梳子相似，所以称为梳规。梳规使用时将其垂直接触于试件表面，湿膜厚度为在沾湿的最后一齿与下一个未被沾湿的齿之间的读数。梳规价格相对轮规更低，在涂装现场使用较多。

15. 稀释剂性能

稀释剂是涂料的重要辅助材料，其在生产和应用过程中，应主要检测透明度（参照涂料透明度检测方法）、色泽（参照涂料颜色测试方法）、挥发性[挥发性能，用乙醚或丁酯的挥发时间进行比较，以其比值表示，检测方法按照国家标准《稀释剂、防潮剂挥发性测定法》（GB/T 3860—2006）]、白化性（表示稀释剂造成漆膜发白及失光现象的可能性，稀释剂要求无白化为合格）、闪点[闪点是一项重要的安全指标，可依照国家标准《闪点的测定　快速平衡闭杯法》（GB/T 5208—2008）测定]。

二、有害物质检测方法与标准

1. 挥发物

水性涂料挥发物含量测定方法主要参照《室内装饰装修材料　水性木器涂料中有害物质限量》（GB 24410—2009），紫外光固化涂料挥发物含量测定方法参照《木质制品用紫外光固化涂料挥发物含量的检测方法》（GB/T 35241—2017）或美国 *Standard Test Methods for Volatile Content of Radiation Curable Materials* [ASTMD 5403—1993（2007）]，紫外光固化涂料挥发物含量为加工或生产过程中挥发物含量与潜在挥发物含量的总和。其中，潜在挥发物含量即为漆膜固化后的挥发物含量。其主要检测方法如下。

对于溶剂含量小于或等于 3%的辐射固化材料，其测试步骤如下。

1）混合样品，为确保混合均匀，根据需要手动搅拌以避免产生气泡。

2）对预处理过的铝制基体进行称重，精确到 0.1mg（重量 A，铝制基体的尺寸必须使最小 0.2g 的材料涂覆后，达到供货商提供的涂膜厚度要求）。处理样品时，应使用橡胶手套或钳，或两者兼有。称取 0.2g 样品涂覆到铝制基体上，然后重新称量，精确到 0.1mg（重量 B）。一共需准备三个试样，涂覆后 30s 内进行称重，此过程需注意的是，如果样品测试包含任何活性稀释剂（在室温下蒸汽压力超过 1.0mmHg[①]），则试样涂覆后应在 15s 内进行称重。

3）用 UV 或 EB 对测试样品进行固化。

4）在室温下对已固化样品冷却 15min，然后重新进行称量，精确到 0.1mg。

5）把已固化且冷却后的样品放置于(110±5)℃的通风烘箱中 1h。此步骤中，紫外线阳离子固化环氧树脂类材料在后固化时，可与大气水分反应，由此可能导致处理过程中，其重量会增加。如果发生这种情况，应使样板在室温下固化 48h 后，重新称取重量。在计算潜在挥发物百分比时，后固化后的重量即为重量 C。

6）把样品放置于保干器内，冷却到室温后，称取重量，精确到 0.1mg（重量 D）。

测试完成后，对结果进行计算，具体方法为

$$加工挥发物=(B-C)/(B-A)×100\% \tag{8-1}$$
$$潜在挥发物=(C-D)/(B-A)×100\% \tag{8-2}$$
$$总的挥发物=加工挥发物+潜在挥发物$$

式中，A 为铝制基体的重量，g；B 为样品和铝制基体的重量，g；C 为样品固化后样品和铝制基体的重量，g；D 为加热固化后样品和铝制基体的重量，g。

对于所有溶剂含量大于 3%的辐射类固化材料，其具体测试过程如下。

1）混合样品，为确保混合均匀，根据需要手动搅拌以避免产生气泡。

2）对预处理过的铝盘进行称重，精确到 0.1mg。处理样品时，应使用橡胶手套或钳，或两者兼有。

3）用一预处理好的注射器，称取（0.3±0.1）g 样品（精确到 0.1mg），加于（3±1）mL 丙酮的铝盘中，试剂逐滴加入，慢慢转动铝盘，使样品充分分散到丙酮中。如果样品不能充分分散而形成气泡，将样品废弃重新配制，准备三个样品。

注 1：注射器加帽后重新称重。注意，样品重量（重量 B）等于注射器初始重量减去注射器最终重量。注射器取样后，一定要擦拭外表面，保证清洁。注射器柱塞拉出 0.25in[②]以使样品脱离注射器颈部。注射器加帽后称重。试样配好后，不要擦拭注射器尖部，抽拉柱塞使注射器颈部的试样滴入铝盘。

---

① 1mmHg=1.333 22×10²Pa

② 1in=2.54cm

注 2：使用一次性橡胶手套或聚乙烯注射器。

注 3：如果试样不溶于丙酮、四氢呋喃或丙酮与四氢呋喃混合物，应选择其他溶剂。

4）把样品放置于(50±2)℃的通风烘箱中加热 30min。

5）用 UV 或 EB 对测试样品进行固化。

6）在室温下对样品进行冷却 5min，然后重新进行称量（重量 C）。

7）把已固化的样品放置于(110±5)℃的通风烘箱中 1h。

8）把样品放置在保干器内，冷却到室温后，重新称重（重量 D）。

测试过程结束后，对结果进行计算，其计算公式如下：

$$加工挥发物=[B-(C-A)]/B\times100\% \tag{8-3}$$

$$潜在挥发物=(C-D)/B\times100\% \tag{8-4}$$

$$总的挥发物=加工挥发物+潜在挥发物$$

式中，A 为铝盘的重量，g；B 为样品重量，g；C 为样品近预加热和固化后，样品和铝盘的重量，g；D 为最终加热后，固化后样品和铝盘的重量，g。

2. 苯及苯系物

木制品表面水性涂料、水性 UV 涂料及紫外光固化涂料的苯及苯系物含量检测主要参照国家标准《涂料中苯、甲苯、乙苯和二甲苯含量的测定　气相色谱法》（GB/T 23990—2009）。

3. 可溶性重金属

可溶性重金属属于接触性污染，根据欧盟生态标准 99/10/EC 规定，不准使用铅、镉、铬、汞、砷及其化合物。木制品中重金属含量检测主要包括可溶性铅、镉、铬、汞，可参照国家标准《室内装饰装修材料　木家具中有害物质限量》（GB 18584—2001）或 GB/T 9758—1988，采用原子吸收光谱法测定色漆和清漆中可溶性重金属的含量。此方法已相对成熟，相关限量见表 8-3。

表 8-3　室内装饰装修材料木制品涂料中重金属（限色漆）含量限量

项目	限量值/(mg/kg)
可溶性铅	90
可溶性镉	75
可溶性铬	60
可溶性汞	60

4. 挥发性有机化合物（VOC）

常见几种涂料的 VOC 相关标准及限量如表 8-4 所示。

表8-4　常见涂料相关标准的 VOC 限量

	NC 涂料	PU 涂料		水性涂料	PE 涂料	UV 涂料
		面漆	底漆			
国家标准	≤720g/L	光泽度（60°）≥80Gu，≤580g/L	≤670g/L	≤300g/L	参考标准：100～300g/L（非国家标准）	参考标准：0～300g/L（非国家标准）
		光泽度（60°）<80Gu，≤670g/L				
环境标准	≤700g/L	光泽度（60°）≥80Gu，≤550g/L	≤600g/L	清漆≤80g/L		
		光泽度（60°）<80Gu，≤650g/L		色漆≤70g/L		

第二节　木制品用环保涂料涂层性能分析检测

涂层质量测定的主要目的是确定其形成产品进行木制品表面饰面时的涂料使用质量。国家标准和行业标准对木制品涂层装饰质量的测定主要包含表面涂装质量测定和漆膜理化性能测定。涂层性能受涂料品种、涂装施工等众多因素影响。一般而言，涂层成膜物质分子间的内聚力越大，涂层的机械强度，耐水解性、耐化学药品性等性能就越好，涂层的使用寿命越长，但涂层对被涂物表面的附着力不一定好。涂层的硬度与柔韧性之间也存在此现象，涂层硬度高，柔韧性就差，反之，柔韧性好，硬度就相对较差。因此，在涂料产品品种选择时，要根据相应涂装部位的涂装要求，兼顾涂层的主要性能和次要性能（叶汉慈，2008）。

一、外观质量要求

1. 涂层厚度测定方法

涂层厚度与抗冲击强度、柔韧性及漆膜附着力等都有一定关系，一般而言，随着涂层厚度的增加，其抗冲击强度、柔韧性和漆膜附着力等都有所下降。在制备涂层时，应按照国家标准《漆膜一般制备法》（GB/T 1727—1992）进行。对涂层而言，厚度指干膜厚度。其测定方法参照国家标准《漆膜厚度测定法》[GB/T 1764—1979（1989）]和《色漆和清漆　涂膜厚度的测定》（GB/T 13452.2—2008）进行，，其干膜厚度测量部位如图 8-1。工厂实用测定方法为杠杆千分尺法，也可采用显微镜、穿透厚度计等来测试干膜厚度。使用杠杆千分尺法测定的漆膜必须硬到足以经受与杠杆千分尺紧密接触的卡头，使其不留下痕迹。

2. 涂层硬度测定方法

涂层硬度与涂料品种及涂层固化程度有关，同时也与固化剂使用量有一定关系。一般而言，固化剂使用越多，涂层硬度越大，涂层柔韧性和耐冲击性等性能下降。另外，涂层固化程度对涂层硬度也有一定影响。

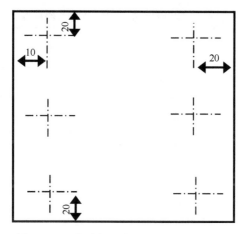

图 8-1　干膜厚度测量部位（单位：mm）

涂层硬度的测定方法主要有：《色漆和清漆　摆杆阻尼试验》（GB/T 1730—2007）、《色漆和清漆　铅笔法测定漆膜硬度》（GB/T 6739—2006）。工厂实际测定方法一般以铅笔划痕法居多。

3.涂层光泽度测定方法

光泽，即指光泽度，是涂层表面把投射在其上的光线向一个方向反射出去的能力。反射光量越大，光泽度越高。根据光泽度值，涂层的光泽度分类如表 8-5 所示。

表 8-5　涂层光泽度的分类

光泽度的区分	光泽度/%
高光	70 以上
半光	30～70
蛋壳光	6～30
平光	2～6
无光	<2

木制品表面漆膜光泽度分级标准见表 8-6。以光泽度分类，木制品表面涂装涂料可分为高光、半光（半亚）、亚光及无光涂料。一般高光涂料主要有高光实色漆、亮光清漆等，绝对无光的涂料是不存在的，绝大多数涂料都为亚光以上的光泽度。涂层光泽度的测定多采用光电光泽仪，光泽度以漆膜表面的正反射光量与在同一条件下从标准板表面来的正反射光量之比的百分数表示，可参照国家标准《家具表面漆膜理化性能试验　第 6 部分：光泽测定法》（GB/T 4893.6—2013）或《色漆和清漆　不含金属颜料的色漆漆膜 20°、60°和 85°镜面光泽的测定》（GB/T 9754—2007）进行测定。

表 8-6　木制品表面漆膜光泽度分级标准

涂装工艺		等级			
		1	2	3	4
高光泽度/%	原光	≥90	80～89	70～79	≤69
	抛光	≥85	75～84	65～74	≤64
亚光/%	填孔亚光	25～35	15～24	≤14	
	显孔亚光	≤14	15～24	25～35	

二、理化性能要求

1. 漆膜附着力测定方法

漆膜附着力是反映漆膜性能的重要指标之一，主要反映漆膜与被涂物件表面通过物理和化学力的作用结合在一起的牢固程度，直接决定木制品表面外观和产品质量。只有当漆膜具有了一定的附着力，才能有效地附着在被涂物体表面，从而发挥涂料所具有的保护和装饰功能。漆膜附着力主要取决于涂层与被涂物表面的结合力及涂装施工质量特别是表面处理质量。

漆膜附着力的测定可参照国家标准《家具表面漆膜理化性能试验　第 4 部分：附着力交叉切割测定法》（GB/T 4893.4—2013）、《漆膜附着力测定法》（GB/T 1720—1979）、《色漆和清漆　漆膜的划格试验》（GB/T 9286—1998）、《色漆和清漆　拉开法附着力试验》（GB/T 5210—2006）等规定进行。一般木制品企业通常采用划格法或划圈法。划格法测试是根据样板基材及漆膜厚度用不同间距的划格刀具对漆膜进行格阵图形切割，使其恰好穿透至基材，以漆膜从基材分离的抗性作为评价指标。按漆膜从划格区域基材上脱落的面积多少评定，分 0～5 级，0 级最好，5 级最差。划圈法测试是将样板固定在一个前后可移动的平台上，在平台移动的同时，做圆圈运动的钢针划透漆膜，对漆膜产生破坏作用，除垂直的压力外，还有钢针做旋转运动所产生的扭力。

2. 涂层耐湿热测定方法

漆膜受热时会产生变色、软化和鼓泡等现象，漆膜的耐湿热性是指漆膜抵抗热量和湿度的能力。漆膜耐湿热性可参照国家标准《家具表面耐湿热测定法》（GB/T 4893.2—2005）进行测定，其测试的原理和方法是将一块加热到规定温度的标准铝合金块，放置到实验样板上的湿布上，达到规定试验时间后，移开湿布和铝合金块并揩干试验区域，将试验样板静置至少 16h。然后在规定的试验光线下，检查试样损伤标记（变色、变泽、鼓泡或其他缺陷），最后根据规定标准评定等级。其分级标准如表 8-7 所示。

表 8-7　分级标准

分级	说明
1	无可见变化（无损坏）
2	仅在光源投射到试验表面，反射到观察者眼中时，有轻微可视的变色、变泽或不连续的印痕
3	轻微印痕，在数个方向上可视，如近乎完整的圆环或圆痕
4	严重印痕，明显可见，或试验表面出现轻微变色或轻微损坏区域
5	严重印痕，试验表面出现明显变色或明显损坏区域

3. 涂层耐干热测定方法

涂层耐干热可参照国家标准《家具表面耐干热测定法》（GB/T 4893.3—2005）规定进行，其测试原理和方法是将加热后的铝合金直接放置在测试板上面，不放湿布，其余内容与耐湿热测试基本相同。耐湿热、耐干热测试均属破坏性测试，一般不直接在家具表面上测试，而是选用完全按相同材料和工艺制作的测试样板来测试。

4. 涂层柔韧性测定方法

一些产品在涂装后，要经常受到使其变形的外力影响，如在安装、调试过程中，甚至外界温度的剧烈变化而引起的热胀冷缩都将引起涂层开裂以至于脱离物体表面。涂层的柔韧性测定就是评价涂层抗开裂及从被涂物体上剥离能力的方法之一。可参照国家标准《色漆和清漆　摆杆阻尼试验》（GB/T 173—2007）、《色漆和清漆　弯曲试验（圆柱轴）》（GB/T 6742—2007）、《色漆和清漆　弯曲试验（锥形轴）》（GB/T 11185—2009）。工厂分析方法为测定器法。

测定涂层的柔韧性是将涂漆试样在不同直径的轴棒上弯曲，以弯曲后不引起漆膜破坏的小轴棒的直径来表征涂层柔韧性。在漆膜不被破坏的情况下，弯曲的轴棒直径越小，则涂层的柔韧性越好，因为在不同直径的轴棒上，将涂层样板绕轴弯曲后，涂层的伸长率是随轴棒直径的减小而增加的。涂层绕轴棒旋转时，并非单纯检验涂层的弹性，而是对涂层综合性能的检验，如抗拉强度、抗张强度、涂层与底面的附着力等，一般统称为涂层柔韧性。测定柔韧性的测定器如图 8-2 所示。

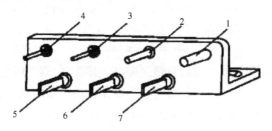

图 8-2　柔韧性测定器
1~7 为钢制轴棒

5. 涂层耐冷液测定方法

涂层耐冷液测定主要是测试木家具表面涂装后，漆膜耐冷液的能力。参照国家标准《家具表面耐冷液测定法》（GB/T 4893.1—2005）进行测试，其基本原理和方法是将浸透试液的滤纸放置到待测试板表面，用钢化玻璃罩住该表面，经过规定时间后，移开滤纸，洗净并擦干表面，检查其损伤情况（变色、变泽、鼓泡等）。根据描述的分级标准表评定试验结果。

6. 涂层耐冷热温差测定方法

涂层耐冷热温差测定主要是测定木制品表面漆膜耐冷热温度差异的性能。参照国家标准《家具表面漆膜理化性能试验 第 7 部分：耐冷热温差测定法》（GB/T 4893.7—2013），将测试板交替放在恒温恒湿箱（温度高于 60℃，相对湿度 98%～99%）和低温冰箱（温度高于 −40℃）中，交替放置一次为一个周期，经过三个周期后，将试样在温度（20±2）℃、相对湿度 60%～70%的条件下静置 18h，然后检查并评定等级。如果漆膜表面出现裂纹、鼓泡、明显失光和变色等缺陷，则视为不合格。

7. 涂层耐磨性测定方法

涂层耐磨性是指涂层表面抵抗某种机械作用的能力，通常采用砂轮研磨或砂粒冲击的试验方法来测定，它是木制品表面涂装的漆膜在使用过程中经受机械磨损的重要指标之一，且与涂层的硬度、附着力、柔韧性等其他物理性能有密切关系。参照国家标准《家具表面漆膜理化性能试验 第 8 部分：耐磨性测定法》（GB/T 4893.8—2013），涂层耐磨性的测定采用漆膜磨耗仪，以经过一定的磨转次数后漆膜的磨损程度来进行评级。耐磨性测试亦属于破坏性测试，在测试样板上进行为宜。

其主要测试步骤为：①在试样中部直径不大于 65mm 范围内取均布三点测定漆膜厚度，然后取三点读数的算术平均值；②将试样固定于磨耗仪工作盘上，加压臂上加 1000g 砝码和橡胶砂轮，臂的末端加上与砂轮重量相等的平衡砝码；③放下加压臂和吸尘嘴，依次开启电源开关、吸尘开关和转盘开关；④试样先磨 50 转，使漆膜表面呈平整均匀的磨耗圆环（发现磨耗不均匀，应及时更换试样），取出试样，刷去浮屑，称重（准确至 0.001g）；⑤继续砂磨 100 转后，取下试样，刷去浮屑，称重（准确至 0.001g），前后重量之差即为漆膜失重；⑥调整计数器到规定的磨转次数（应减去 100），继续砂磨，试验终止后，观察漆膜表面磨损情况；⑦平行试验三件试样，每件试样都必须用全新橡胶砂轮进行试验，砂磨中途不得更换砂轮。

8. 涂层耐冲击性测定方法

涂层耐冲击性测定主要是测试涂层在高速负荷作用下的变形程度，用于评定木制品表面漆膜抗冲击的能力，其主要与伸张力、附着力和硬度有关。涂层耐冲击性测试可参照国家标准《家具表面漆膜理化性能试验　第 9 部分：抗冲击测定法》（GB/T 4893.9—2013）或《漆膜耐冲击性测定法》（GB/T 1732—1993），采用重锤锤击法进行测定。其测试原理是通过一个钢制圆柱形冲击块，从规定高度沿着垂直导管跌落，冲击到放在试件表面的具有规定直径和硬度的钢球上，根据试件表面受冲击处涂层形变和受破坏程度，以数字表示的等级评定涂层抗冲击能力。同一试件进行三次试验。

9. 涂层颜色及色差测定方法

颜色是不同波长的光刺激人的眼睛后，在大脑中引起的反应。大脑对不同颜色的反应不同。涂层颜色测定通常采用目测法，其测定方法参照国家标准《色漆和清漆　色漆的目视比色》（GB/T 9761—2008），将试样与标准样在相同条件下涂漆，待漆膜实干后，将两板重叠 1/4 面积，在天然散射光线下或比色箱 CIE 标准光源 D_{65} 的人造日光照射下进行目测检查比对，眼睛与样板距离 30～50cm，成120°～140°角，根据产品标准检查颜色，若试样与标准颜色无显著差异，则认为在技术允许范围内，为合格产品。此外，也可将试样制板后，与标准色卡进行比较，标准色卡由生产厂商或使用部门提供。测试时，将待测样板与色差板并列放置，并使相应的边互相接触或重叠一定面积，眼睛与其相距约 500mm，观察视线与样板表面接近垂直，待测样板的颜色若在色差板之间或与其中一块色差板等色，则认为在色差范围内。色差板参照国家标准《漆膜颜色标准》（GB/T 3181—2008）中确定的目前生产和使用较为普遍的 51 种颜色标准色卡。观察色板时必须在自然光下进行，避免出现较大的观测误差。

目测法仅仅靠人眼直观目测，是一种定性的测量方法，由于受到色彩记忆能力和自然条件等因素的限制，很容易产生一定的人为误差。因此，若要得到精确的色差结果，需采用仪器法进行颜色和色差的测定，把人们对色彩的感觉用数字表达出来。参照国家标准《漆膜颜色的测量方法　第一部分：原理》（GB 11186.1—1989）、《漆膜颜色的测量方法　第二部分：颜色测量》（GB 11186.2—1989）、《漆膜颜色的测量方法　第三部分：色差计算》（GB 11186.3—1989），采用光谱光度计、滤光光谱光度计和三刺激值色度计测定漆膜颜色。采用色差仪测定时，在固定光源下，分别测试对比样板与试验样板的三元刺激值，以红色滤片测得的反射率为 X 值，以绿色滤片测得的反射率为 Y 值，以蓝色滤片测得的反射率为 Z 值，然后通过公式计算，依次将反射率换算成色标值，从而计算出色差的大小。色差单位为 NBS（national bureau of standards），一个 NBS 单位表示一般人眼能辨别的极微小颜色差别，该单位的数值与人的感觉的关系如表 8-8 所示。

表 8-8　NBS 单位的数值与人的感觉关系

NBS 单位	相应于人的色差感觉	NBS 单位	相应于人的色差感觉
0～0.5	极轻微	3.0～6.0	严重
0.5～1.5	轻微	6.0～12.0	强烈
1.5～3	明显	12.0 以上	极强烈

第九章　木制品环保涂装全过程的涂料及涂膜缺陷

涂料和涂装工艺构成了木制品环保涂装的全过程，影响木制品涂膜性能的因素很多，除涂料本身的质量外，涂装环境、涂装设备、涂装技术及现场管理等均会对涂装效果产生极大影响，如何有效解决涂装过程中出现的各种漆膜弊病、提高木制品生产效率和产品质量、降低不合格率，是木制品企业和涂料行业共同面临的迫切需要解决的问题。

第一节　影响环保涂料涂装漆膜弊病的因素

影响漆膜性能及造成漆膜弊病的因素很多，一般主要从涂料本身品质、基材的选择与处理、施工工艺、施工设备、施工环境和施工水平等角度进行考虑。

一、涂料本身品质

涂料本身品质是影响涂膜性能的重要因素，主要与涂料配方设计、涂料生产制造有关，具体包括涂料产品本身的稳定性、涂料施工性能等。不同品种的涂料，其在制备和使用过程中相应的黏度、细度、干燥方式等均有所不同，在涂装过程中遇到的问题亦会有差异，需根据实际情况采取相应措施。

二、基材的选择与处理

基材的选择与处理是影响涂装的关键因素，一般而言，在选材和处理基材时，应着重考虑材料表面的平整度，无节疤、虫眼等缺陷，对于松木等树脂丰富的木材应进行脱脂处理等。涂料涂装前，根据产品工艺需求，大多需对基材进行表面砂光、填腻子等工艺处理，因此需保证木制品表面涂装的平整度、外观光泽和特殊效果等。基材处理不好、局部有漏砂和过砂现象或表面有明显缺陷的，涂装效果一定无法达到出厂要求。

三、施工工艺

施工工艺主要包括生产工艺流程、各工序验收标准、管理规范等，不同家具厂、不同产品线、不同生产条件，其施工工艺均不完全一致，因而遇到的涂装问题往往不一定相同。

四、施工设备

不同的施工设备如辊涂设备、浸涂设备、淋涂设备、喷涂设备、干燥设备、抽风设备等，其设备状态、操作水平亦会影响到最终涂装效果。

五、施工环境

作业车间的温度、湿度等环境因素及车间灰尘、粉尘等污染，都会对木制品表面漆膜质量产生重要影响。温度、湿度过大，则容易引起针孔、颗粒等漆膜弊病。

六、施工水平

施工水平主要是生产管理状况、施工人员操作技能、施工人员综合素质等。现代企业的木制品表面涂装，已经在向机械化喷涂（或辊涂）及部分人工手喷方向发展，施工人员的正确操作步骤和手法、机械化设备的准确调试和控制等，对木制品表面漆膜质量有重要影响。

第二节　环保涂料涂装前常见漆料弊病及预防处理

一、黏度调整不当

涂装前对涂料的黏度调整是非常重要的，涂料黏度过大会造成湿膜太厚，干后涂膜起皱、流平不好、起泡等漆膜弊病；黏度过小会造成涂膜流挂等现象。除遵守厂家提供的调配比标准外，还应根据冬夏室温变化进行调整，最好每次调完漆后，均对其进行黏度测试，由此可保证每次喷涂黏度的统一。

二、超出活化期

活化期是指反应型涂料的可使用时间，调配好的涂料，一定要在活化期内用完，否则很容易出现涂料不能使用或胶化报废现象。一般而言，在进行一些带有反应型乳化剂等反应型水性涂料或水性 UV 涂料涂装前，要了解被选用涂料的最佳活化期，然后预估在活化期这段时间内能用掉多少涂料，最后决定每次配备多少涂料。

三、返粗

返粗是指已分散好了的、含有颜料和填料的涂料放置一段时间后，内含的颜料和填料又重新聚集，致使喷涂后涂膜表面出现许多颗粒。返粗一般与涂料自身的问题相关，通常由涂料厂家生产工艺不好或原材料不合格所致。在涂装过程中，若发现涂料返粗的现象，应立即停止操作，检查涂料的细度。

四、结块

在涂料混配或涂装过程中，涂料本身或与其他介质发生了部分反应，使得涂料出现结块现象，通常是由于涂料中使用了大量不合格粉质、涂料超过活化期或生产过程不合理等。开罐检查、涂装时发现涂料有结块现象应立即停止操作，并手动或机械对已结块涂料进行搅拌，如块状物能被打散、分散均匀，经过滤、检测、试喷均合格的，仍可正式使用。若经搅拌后，涂料结块部位仍未能打散均匀，则应停止采用此涂料进行木制品表面涂装。

五、沉淀

沉淀一般是由于放置时间太长或涂料体系中各物质密度不一样，主要与原料选择、生产过程等因素有关，超过贮存期的产品更易出现沉淀现象。一般来说，除清漆外，任何涂料都会出现沉淀现象，只是沉淀程度和发生时间不一样而已。沉淀现象通常有两种：一是软沉淀，软沉淀可根据厂家产品包装上的提示，使用前正确搅拌均匀即可；二是硬沉淀，硬沉淀很难搅起或根本搅不起，硬沉淀涂料有点类似结块，不可用于木制品表面涂装。

六、分层

涂料分层一般有两种现象：一种是沉淀，粉质全沉底，上面是树脂和溶剂，此时和解决沉淀问题的方法一样，经搅拌、过滤、试喷，能用的才用；另一种是实色涂料内各色分层，这也是各色颜料密度不一样所致，各色颜料密度差别越大，越易分层。一般来说，通过较好的搅拌，仍可再用。有时调配好的备用涂料在低黏度时也容易产生分层，所以每次使用前先要把涂料搅拌均匀，否则涂膜会产生各种缺陷。

七、浮色

涂装前的涂料浮色一般是由于各色颜料粒子分散状态有差异，密度相差较大，密度很小的颜料或染料直接浮在涂料上面，此问题通过认真搅拌一般都可解决。

但浮色严重时在干膜上也会有反映，需谨慎使用。

八、清漆颜色有色差

一般来说，对清漆而言，不更换原材料和改变制造工艺，不同批次产品在外观颜色上即使出现差异，也不会太明显。当批次间色差明显时，会影响到漆膜颜色，尤其是在浅色贴纸涂装工艺时，影响较大。导致不同批次产品有色差，通常是涂料制造过程中树脂色泽不同、生产过程不洁、包装物不洁所致，因此必须严格控制涂料的制造工艺。

九、清漆浑浊

涂料开罐后或调配后，有时会呈现浑浊或不清透的现象。如果是产品开罐时外观浑浊，则主要从涂料本身找原因，注意产品贮存条件或包装罐等是否存在异常；如果产品主剂正常，发生浑浊是在涂料调配后，则多从辅助材料或施工工具、施工环境方面寻找原因。

第三节　环保涂料涂装过程中常见漆膜弊病及预防处理

木制品表面涂装生产过程中，由于环境、涂料本身等问题，常常会出现各种漆膜弊病，极大地影响木制品企业生产效率，导致产品不合格率高，产品质量难以保证，返工量大。下面对常见漆膜弊病及预防处理方法进行阐述，以对工厂生产实践有所指导。

一、漆膜泛白（或发白）

漆膜泛白是指涂料施工时未见异常，涂料在干燥过程中或干燥后放置一定时间后，漆膜慢慢由透明转向不透明、浑浊，渐而呈现出乳白色或木纹、基材底色不清晰的现象，严重时甚至会无光、发浑，如图9-1。

图9-1　漆膜泛白常见案例

　　漆膜泛白产生的原因有：基材含水率偏高，在高温、高湿环境下施工，其中空气的相对湿度在80%以上；涂料或稀释剂中含有水分；水性腻子未干透就进行下道工序；稀释剂中水分挥发太快；施工中油水分离器出现故障，水分被带入涂料中；格丽斯未干；打磨后漆膜被汗手或带污渍的清洁布污染；一次性过分厚涂；打磨后放置时间过长，水分吸附在漆膜表面；未对基材正反面进行有效封闭；水磨未干透就进行下道工序；高固含量的底漆涂于深色板材上等。

　　漆膜泛白的预防或处理措施包括：降低室内相对湿度，尽量避免在高温、高湿环境下施工涂装，相对湿度高时，在底漆、面漆中加入适量的防白水，添加量不超过3%，并避免厚涂，不同漆种防白水不同，切勿混用；控制基材含水率，基材必须充分干燥后才能进行涂装；涂料或稀料在贮存和涂装施工过程中要避免带入水分；定期检查并清除油水分离器中的水分，避免水分进入涂层；空压机要及时排水，安装水分过滤装置，气管中的水要及时排放；格丽斯未干不进行下一阶段涂装；避免一次性厚涂，一般干膜不超过30μm；层间打磨后放置时间不应太长，以免水分吸附在漆膜表面，应尽快进行下一工序的喷涂；选择与季节相适应的稀释剂，如快干型和慢干型；注意选用配套稀料；戴布手套作业，将汗液玷污处打磨干净；打磨后要尽快施工；水磨后干燥要充分；木家具涂装时，基材正反面都要做封闭漆，换另外一种涂料作对比试验；固含量高的底漆避免厚涂于深色板材上，深色板材要选用高透明底漆。

二、气泡或针孔

　　气泡或针孔是在施工过程中漆膜表面呈现圆形的凸起形变，一般产生于被涂面与漆膜之间，或两层漆膜之间；气泡是一种在涂膜中存在的泡状病态，若涂料在涂装过程和涂膜干燥过程中气泡破裂但又不能最终流平，则形成针孔；针孔是一种在涂膜中存在的类似于用针刺成的细孔的病态，有时会密密麻麻，如图9-2。

图9-2　气泡弊病案例

针孔或气泡产生的主要原因：基材含水率高；没有封闭或封闭不好；基材表面处理不良，材面起毛，导管过深，填充困难；木眼过深；油性或水性腻子未完全干燥或底层涂料未彻底干燥，就再次涂装面层涂料，上面涂膜又干燥过快；使用错误或不良的稀释剂，且稀释剂挥发太快；涂料中带入水分；涂料施工黏度过高或一次涂装过厚，致使基材导管内的空气无法排出、涂料中的溶剂无法挥发；反应型涂料添加的固化剂过多，或错用固化剂；施工温度过高，静置自然干燥时间短，溶剂未充分挥发；涂料与被涂物之间温差过大；通风对流强烈，造成表干过快等。

针孔或气泡的预防或处理措施：基材砂光要彻底，符合要求，导管太深的可擦拭一道填塞物（FILLER）如腻子等，填充导管；控制基材的含水率小于12%；尽量多地使用封闭底漆，对于深木眼板材更要进行封闭；应在腻子、底层涂料充分干燥后，再施工面层涂料；适当添加慢干型稀释剂，调节挥发速度；严格避免涂料带入水分；按比例添加固化剂，适当调整涂料黏度，每次喷涂厚度要适当，薄涂多遍，尤其是底漆和亮光面漆；避免在35℃以上施工，如不可避免，则可加入适量慢干水，加热干燥之前自然干燥要充分，待溶剂充分挥发；改造喷房通风环境；加强喷涂人员操作培训；多次喷涂时，间隔时间要够；油漆调和比例要正确精准；已有针孔的产品，在再涂之前，务必彻底研磨。

三、漆膜脱落或附着力不良

漆膜脱落或附着力不良是指漆膜表面的脱落、剥落、起鼓、起皮等弊病，如图9-3。

漆膜脱落或附着力不良现象产生的主要原因：被涂装物表面被水、油、蜡、汗液等污染；涂料搅拌不均；木材含水率太高；施工过程中涂料性质不合，如底漆和面漆不配套，水性底漆上做 UV 面漆等，造成层间附着力欠佳；没有使用封闭底漆或涂料底漆，封闭效果不够好，基材过于光滑或不干净；前段工序未完全干燥即又喷涂，或 GLAZE 中的吹风油、防沉剂等添加太多不干而喷涂；各道漆的层间未打磨或打磨不彻底；使用过期不良的涂料或硬化剂不良；实色漆刮涂腻子过厚；所用的擦色剂（如木纹宝等）附着力不好；漆膜太薄；一次性喷涂太厚，干燥时间过快；溶剂快干，环境温度过高，涂料黏度小而又快干，上下涂料未充分互溶就干结成膜。

图9-3 漆膜脱落弊病案例

漆膜脱落或附着力不良的预防或处理措

施：被涂物避免被污染，涂装前对其进行砂光处理；慎选涂料，涂料在使用过程中搅拌均匀；控制良好的木材含水率，一般应在 10%～12%；不同性质的涂料，最好不用，使用适合重涂的涂料；选择配套的底漆和面漆；基材要打磨至一定的粗糙度，基材用封闭底漆做好封闭；层间打磨至表面毛玻璃状；完全干燥后，再进行涂装，GLAZE 等的调配要科学；薄刮腻子，表面打磨彻底，腻子只填木眼，不填木径；选用附着力好的擦色剂，且着色后进行封闭；底层要处理好；不要使用变质等不良的涂料；使用溶解力好又慢干的稀释剂。

四、开裂

开裂是指漆膜表面出现深浅、大小各不相同的裂纹，如从裂纹处能见到下层表面，则称为"开裂"，如图 9-4；如漆膜呈现龟背花纹样的细小裂纹，则称为"龟裂"。

开裂产生的主要原因：在施工过程中，涂膜太厚，导致表层干燥成膜速度快，而厚厚的内层却干燥缓慢，直接造成底漆开裂等现象；板材的质量问题，基材自身开裂，也会导致漆膜开裂，建议选购稳定性好的板材；木材含水率太高，上漆后木材发生变形导致漆膜开裂；底漆一次性厚涂，由于漆膜的附着力和柔韧性是随着膜厚的增加而下降的，当漆膜厚度超过一定极限时，漆膜会很脆；漆膜干燥太快；不按施工说明配比涂料，尤其是固化剂加入过量，会导致过度交联反应，漆膜容易发生开裂；腻子刮涂过厚，打磨不彻底；环境不好，温差过大；涂料本身性能较差；未经封闭的软木类基材，喷上较稀涂料，漆膜也会发生开裂。

开裂的预防或处理措施：在施工前应做最后检测，确保木材含水率低于 12%；同时避免底漆一次性厚涂，尽量薄涂多遍；要按施工说明进行配漆；固化剂按比例添加并搅拌均匀；先处理基材开裂问题再处理涂料；薄刮腻子，打磨彻底，使腻子只填木眼，不填木径；保持温度平衡，避免温差过大；注意涂料的适用范围，换用合格涂料，做好封闭。

图 9-4　漆膜开裂弊病案例

五、缩孔或跑油

缩孔或跑油是指漆膜流平干燥后存在若干大小不等、不规则分布的圆形小坑，如图 9-5。

图 9-5　漆膜缩孔或跑油案例

缩孔或跑油产生的主要原因：涂层表面被油、蜡、汗液等污染；有油或水被空气带入涂料中；环境被污染；涂料本身被污染；喷涂的压缩空气含油或水；被涂物表面过于光滑；双组分涂料有时配调不均，也会出现收缩现象；涂料不配套。

缩孔或跑油的预防或处理措施：避免涂层表面被油、蜡、汗液等污染；定期清理油水分离器，放掉空气压缩机内的水；基材表面进行打磨预处理；配漆后充分调匀静止后，再进行涂装；涂料要配套使用。

六、咬底

咬底是漆膜在干燥过程中或干燥后出现上层涂料溶胀下层涂料，使下层涂料脱离底层产生凸起、变形甚至剥落的现象，如图9-6。

咬底产生的主要原因：上层和下层涂料不配套；下层涂料一次喷涂太厚；下层未干透就施工上层涂料；上层涂料中含太多强溶剂；涂膜表面被污染。

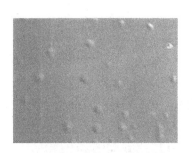

图9-6　漆膜咬底弊病案例

咬底的预防或处理措施：要根据涂装需要选择合适的涂料品种，并注意上层和下层涂料配套性能；下层涂料不能一次性喷涂太厚，以免底层干燥时间过长或不干；下层涂料要充分干燥，才能进行下一步涂装工艺；一般上层涂料的稀释剂中强溶剂不能过多，以免造成对下层漆膜的损伤；被涂物表面有污染物时，应清除干净后再施工。

七、慢干或不干

涂料施工后干燥速度异常，出现慢干或不干的现象。

慢干或不干现象产生的主要原因：施工时温度太低或相对湿度太高；处理发白时，防发白水添加过量；板材有油污或油脂含量高；涂料不配套；一次性喷涂太厚；层间间隔时间太短；面漆表干太快，面干底不干。

慢干或不干的预防或处理措施：提高室内施工温度或延长干燥时间；防发白水的添加量要合适；当板材油污或油脂含量较高时，用溶剂清洗后再用封闭底漆进行封闭处理；涂料要配套使用；涂装时不能一次性喷涂太厚，并保证足够的层间干燥时间；调整好面漆的干燥时间，避免面漆干燥而底漆未干。

八、颗粒

颗粒是指干膜表面干燥后，其表面出现痱子般的凸起，手感粗糙、不光滑现象，如图 9-7。

颗粒产生的主要原因：涂料本身有粗粒；涂料未经过滤即使用；涂料调配后放置太久；涂料稀释剂溶解力差，涂料黏度太高；施工工具不洁；打磨时灰尘处理不干净；除尘系统不好，作业环境较差；喷枪气量、油量未调好。

颗粒的预防或处理措施：选用合格的涂料产品；调好的涂料使用前必须过滤后再用，且控制调漆量，以免放置时间过长；稀释剂溶解力及加入量要合适；施工工具必须清洁干净，并保持喷房环境卫生；打磨工序要注意除尘，保证除尘系统的效果；正确操作喷枪。

图 9-7　漆膜颗粒弊病案例

九、失光

失光是指有光漆在固化成漆膜后没有光泽，或光泽不好、不均匀的现象，如图 9-8。

失光产生的主要原因：施工时高温、高湿天气容易使涂层发白、引起失光；喷涂气压太大，油量太小；涂料施工黏度太低，稀释剂添加太多；稀释剂挥发速度太快，导致失光；配错固化剂，亚光漆未搅拌均匀即涂刷；涂膜太薄，流平不好；被涂物表面过于粗糙，对涂料吸收量大。

图 9-8　漆膜失光弊病案例

失光的预防或处理措施：调整室内湿度、温度，恶劣天气停止施工；控制好涂布量；控制施工黏度、保证涂膜厚度适宜；将被涂物表面打磨平整、均匀；控制好喷涂气压、油量；减少稀释剂的添加量；选用慢干型稀释剂或添加适量慢干水；配套使用固化剂、稀释剂；亚光漆配漆前要搅拌均匀；保证漆膜厚度足够；油量调到适中，并控制适当的压力。

十、流挂

流挂是涂料施涂于垂直面上时，由于其抗流挂性差或施涂不当等，湿漆膜向下移动，形成各种形状、下边缘厚度不均匀的涂层，如图 9-9。

流挂产生的主要原因：涂料施工黏度小；被涂物表面过于光滑；一次性喷涂涂层过厚；喷涂距离太近，喷枪移动速度太慢，喷涂角度和距离不当，涂料分布不均；凹凸不平或物体的棱角、转角、线角的凹槽处，容易造成涂布不均、厚薄

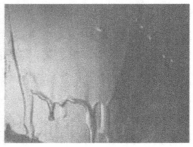

图 9-9　漆膜流挂弊病案例

不一，较厚处就要流淌；施工环境温度过低，漆膜干得慢，溶剂也慢干；物体基层表面有油、水等污染物与涂料不相容，影响黏结，造成漆膜下垂；涂料中含重质颜料过多，部分涂料下垂；空气压力不够或忽高忽低，油量与气量调控不当；喷枪保养不良，气孔堵塞以致油漆喷出时涂膜不均。

　　流挂的预防或处理措施：涂料的施工黏度要调整好；严禁一次性厚涂；调整施工环境温度；物体表面应处理平整、光洁，清除表面油、水等污染物；选择合适涂料和溶剂，调整好涂料干燥速度；喷枪运行速度要适当，喷枪角度及喷距、喷幅调整好，加强喷枪的保养，确保空气压力稳定，油量与气量要恰当控制；已垂流的要刮掉砂平，重涂。

十一、橘皮

　　橘皮是指涂膜表面呈现出许多凹凸不平的半圆形突起，形似橘皮状斑纹，如图 9-10。

　　橘皮产生的主要原因：稀释剂加入过多；每次喷漆太多太厚，重喷时间不当；涂料黏度过高，空气压力小，雾化不良，涂料不能流平；喷枪调整和操作技术问题，空气量多，喷距太近；施工环境温度过高或过低；环境湿度太高，干燥过慢，不能流平；用枪吹干表面，风干过快，涂料粒子不能充分流平；稀释剂挥发太快，涂料成膜快而不能流平；涂料未充分搅拌混合，影响其流平性；涂层之间砂光不良；涂料本身主剂、固化剂、稀释剂等选择有误，涂料本身质量不过关；物面不平、不洁、基材形状复杂及含有油水；慢干水加入过多；施工操作不当。

　　橘皮的预防或处理措施：按比例加稀释剂；如需较厚涂膜，应多次薄喷，每次间隔以表干为宜，涂层之间要砂光良好，

图 9-10　漆膜橘皮弊病案例

每道涂膜不宜过厚；环境温度过高或过低时不宜施工；处理好喷涂表面，不得有水和油；正确施工；调整涂料黏度、空气压力，改善涂料雾化状况；要熟练使用喷枪，空气量适当，防止在有风处涂装；涂装前及使用过程中，涂料要充分搅拌；选择流平性较好的涂料；慢干水添加不可超量；已有橘皮的产品，要砂平，再次涂装。

十二、色分离

色分离是指色漆施工后漆膜出现色泽不均匀、深浅不一或不规则的现象，如图 9-11。

色分离的主要原因：下层色漆未干透即涂上层漆；稀释剂溶解力不够；施工前涂料搅拌不充分；涂料颜料选择不当或分散不良；涂料本身质量差。

色分离的预防或处理措施：提升操作技能；控制漆膜厚度，下层充分干透后再涂上层漆；选用合格稀释剂；施工前充分搅拌涂料；选用质量优良的涂料。

图 9-11　漆膜色分离弊病案例

十三、起皱

起皱是在施工面漆或面漆干燥时，漆膜表面收缩，皱成许多小丘和小谷，有些肉眼看不出，但光泽度会偏低，如图 9-12。

起皱的主要原因：涂料干燥速度过快，涂膜干燥不均匀；一次性厚涂，表里干燥不一致；施工环境温度过高；底漆未干透即施工面漆；固化剂使用不当或异常；底层漆打磨不均匀。一般而言，厚漆膜比薄漆膜更容易起皱。

起皱的预防或处理措施：调整涂料干燥速度；控制涂膜均匀一致；控制好环境的温度；底层漆充分干燥后再涂面漆；正确选择固化剂；底层漆打磨均匀。

图 9-12　漆膜起皱弊病案例

十四、回粘

回粘是指漆膜干燥后，漆膜部分陈放一段时间后发生软化、粘手、不干的

图 9-13 漆膜回粘弊病案例

现象，打磨粘砂纸，影响下一道工序，不能码堆。高温、高湿环境，更容易促使产生此弊病，如图 9-13。

漆膜回粘产生的主要原因：慢干溶剂添加过多，施工后未能充分挥发出来；交联型涂料固化剂添加量不够；漆膜表面可能受污染；晾干房通风不良；高湿环境施工；底层漆未干透即涂面漆；多次喷涂时，底层干燥不彻底就进行上涂，漆膜厚涂；涂膜未干就包装或包装设计不合理；涂料本身质量有问题；混用了不同性质的涂料。

漆膜回粘的预防或处理措施：选用恰当的稀释剂，控制涂料慢干溶剂的加入量，勿添加过多；涂料固化剂按施工比例添加；改善晾干房通风条件；控制施工环境的温度和湿度；底层漆干透后再上面漆；严禁一次性厚涂，漆膜必须充分干透后再包装；选择合格涂料；不同厂家、不同性质的涂料谨慎使用，未实验前勿混用；已发生回粘的要砂光后再次涂装。

十五、干膜砂痕重

干膜砂痕重是指涂装完成后，能清晰地看到底层漆打磨过的砂痕或基材着色打磨过的砂痕、刷痕痕迹，如图 9-14。

干膜砂痕重产生的主要原因：素材砂光，逆木纹砂光而产生逆砂痕；使用过粗的砂光材料；底层漆未完全干透就打磨；涂料干速过慢；面漆涂膜太薄；打磨后未清洁干净，影响上层漆的润湿；两液型涂料的硬化剂添加量不够；涂料过期不良；稀释剂慢干，在要求的时间内不干；砂纸表面沾留漆灰，砂光时会有痕迹。

图 9-14 干膜砂痕重弊病案例

干膜砂痕重的预防或处理措施：基材打磨时一定要顺纤维方向打磨；先用粗砂纸打磨，再换细砂纸；正确使用封闭漆，底层漆必须完全干透再打磨，并除去漆粉灰尘；选用干速正常的施工涂料；如底层漆膜不够，可再加一遍底漆；面漆要足够厚；两液型涂料的调配比例要精准；检查涂料是否过期变质；使用在设定时间内能使涂膜干燥的稀释剂；砂纸（布）使用一段时间后，检查是否沾留漆灰，并及时更换；出现砂痕的，不要做下去，要打磨光滑后再涂装。

十六、起霜

涂膜表面呈现许多冷霜状或烟雾状细小颗粒的现象，称为起霜或起雾，一般是在喷涂后 1～2 天或数周后，整个或局部的漆膜上罩上一层类似梅子成熟时的雾状的细颗粒，常在清漆中出现，如图 9-15。

漆膜起霜的主要原因：喷涂时湿度大、风大，环境中有污染性气体和潮气；往往抗水的漆膜会把大气中吸收的水分积聚在表面而起雾。其他原因还有喷涂时室温变化太大；固化剂加入太多；用快干溶剂太多；涂料本身问题。

漆膜起霜的预防或处理措施：避免在湿度大、风大等环境中喷涂，喷涂后也要注意防潮、防烟、防煤气等；要注意保持室温恒定；固化剂不要添加过多；用相对慢干的溶剂等。

图 9-15　漆膜起霜弊病案例

十七、发汗

发汗是漆膜表面析出漆基的一种或多种液态组分的现象，渗出液呈油状且发黏称为发汗或渗出。

发汗现象产生的主要原因：素材表面处理不好，基材含蜡、矿物油、其他油类；涂膜未干就进行打磨或涂装下一道漆；漆膜虽经加热强制干燥，但通风不良。

发汗的预防或处理措施：喷涂前要处理好素材表面；涂料颜基比要合适，树脂含量较少的涂料，漆膜避免放在潮湿与气温高的环境；涂膜干透后再进行打磨或涂装下一道漆；加热强制干燥时，要保持通风良好。

十八、脱层（起皮）

脱层是一道或多道涂层脱离其下涂层，或者涂层完全脱离基材的现象，如图 9-16。

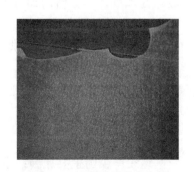

漆膜脱层的主要原因：素材的含水率过高；喷涂量过多；固化剂添加过量，或硬化剂不良；上下层涂料特性不匹配。

漆膜脱层的预防或处理措施：素材的含水率应低于 10%；涂布量要适当；硬化剂添加量务必精准，使用质量良好的硬化剂；正确了解不同种类涂料的搭配，谨慎实验判别。

图 9-16　漆膜脱层弊病案例

十九、鱼眼

鱼眼俗称反拔、火山口、开花，是涂膜被反拔，产生凹陷，小部分不附着，而呈现出类似鱼眼的麻点，如图 9-17。

漆膜鱼眼产生的主要原因：被涂物上有水、油、蜡等污染物或涂料中混入污染物；添加剂使用量不当；使用了被污染的碎布。

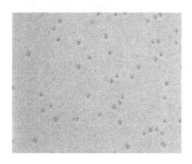

漆膜鱼眼的预防或处理措施：用二甲苯或松香水擦拭干净，用未被污染的砂纸砂磨，将油、蜡等清理干净，空压机勤排水，避免水洗台跳水；涂料中加适当的抗脂剂；清理掉被污染的碎布。检验涂料是否不良或环境器具是否被污染，具体方法是：检查素材，可以用干净铁皮或其他干净的素材，喷涂有鱼眼的涂料，检查开花状况；把此涂料放到其他地方喷；用干净的器具将同批的油漆重新调配，试喷；用确认不开花的涂料到此地方喷涂。

图 9-17 漆膜鱼眼弊病案例

二十、色差

色差是指产品颜色与色板颜色不同，或深或浅。

色差产生的主要原因：操作人员技术不熟练，涂料色相不对；修色或布印太少或太多，或色精、色浆浓度太高或太低；格丽斯（GLAZE）太多或太少，素材调整不当；底色太多或太少；灰尘漆、沟槽漆残留太多或太少；喷点色浓度不当，色相不正确，喷涂太少，密度不当；干刷太多或太少；金银粉调配时浓度太低。

色差的主要预防或处理措施：调整好色相和色浓度，提高调色和喷涂技术；调整涂料喷涂量，或调整涂料黏度，调整格丽斯（GLAZE）浓度，，控制颜色深浅，参照分层色板；检查色浓度，根据分层色板；灰尘漆、沟槽漆等只留沟槽及破坏处理处，不该留的地方要擦干净；调整好喷点色相、浓度，喷点大小、分布密度要参照色板；干刷要恰到好处；调整好金银粉的浓度和刷涂量；改善照明条件，方便对色。

二十一、龟裂

龟裂是指涂膜出现类似乌龟背上不规则纹路的裂痕，如图 9-18。

龟裂产生的主要原因：素材含水率过高；喷涂量过多；硬化剂添加过量，或硬化剂不良；上

图 9-18 漆膜龟裂弊病案例

下层涂料性质不合；颜料、粉质过多，干燥过快，或混入裂纹漆；涂料搅拌不均匀，使用沉淀在下面的涂料。

　　龟裂的预防或处理措施：素材的含水率应低于 10%；根据漆膜特性与产品基材情况，选择合适的涂布量；硬化剂添加量务必精准，且应使用质量良好的硬化剂；正确了解不同种类涂料的搭配，谨慎实验判别；测试涂料中粉质含量；勿在涂料中混加裂纹漆或快速挥发溶剂；涂料在使用过程中要不断搅拌均匀。

二十二、变色

　　变色是指着色涂装后，漆膜颜色发生变化，与刚着色时的色相有明显差异，如图 9-19。

　　漆膜变色的主要原因：紫外光照射或其他物质附着；硬化剂添加过量或涂料贮存过久；使用了易褪色的着色剂（染料、颜料）；高温干燥变色（紫外线），或抛光产生高温变色。

　　漆膜变色的预防或处理措施：使用抗紫外线的涂料，白色的要加耐黄变剂；硬化剂添加要精准，超使用期的勿使用；使用不易褪色的着色剂；防止过高温度烘干，抛光前要适当打蜡。

图 9-19　漆膜变色弊病案例

二十三、涂膜粗糙

　　涂膜粗糙、起粒是漆膜干燥后，整个或局部表面分布着不规则形状的凸起颗粒的现象。

　　漆膜粗糙的主要原因：灰尘污染，砂光不良；涂料黏度大；稀释剂挥发过快；油泵、油桶残渣微粒，涂料未过滤或过滤不充分；稀释剂溶解力差；反应型涂料中硬化剂多加或未均匀搅拌；气量过大、喷距远；涂膜被漆雾污染。

　　涂膜粗糙的预防或处理措施：彻底砂光后，注意粉尘除尘，保持涂装车间的洁净；合理调整涂料黏度；喷枪、油泵、桶、搅拌器、搅拌棒等要保持洁净；涂料要过滤，搅拌均匀；选用溶解力强的稀释剂；硬化剂添加要精确；规范喷涂动作，合理调控喷枪；避免漆雾的污染；涂膜粗糙的，要彻底砂光后再喷涂。

二十四、遮盖力差

　　遮盖力差是指表面涂膜遮盖力不够，可以透出基材或底层色的现象。

　　遮盖力差产生的主要原因：涂料中颜料、金银粉等浓度不够；涂料沉淀未搅拌均匀；涂料黏度小；喷涂技术不熟练，喷涂太薄或漏喷。

遮盖力差的预防或处理措施：提高颜色的色浓度或金银粉的含量，增加喷涂次数；在使用过程中将涂料搅拌均匀；提高涂料黏度；提高喷涂技术，喷涂量和喷幅重叠要适当。

二十五、格丽斯（GLAZE）溢出

GLAZE 溢出是指 GLAZE 冒出未擦就喷底漆，造成漆膜表面呈麻点状，有的形似喷点。

GLAZE 溢出的主要原因：GLAZE 干燥过程中因热胀现象而溢出，但未及时擦拭整修，就进行了底漆喷涂。

GLAZE 溢出的预防或处理措施：GLAZE 在自然干燥或经过烘房干燥时，容易因热能而产生膨胀现象，从而使 GLAZE 从素材导管或夹缝中溢出，所以 GLAZE 擦第一遍后，用风枪吹夹缝，在烘干后要有专人检修，溢出的 GLAZE 要擦拭干净并用毛刷刷匀，保证基材的外观和性能符合下道底漆要求；若未处理，千万不可喷底漆，否则极易造成漆膜弊病。

二十六、黄变

涂膜干燥后，经过一定时间（有时时间很短）会出现变黄的现象，尤以透明本色漆在浅色板材和白色板材之上最为明显，黄变通常包含均匀黄变和斑状黄变两种。

涂膜黄变的主要原因：涂料本身不耐黄变；耐黄变涂料中错配了不耐黄变的固化剂；板材被漂白处理过，残留表面的氧化物导致漆膜迅速黄变；涂膜被阳光直射或存放在高温下，漆膜黄变加快。

涂膜黄变的预防或处理措施：根据涂装需要选用耐黄变涂料并保证使用配套的耐黄变固化剂；经过漂白处理的板材要清洗干净，干燥并进行封闭处理，再进行下道涂装工序；尽量避免阳光直射或存放在高温环境下等。

二十七、漆膜下陷

漆膜下陷是指涂料在涂装成型后涂膜逐渐出现凹陷不平整的现象。

漆膜下陷的主要原因：白坯刮涂腻子时填充不良或基材含水率过高；未用封闭漆或封闭漆使用不当；底漆厚度不够；底漆未充分干燥就打磨；配漆比例不对，一次喷涂太厚等。

漆膜下陷的预防或处理措施：保证基材含水率控制在适宜范围内再进行涂装；

选用填充性能好的腻子，特别是深木眼板材的基材填充尤为重要；务必要做好基材的封闭；底漆涂膜厚度应足够，必要时可多做一两遍底漆；底漆必须充分干燥；层间干燥时间足够再进行打磨；紫外光固化涂料主剂和光引发剂、双组分水性涂料 AB 组分要配套，且固化剂量要与主剂匹配等。

二十八、光泽不均

光泽不均是指漆膜表面干燥后出现的光泽不均匀或有亮点的现象。

光泽不均的主要原因：喷涂工艺操作不当，压枪搭接部分过多或偏少；出漆量不平稳，有堵枪现象；施工环境温度过高或湿度过大；晾干房条件不佳，通风条件差，漆膜干燥不充分或不及时；涂料本身质量不佳；涂料搅拌不均匀。

光泽不均的预防或处理措施：培训提升涂装工操作技能，正确使用喷枪；控制好施工环境温湿度；改善喷房或晾干房条件，增加通风设施；选择质量稳定的涂料产品。

在家具涂装生产工序中，为了减少涂装漆膜弊病的发生，可重点关注以下工序，如基材含水率控制；基材先封闭，填木眼腻子类产品选择；表面充分干燥后的打磨，重视打磨、水磨、砂纸型号；按正确比例配漆，配漆时一定要搅拌均匀，配漆后要静止放置 15～20min，配漆后要过滤；漆膜干燥要充分，各道漆之间要相互匹配等。

参 考 文 献

艾照全, 周奇龙, 孙桂林, 等. 2005. 高固含量低黏度 P（MMAPBAPAA）乳液的制备及性能研究. 高分子学报, (5): 754-759.

巴顿 T C. 1988. 涂料流动和颜料分散. 郭隽奎, 王长卓, 译. 北京: 化学工业出版社.

卞亚男, 李长钊. 2011. UV 涂料在家具、建材行业的发展趋势. 广西轻工业, 27(12): 18-19.

曹明, 邱藤, 段敏, 等. 2012. 水性木器涂料涂装过程中的近红外干燥研究. 涂料工业, 42(9): 69-73.

常亮. 2014. 高密度聚乙烯杨木复合胶合板成板机制及界面状态评价. 北京: 中国林业科学研究院博士学位论文: 1-8.

常晓雅, 黄艳辉, 高欣, 等. 2016. 浅述水性木器涂料的研究进展. 林产工业, 43(3): 11-15.

蔡炎儒. 2007. 水性美式涂装. 中国涂料, (6): 44-48, 5.

陈士昆, 储昭荣. 2006. 紫外光固化纳米复合树脂的制备. 涂料工业, 36(2): 19-21.

陈雪梅. 2011. 等离子体处理杨木表面改性研究. 南京: 南京林业大学硕士学位论文: 3-9.

陈治良. 2010. 现代涂装手册. 北京: 化学工业出版社.

程能林. 2002. 溶剂手册. 3 版. 北京: 化学工业出版社.

褚衡, 王燕舞, 李纯清. 2000. 低粘度环氧丙烯酸酯紫外光固化涂料的研制. 化工新型材料, 28(12): 31-33.

戴信友. 2000. 木家具的表面涂饰(一). 上海涂料, 38(3): 22-24.

董仙. 1999. 国外木工砂光机基本情况. 木工机床, (1): 43-51.

方露. 2014. 高密度聚乙烯薄膜/杨木单板复合胶合板界面改性方法及机理研究. 北京: 中国林业科学研究院博士学位论文.

方露, 常亮, 郭文静, 等. 2013. 高密度聚乙烯膜制备杨木胶合板的工艺优化分析. 木材工业, 27(5): 17-20.

方沂, 李凤泉, 贺琼义, 等. 2006. 高速切削最佳工艺参数的选择. 天津工业大学学报, 25(6): 58-60.

封凤芝, 封杰南, 梁火寿. 2008. 木材涂料与涂装技术. 北京: 化学工业出版社.

付齐江. 2006. 实木门加工工艺研究及重点. 国际木业, 20(6): 19-22.

高建东. 2003. 木器用底着色材料. 涂料技术与文摘, 24(6): 12-14.

耿耀宗, 赵风清. 2004. 现代水性涂料配方与工艺. 北京: 化学工业出版社.

郭晓磊, 刘会楠 曹平祥. 2011. 木质复合材料铣削过程中切屑流的形成分析. 南京林业大学学报(自然科学版), 35(5): 74-78.

何庆迪, 孙志元, 史立平, 等. 2006. 水性木器涂料及树脂的现状和发展. 上海涂料, 44(5): 45-46.

胡金生, 曹同玉, 刘庆普. 1987. 乳液聚合. 北京: 化学工业出版社.

黄河润, 穆亚平. 2003. 影响微薄木粘贴质量因素的分析. 林业机械与木工设备, 31(3): 22-23.

黄云, 黄智. 2009. 现代砂带磨削技术及工程应用. 重庆: 重庆大学出版社.

计时鸣, 李琛, 谭大鹏. 2011. 基于 Preston 方程的软性磨粒流加工特性. 机械工程学报, 47(17):

156-163.

贾平平. 2008. 螺旋复杂曲面数控抛光技术的研究. 沈阳: 沈阳工业大学硕士学位论文.

金养智. 2006. 水性光固化涂料. 涂料工业, 36(6): 54-61.

金养智. 2010. 光固化材料性能及应用手册. 北京: 化学工业出版社.

金征, 张伟. 2004. 浅谈生产薄木及薄木装饰板的工艺特点. 木材加工机械, 15(3): 4-8.

李勇. 2011. 基于砂带磨削原理的分析与应用. 机械与电气, 27(12): 49-50.

李爱玲. 2013. UV光固化水性木器涂料的制备与性能研究. 天津: 天津大学硕士学位论文.

李斌. 2002. 南方阔叶材刨切薄木生产工艺. 林业科技开发, 16(2): 44-45.

李赐生. 2000. 木家具的砂磨技术和设备. 家具, (5): 14-15.

李军. 2004. 现代木材加工技术 第五讲: 现代木家具的砂光技术. 家具, (5): 23-26.

李军伟. 1999. 浅谈人造薄木的生产工艺过程. 木材加工机械, 10(3): 22-25.

李幕英, 程璐, 刘艳菲, 等. 2013. 水性木器涂料的发展现状与应用. 上海涂料, 51(3): 28-30.

李年存, 向琴, 杨灿明. 2000. 柔性人造装饰薄木制造工艺的研究. 木材工业, 20(2): 40-43.

刘平, 邓长福, 高鹏, 等. 2014. 淋涂用涂料的制备. 天津科技, 41(6): 9-11.

李伟光, 张占宽. 2018. 木门制造涂装废气环保处理技术与装备. 中国人造板, 25(3): 6-11.

李新功, 宋洁, 郑霞. 2001. 人造薄木的制造技术. 人造板通讯, 8(6): 19-21.

李兴明. 2004. 水性木器清漆. 中国涂料, 19(2): 30-31.

李雪涛. 2015. 榉木板材的环氧-聚酯粉末涂饰方法与涂层特性研究. 杭州: 浙江农林大学硕士学位论文: 3-33.

刘博, 李黎. 2007. 木材磨削切削力研究进展. 木材加工机械, (6): 32-34.

刘持军. 2012. 丙烯酸改性水性醇酸树脂的制备. 长沙: 湖南大学硕士学位论文.

刘国杰. 2014. 国内外水性木器涂料发展现状及趋势. 现代涂料及涂装, 171(11): 7-13.

吕斌, 傅峰. 2013. 木质门. 北京: 中国建材工业出版社.

栾凤艳, 王建满. 2009. 薄木贴面工艺及贴面缺陷的预防措施. 林业机械与木工设备, 37(2): 47-49.

栾庆庚. 2002. 砂光粉尘危害及防护. 林业劳动安全, 15(1): 34-36.

罗永顺. 2007. 普通机床数控化改造设计中关键问题的研究. 机床与液压, (6): 193-195.

马洪芳, 刘志宝. 2001. 水性涂料浅述. 山东建材, 22(4): 33.

马岩. 2009. 砂光机新产品开发前景与数控技术的应用//中国林业机械协会. 2009全国木材加工技术与装备发展研讨会木工机械数控新技术培训班论文集（会刊）. 北京: 中国林业机械协会: 80-87.

梅长彤, 周绪斌, 朱坤安, 等. 2009. 等离子体处理对稻秸/聚乙烯复合材料界面的改性. 南京林业大学学报(自然科学版), 33(6): 1-4.

聂俊, 肖鸣. 2008. 光聚合技术与应用. 北京: 化学工业出版社.

彭晓瑞, 张占宽. 2016. 柔性装饰薄木制备的现状与发展. 木材工业, 30(6): 23-26.

彭晓瑞, 张占宽. 2017a. 塑膜增强柔性装饰薄木的制备工艺及性能研究. 木材工业, 31(1): 50-53.

彭晓瑞, 张占宽. 2017b. 等离子体改性制备塑膜增强柔性装饰薄木的工艺. 木材工业, 31(3): 49-53.

彭晓瑞, 张占宽. 2018. 等离子体改性提高塑膜增强柚木柔性薄木的胶合性能机理. 东北林业大学学报, 46(6): 89-96.

彭晓瑞, 张占宽, 王宝刚, 等. 2012. 异形表面刷式砂光主要参数对木材表面粗糙度的影响. 木材工业, 26(6): 46-49.

秦特夫. 1998. 改善木塑复合材料界面相容性的途径. 世界林业研究, (3): 46-51.

沈金祥, 唐善学, 杨勇. 2009. 一种复合装饰薄木及其制造方法: 中国, 101806130 A.

沈明月, 张子才, 贺丹丹, 等. 2016. 影响水性 UV 木器涂料性能的因素探讨. 中国涂料, 32(6): 27-33.

宋魁彦, 王逢瑚. 2002. 砂光机的类型及特性分析. 木材加工机械, (3): 64-67.

孙立人, 陈莲梅, 王晓凌. 2003. 实木家具白坯件的砂光. 木材加工机械, (2): 25-26.

屠振文. 2006. 涂料黏度及其测定方法. 上海涂料, 44(2): 31-33.

汪存东, 王久芬. 2005. 紫外光固化环氧-丙烯酸酯/聚氨酯-丙烯酸酯复合型水性涂料的研制. 涂料工业, 35(2): 1-4.

王成刚, 陈效党, 朱建荣, 等. 2010. 浅谈家具中的砂光工艺. 林产工业, 37(4): 42-44.

王坚, 顾斌, 沈雪峰, 等. 2004. 水性 UV 涂料. 上海涂料, 42(6): 27-28.

王晶, 赵大生, 孙秀英. 2009. 我国环保胶黏剂的现状及发展趋势. 化学与黏合, 31(2): 51-53.

王晓辉, 沈金祥, 杨勇, 等. 2013. 一种柔性装饰薄木: 中国, 201310385536. 5.

王雪花, 张占宽, 刘君良. 2010. 木材刷式砂光机砂光参数的选择(1). 木材加工机械, 21(5): 4-7.

王翙, 叶世超. 2004. 涂膜红外干燥实验研究. 成都: 四川大学硕士学位论文.

魏焕郁, 施文芳, 聂康明, 等. 2001. 树枝状醚酰胺多官能团（甲基）丙烯酸酯低聚物的合成及其紫外光固化性能的研究. 高等学校化学学报, 22(9):1605-1609.

魏杰, 金养智. 2013. 光固化涂料. 北京: 化学工业出版社.

文秀芳, 程江, 皮丕辉, 等. 2004. 水性木器涂料的研究进展. 涂料工业, 34(7): 34-37.

吴蔚, 朱传方, 蔡水莲. 2008. 环保型改性水性丙烯酸树脂的研制. 现代涂料与涂装, 11(10): 21-23.

吴智慧. 2004. 木质家具制造工艺学. 北京: 中国林业出版社,

伍忠岳, 刘志刚, 叶荣森. 2006. 水性木器涂料开放着色涂装工艺探讨. 中国涂料, 9(11): 45-46.

奚祥. 2011. 水性木器涂料的干燥速度与相关因素讨论. 中国涂料, 26(7): 58-62.

夏龙坤, 于志明, 张扬. 2013. 装饰材料用阻燃柔性复合薄木的制备及力学性能. 中国胶粘剂, 22(2): 1-4.

胥谓. 2002. 木材表面改性对木塑复合材料性能的影响. 北京: 中国林业科学研究院硕士学位论文.

徐凡, 安彤, 戴亮. 2017. 浅谈微波烘干设备在家具水性漆行业运用的优越性. 现代涂料与涂装, 20(7): 67-69.

许海燕, 张兴元, 戴家兵, 等. 2012. 氟改性双组分水性丙烯酸聚氨酯涂料性能研究. 聚氨酯工业, 27(1): 27-29.

杨宝成. 2007. 铝合金轮毂复杂曲面砂带磨削方法研究. 武汉: 华中科技大学硕士学位论文.

杨超, 邱高. 2001. 等离子体表面技术和在有机材料表面改性应用中的新进展. 高分子材料科学工程, 17(6): 30-34.

杨静榕. 1986. 木制品的涂饰要注意温湿度. 家具, (4): 32-32.

杨勇, 王晓辉, 沈金祥, 等. 2013. 一种柔性装饰薄木的制造方法: 中国, 201310385529. 5.

杨忠, 杜官本, 黄林荣, 等. 2003. 微波等离子体处理木材表面接枝甲基丙烯酸甲酯的 XPS 分析. 林产化学与工业, 23(3): 28-32.

叶汉慈. 2008. 木用涂料与涂装工. 北京: 化学工业出版社.

弋天宝. 2011. 苯乙烯改性水性醇酸树脂工艺研究. 广州: 广东工业大学硕士学位论文.

殷小春, 任鸿烈. 2002. 对改善木塑复合材料表面相容性因素的探讨. 塑料, (4): 25-28.

应稷青, 方立顺. 2004. 水性木器涂料的应用前景及配方讨论. 中国涂料, 19(9): 30-31.

臧阳陵, 徐伟箭. 2002. 水性光引发剂的研究进展. 精细化工中间体, 32(2): 2-4.

曾晋. 2008. 水性木器涂料的施工探讨. 家具, (3): 172-174.

曾志高. 2003. 柔性装饰薄木制造工艺及应用技术研究. 南京: 南京林业大学硕士学位论文: 1-33.

张春飞. 2006. 基于田口法的高速切削参数优化研究与应用. 现在制造工程, (8): 78-80.

张纯名. 2008. 木用家具涂装常见漆膜弊病与处理//中国涂料工业协会. 中国涂料工业协会首届水性木器涂料发展研讨会论文集. 广州: 中国涂料工业协会: 228-232.

张德文, 张占宽, 彭晓瑞. 2014. 无纺布增强装饰薄木的柔韧性研究. 木材工业, 28(5): 41-43.

张广仁, 艾军. 2002. 现代家具油漆技术. 哈尔滨: 东北林业大学出版社.

张建新. 2014. 水性木器涂料与涂装工. 北京: 中国质检出版社.

张静, 郭永亮, 郭军红, 等. 2017. 环境友好型紫外光固化水性涂料研究进展. 中国涂料, 32(7): 1-6.

张杰, 张占宽. 2011. 基于田口法的木制品异形表面砂光参数优化研究. 木材加工机械, 22(2): 15-18.

张伟, 高强, 秦志勇, 等. 2014. 我国木材工业用胶黏剂研究与应用现状及发展趋势//崔源声. 2014 中国木制建材与绿色建筑产业技术交流会论文集. 营口: 中国硅酸盐学会: 79-84.

张伟德, 严章洋, 王超. 2013. UV 固化水性涂料的发展以及在家具涂装中的应用. 中国涂料, 28(6): 51-55.

张志刚. 2012. 木制品表面装饰技术. 北京: 中国林业出版社.

张占宽, 彭晓瑞, 王宝刚, 等. 2012. 木门异型表面砂光粗糙度分析. 木材工业, 26(2): 14-17.

赵红振, 齐暑华, 周文英, 等. 2006. 紫外光固化涂料的研究进展. 化学与黏合, 28(5): 352-356.

赵永生, 朱万章. 2004. 用丙烯酸聚氨酯分散体 ER-05 研制的水性木器涂料. 中国涂料, 42(11): 21-22.

周晓燕, 马家举, 江棍. 2003. 紫外光固化涂料的组成及研究. 化工新型材料, 31(7): 20-23.

周烨. 2017. 光固化木器涂料与涂装工. 北京: 中国质检出版社, 中国标准出版社.

朱派龙, 侯力. 1997. 异形(曲)面砂带磨削设计与应用. 制造技术与机床, (7): 47-49.

朱庆红. 2003. 水性涂料——涂料产品发展的主流. 上海涂料, 41(4): 15-18.

朱万章. 2003. 水性丙烯酸木器漆的消泡. 涂料工业, 33(9): 15-16.

朱万章. 2004. 水性漆的成膜. 上海涂料, 42(2): 22-24.

朱万章. 2007. 水性涂料的成膜助剂. 中国涂料, 22(6): 52-53.

朱万章, 高勇. 2003. 水性木器漆的若干问题. 中国涂料, 18(3): 41-43.

朱万章, 刘学英. 2002. 水性木器漆的施工. 上海涂料, 40(3): 29.

朱万章, 刘学英. 2009. 水性木器漆. 北京: 化学工业出版社.

宗奕珊. 2014. 水性聚氨酯-丙烯酸酯复合乳液的制备及其改性研究. 西安: 陕西科技大学硕士学位论文.

Altgen D, Avramidis G, Viöl W, et al. 2016. The effect of air plasma treatment at atmospheric pressure on thermally modified wood surfaces. Wood Sci and Tech, (6): 1227-1241.

Avramidis G E, Hauswald A, Lyapin H, et al. 2009. Plasma treatment of wood and wood-based materials to generate hydrophilic or hydrophobic surface characteristics. Taylor & Francis, (1): 52-60.

Bengtsson M, Oksman K. 2006. Silane crosslinked wood plastic composites: processing and properties. Compos Sci Technol, (66): 2177-2186.

Bouvy A. 2005. The use of wax emulsions in coatings and inks. APCJ, 18(1): 23.

Conrads H, Schmidt M. 2000. Plasma generation and plasma sources. Plasma Sources Science & Technology, 9(4): 441-456.

Davis W D, Jones F D, Garrett J, et al. 2001. Copolymerisable photoinitiators and water-based UV-curable systems. Surface Coatings International, (10): 211-230.

Dzunuzovic E, Tasic S, Bozic B. 2005. UV-curable hyperbranched urethane acrylate oligomers containing soybean fatty acids. Progress in Organic Coatings, 52(2): 136-143.

Elmendorf A. 1937. Flexible wood-faced material: US, 2070527.

Fang L, Chang L, Guo W J, et al. 2014. Influence of silane surface modification of veneer on interfacial adhesion of wood-plastic plywood. Applied Surface Science, (288): 682-689.

Gerlitz M, Awad R. 2001. New generation of waterborne UV-curable resins. PCI, (6): 46.

Hettiarachchy N S, Kalapathy U, Myers D J. 1995. Alkali-modified soy protein with improved adhesive and hydrophobic properties. J Am Oil Chem Soc, 72(12): 1461-1464.

Huang M W, Waldman B A. 2000. 用于水性体系的稳定的粘合促进剂和交联剂. 粘接, 21(5): 24-27.

Huang Y, Huang Z. 2006. Research on the heavy abrasive belt grinding machine to reduce thickness of engine connecting rod head. Key Engineering Materials, 304-305: 436-440.

Huang Z, Huang Y, Wu Y, et al. 2009. Finishing advanced surface of magnesium alloy tube based on abrasive belt grinding technology. Materials Science Forum, 610(1): 975-978.

Jones R A. 1986. Computer controlled optical surfacing with orbital tool motion. Opt Eng, 25(6): 59-62.

Kim S, Kim H J. 2005. Comparison of standard methods and gas chromategaphy method in determination of formaldehyde emission from MDF bonded with formaldehyde-based resins. Bioresource Technology, (96): 1457-1464.

Konigt W, Altintast Y, Memist F. 1995. Direct adaptive control of plunge grinding process using acoustic emission (AE) sensor. International Journal of Machine Tools & Manufacture, 35(10): 1445-1457.

Lemaster R L. 1996. The use of an optical profile meter to measure surface roughness in medium density fiber board. Forest Products Journal, 46(11/12): 73-78.

Li Y, Yang X H, Chen M Z, et al. 2015. Influence of atmospheric pressure dielectric barrier discharge plasma treatment on the surface properties of wheat straw. Bioresources, (1): 1008-1023.

Luna-aguilar E, Cordero-davila A, Gonzalez J. 2003. Edge effects with Preston equation. SPIE, 4840: 598-603.

Odeberg J, Rassing J, Jonsson J E, et al. 1996. Waterbased radiation-curable latexes. Journal of Applied Polymer Science, 62(2): 435-445.

Peng X R, Zhang Z K. 2018. Hot-pressing composite curling deformation characteristics of plastic film-reinforced pliable decorative sliced veneer. Composites Science & Technology, 157: 40-47.

Schwalm R, Hauszling L, Reich W, et al. 1997. Tuning of the mechanical properties of UV-coatings towards hard and flexible systems. Progress in Organic Coatings, 32(1-4): 191-196.

Sridharan K, Jang E, Park T J. 2013. Novel visible light active graphitic C_3N_4-TiO_2 composite photocatalyst: synergistic synthesis, growth and photocatalytic treatment of hazardous pollutants. Applied Catalysis B: Environmental, 142-143(4): 718-728.

Sumitsawan S, Cho J, Sattler M L, et al. 2011. Plasma surface modified TiO_2 nanoparticles: improved photocatalytic oxidation of gaseous m-xylene. Environmental Science & Technology, 45(16): 6970-6977.

Thorpe A, Brown R C. 1995. Factors influencing the production of dust during the hand sanding of wood. American Industrial Hygiene Association Journal, 56(3): 236-242.

Tonisvorst R R. 2004. Aqueous binder dispersions as coating compositions: US, 20040034164.

Wu H F, Dwight D W, Huff N T. 1997. Effects of silane coupling agents on the interphase and performance of glass-fiber-reinforced polymer composites. Composites Science and Technology, 57: 975-983.